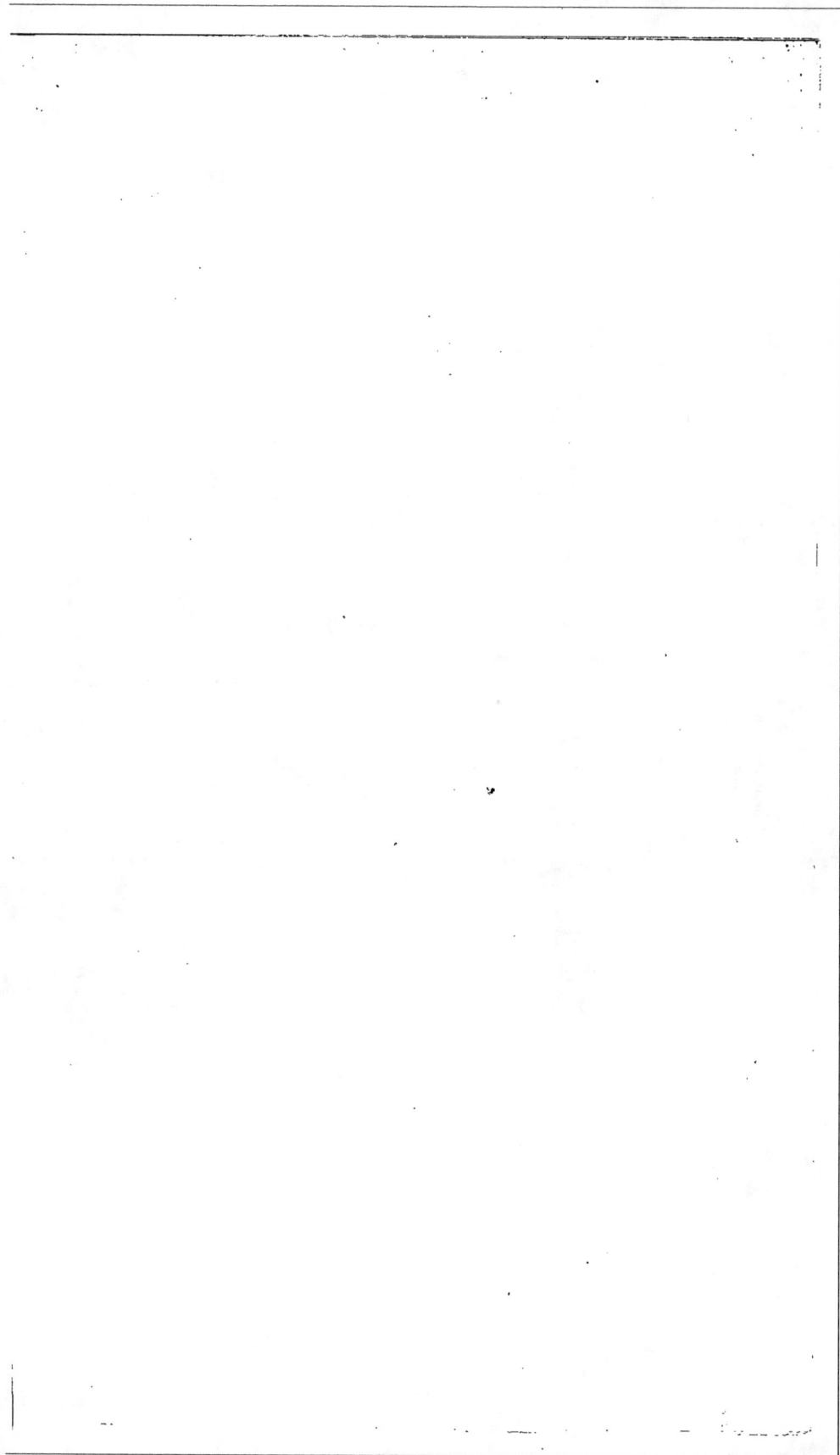

25115

GÉOLOGIE

CONTEMPORAINE

Tremblement de terre.

GÉOLOGIE

CONTEMPORAINE

HISTOIRE

DES PHÉNOMÈNES ACTUELS DU GLOBE

APPLIQUÉE

A L'INTERPRÉTATION DES PHÉNOMÈNES ANCIENS

PAR

M. L'ABBÉ C. CHEVALIER

CHEVALIER DE LA LÉGION D'HONNEUR
ANCIEN PRINCIPAL DE COLLÉGE
SECRÉTAIRE PERPÉTUEL DE LA SOCIÉTÉ D'AGRICULTURE, SCIENCES , ARTS
ET BELLES-LETTRES D'INDRE-ET-LOIRE
PRÉSIDENT DE LA SOCIÉTÉ ARCHÉOLOGIQUE DE TOURAINE
ET LAURÉAT DE L'INSTITUT

DEUXIÈME ÉDITION

TOURS

ALFRED MAME ET FILS, ÉDITEURS

M DCCC LXXV

GÉOLOGIE

CONTEMPORAINE

———— ◆ ————

I

LES CAUSES GÉOLOGIQUES

Systèmes cosmogoniques des anciens. — Opinion de Pythagore,
d'Aristote et de Strabon sur l'origine du monde. — Incertitudes
des savants sur la nature des fossiles. — Bernard Palissy. —
Querelle de Voltaire et de Buffon. — Les neptuniens et les plutoniens. — Théorie de Deluc. — Théorie des causes actuelles.

L'origine de cet univers a toujours vivement
préoccupé les hommes, et depuis les temps les plus
reculés jusqu'à nos jours, une curiosité ardente a
constamment voulu soulever le voile mystérieux
dont la nature s'est enveloppée, et en rechercher
les causes. Tous les peuples, toutes les religions ont
eu leurs cosmogonies ; et mille systèmes plus ou
moins étranges ont été mis au jour en dehors de
toute observation des faits. Nous allons analyser rapidement les principales de ces théories, avant d'in-

diquer celle que nous comptons développer dans ce volume.

Les doctrines les plus anciennes des philosophes de l'Inde et de l'Égypte s'accordent toutes à attribuer la création première du monde à un Être infini et tout-puissant. Toutes aussi soutiennent d'un commun accord que cet Être a détruit et réformé plusieurs fois le monde et ses habitants. Il y a là, comme on le voit, un souvenir du déluge universel, et les coquilles marines que les prêtres égyptiens rencontrèrent dans les plaines du Nil et dans les coteaux voisins vinrent, sans aucun doute, corroborer cette tradition. Cette opinion passa en Grèce, et les philosophes furent persuadés que le monde était réservé dans l'avenir à des catastrophes semblables à celles du passé, c'est-à-dire à des déluges et à des conflagrations, mots qui expriment avec exagération les deux principales causes par lesquelles le relief du globe se modifie journellement. Pythagore, qui était allé étudier les doctrines égyptiennes à leur source, en avait rapporté une conception extrêmement remarquable. « Rien, lui fait dire Ovide, rien ne s'anéantit dans ce monde ; les choses ne font que varier et changer de forme. Naître signifie simplement qu'une chose commence à être différente de ce qu'elle était auparavant ; mourir veut dire qu'elle cesse d'être la même chose. Cependant, quoique rien individuellement ne conserve longtemps la même forme, le tout reste constant dans son ensemble. » Et, à l'appui de ces principes généraux, Pythagore citait les terres fermes converties en mer, la mer changée en terre, les continents arrachés et détruits par les eaux courantes, les îles jointes à la terre ferme ou détachées de la côte par des tremblements de terre, et enfin les éruptions volcaniques.

Aristote avait des idées à peu près semblables, et regardait les causes de changement qu'il voyait opérer sous ses yeux, comme appelées à déterminer, par la suite des siècles, une révolution complète. « Les révolutions du globe sont si lentes, disait-il, comparativement à la durée de notre vie, que leurs progrès sont tout à fait insensibles. Telle partie qui à une époque était terre devient mer ensuite ; et telle autre qui faisait partie de la mer devient terre à son tour. C'est d'après une certaine loi, et dans le cours d'une période déterminée, que s'opèrent ces changements. »

Strabon entrevoyait certainement cette loi dont parle Aristote, quand il écrivait, à propos de l'immersion et de la submersion des terres : « La vraie raison de ces divers phénomènes est que la même terre tantôt s'élève et tantôt s'abaisse, et que la mer, obligée de suivre ces divers mouvements, tantôt franchit ses bornes, et tantôt rentre dans ses limites. C'est donc au sol que doit être attribuée la cause dont il s'agit. »

Telles sont les principales opinions qui, avant l'ère chrétienne, prévalaient à l'égard des révolutions de notre planète. On voit que les anciens avaient saisi la cause véritable des changements du globe ; mais, tout en constatant les phénomènes présents, ils n'appliquaient pas leur théorie à l'histoire du passé de la terre.

Après les anciens, il faut traverser une longue période de temps pour trouver quelques idées neuves en cosmogonie. Le moyen âge avait bien

rencontré, à de grandes profondeurs dans le sein de
la terre, des coquilles marines, des ossements d'a-
nimaux, des arbres pétrifiés ; mais il n'avait vu là
que des *jeux de la nature,* et non les dépouilles
d'êtres autrefois vivants, et il en attribuait l'origine
à l'influence des étoiles, ou à une certaine *force plastique* douée, disait-on, du pouvoir de donner aux
pierres des formes organiques. Une grande contro-
verse s'éleva à ce sujet en Italie au commencement
du XVIᵉ siècle. Léonard de Vinci et Fracastor sou-
tinrent que tous les débris fossiles avaient appartenu
à des êtres vivants qui avaient jadis vécu et multi-
plié là où se trouvaient alors leurs dépouilles ; ils
ajoutèrent qu'il ne fallait pas attribuer l'enfouissement des fossiles au déluge biblique, comme on le
faisait obstinément, cette catastrophe ayant été de
trop courte durée pour expliquer l'énorme masse
des terrains où se rencontrent ces coquilles. Bernard
Palissy, qui avait visité les falunières de Touraine
en 1547, arriva aux mêmes conclusions, et le premier
en France il émit cette idée vraiment scientifique,
que les coquilles fossiles sont de véritables coquilles
autrefois déposées par la mer : il soutint cette thèse
dans les cours publics d'histoire naturelle qu'il fit à
Paris, en 1575, en présence d'un auditoire nombreux
et choisi.

Malgré l'autorité de ces savants et la valeur des
raisons qu'ils apportaient à l'appui de leur opinion,
la difficulté ne fut point tranchée, et pendant trois
siècles les savants employèrent toute leur sagacité
et toutes les ressources du raisonnement à discuter
ces deux questions préliminaires et toutes simples :
à savoir, si les fossiles avaient appartenu à des êtres

vivants ; et, ce point admis, si tous les phénomènes
ne pouvaient pas s'expliquer par le déluge de Noé,
dont les coquilles fossiles, disait-on, étaient les mé-
dailles. Le premier point était loin d'avoir obtenu
l'assentiment général. A la fin du xviiie siècle, malgré les beaux travaux de Réaumur, un esprit observateur et sagace, la Sauvagère, pouvait encore soutenir, en 1776, la végétation spontanée des coquilles

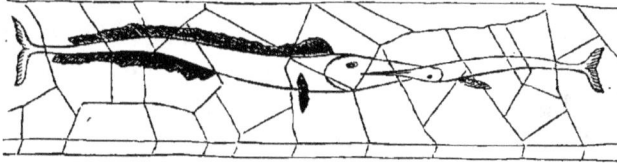

Blochius longirostris
enfoui dans les calcaires bitumineux du Vicentin.

fossiles, à l'instar des plantes, par intus-susception ;
opinion ridicule que Voltaire, en dépit de tout son
génie, se donna le tort d'appuyer par des arguments
moitié sérieux, moitié comiques. Il est probable
qu'en cela le philosophe de Ferney obéissait au
désir, soit d'enlever une preuve du déluge aux interprètes des livres sacrés, soit de se moquer de
Buffon, qui avait développé dans ses ouvrages la
théorie de la submersion de nos continents. Voltaire
osait prétendre sérieusement que les poissons pétrifiés n'étaient que des poissons rares, rejetés de la
table somptueuse des Romains, parce qu'ils n'étaient
pas frais, et il ajoutait sans rire que les coquilles
fossiles avaient été abandonnées au moyen âge sur
le sommet des Alpes et des Pyrénées par les pèlerins
de Jérusalem, de Rome ou de Saint-Jacques de Com-

postelle, qui les avaient détachées de leurs chapeaux.
Ces théories bouffonnes avaient su plaire, malgré la
guerre impitoyable du naturaliste de Montbard aux
crédules admirateurs du philosophe. Cette vive polé-
mique, où les gros mots n'étaient pas épargnés, finit
par des compliments. Voltaire annonça qu'il ne voulait pas se brouiller avec Buffon pour des coquilles, et
il lui écrivit une lettre flatteuse, en lui parlant de
son prédécesseur *Archimède I*er. Buffon, ne voulant
point être en reste de politesse, envoya à Ferney la
collection de ses œuvres, et répondit qu'on ne dirait
jamais *Voltaire II*. On conçoit, d'après cela, que tout
ressentiment dut s'éteindre.

Pendant qu'en France on en était encore aux
plaisanteries, Leibnitz avait donné depuis longtemps
une théorie générale assez exacte de la formation de
la terre. Il écrivait en 1680 que le globe, à l'origine,
avait été une masse lumineuse brûlante qui, depuis sa création, s'était constamment refroidie ; que
lorsque la croûte de ce globe eut perdu suffisamment
de sa chaleur pour que la condensation des vapeurs
pût avoir lieu, ces vapeurs avaient formé, en tombant, un océan immense, lequel avait couvert le
sommet des plus hautes montagnes, et entouré la
terre de toutes parts. Les eaux de cette mer déposèrent les matières sédimentaires qu'elles tenaient en
dissolution, et ce furent ces dépôts qui constituèrent
les diverses couches de pierre et de terre qui composent l'écorce du globe. « On peut donc, dit Leibnitz,
attribuer aux masses terrestres une double origine :
l'une, due au refroidissement des matières en fusion ;
et l'autre, à la concrétion résultant d'une solution
aqueuse. » Leibnitz, comme on le voit, avait deviné

par la théorie pure le véritable état des choses. Buffon adopta plus tard cette même idée en la modifiant un peu, et dans sa fameuse *Théorie de la terre* il lui donna trois grandes autorités : l'appui de sa science, l'éclat de son talent, et la magnificence de son style. Il supposait qu'une comète, ayant heurté par hasard le soleil, en avait détaché plusieurs éclaboussures liquides qui avaient constitué la terre et les planètes : celles-ci avaient pris la forme sphérique par suite de l'attraction mutuelle de leurs molécules ; puis, ces sphères se refroidissant par leur rayonnement dans l'espace, leur surface se serait figée et serait devenue apte à recevoir les végétaux et les animaux ; mais l'intérieur de ces *soleils encroûtés* serait encore à l'état de lave incandescente. L'océan universel qui, après le refroidissement, couvrit la surface du globe, aurait creusé les vallées et entraîné au loin des débris de toutes sortes pour reconstituer ailleurs de nouveaux terrains.

Ce qui manquait aux théories cosmogoniques et géologiques de Leibnitz et de Buffon, c'était l'observation. Les minéralogistes et les directeurs des usines se chargèrent de leur donner ce complément indispensable. Werner, nommé en 1775 professeur de minéralogie à l'école des mines de Freyberg, en Saxe, étudia avec soin le pays qui l'environnait, et soutint que toutes les roches, sans exception, même le basalte, le trapp, le granit et le porphyre, n'étaient que des précipités chimiques résultant des matières tenues en dissolution dans l'eau. L'eau étant, d'après Werner, l'unique cause de tous les dépôts de la croûte du globe, l'unique agent des modifications géologiques, son école (elle compta de nombreux et

fervents disciples) prit le nom d'école des *neptuniens*. Les arguments du savant professeur de Freyberg étaient excellents pour démontrer l'origine
aqueuse de certaines couches, celles que nous appelons aujourd'hui *sédimentaires ;* mais ils ne valaient
rien pour un certain nombre de roches d'une origine
évidemment cristalline. Les *plutoniens,* qui attri-
buaient à ces roches une origine ignée due à l'action
du feu central, se chargèrent de le démontrer, et une
vive discussion s'engagea entre les deux systèmes.
Le géologue anglais Hutton entra dans la lice en 1788,
et par de nombreux exemples empruntés à la nature
démontra que parmi les roches, les unes sont d'origine ignée, les autres d'origine aqueuse, et que plusieurs roches de formation sédimentaire ont été altérées profondément, modifiées et métamorphosées à
leur point de contact avec des roches en fusion
ignée.

Ces discussions établirent d'une manière irréfra-
gable plusieurs points importants, qui forment la
base de la géologie actuelle : le caractère organique
des fossiles végétaux et animaux, débris d'êtres qui
ont autrefois vécu à la surface du globe ; la distinc-
tion radicale des roches aqueuses, sédimentaires ou
neptuniennes, et des roches cristallisées, d'origine
ignée ou *plutonique ;* la détermination d'une classe
de terrains intermédiaires ou *métamorphiques,* c'est-
à-dire de roches sédimentaires altérées par des
roches ignées ; et enfin, en dehors du déluge biblique, l'existence et l'action, à la surface de nos
continents actuels, de plusieurs mers plus anciennes
qui, dans des périodes indéterminées, auraient laissé
déposer des couches puissantes de sédiments.

Ces points généraux admis et démontrés, Deluc voulut expliquer la véritable formation de la terre. Il supposa que la forme et la composition de nos continents, ainsi que leur élévation au-dessus du niveau de la mer, devaient être attribuées à des causes qui n'agissent plus aujourd'hui, et que la mise à sec de ces continents avait eu lieu à l'époque peu ancienne de la retraite subite de l'Océan, dont les eaux, dépouillées désormais de la faculté de produire des couches minérales, avaient pris place dans des cavités souterraines.

Ces idées furent promptement admises par la plupart des géologues au commencement du xixe siècle, et dès lors, pour expliquer la formation de ce monde, on eut recours aux agents et aux forces les plus gigantesques. A en croire les historiens pleins d'imagination de ces âges reculés, les continents s'étaient soulevés ou abaissés en masse d'un seul coup, sur une vaste étendue et dans de grandes proportions ; les chaînes de montagnes avaient surgi subitement du fond des flots, et s'étaient dressées sans effort à plusieurs milliers de mètres d'altitude ; les mers, chassées violemment de leurs bassins brisés, s'étaient précipitées avec fureur sur d'autres régions et les avaient envahies à jamais ; au milieu de ces conflits grandioses, le niveau de l'Océan avait constamment varié. En un mot, on ne craignait pas de donner aux agents chargés de modifier le relief de notre globe une puissance colossale et une action soudaine, loin de toute proportion avec la lenteur et le calme ordinaire des phénomènes qui s'accomplissent sous nos yeux.

Depuis quarante ans, une autre école géologique

s'est formée, sous l'influence de Constant Prévost, et surtout de sir Charles Lyell. Au lieu d'invoquer des puissances extraordinaires pour expliquer la forme et la constitution de la terre, elle a simplement recours aux *causes actuelles*, c'est-à-dire aux causes qui sont encore actuellement en fonction devant nous, et elle leur attribue sans hésiter tous les phénomènes anciens. Voyez, nous dit-elle, et étudiez soigneusement les phénomènes contemporains : dans l'histoire présente, vous trouverez sans peine la clef de l'histoire du passé. Sous nos yeux, des continents s'élèvent ou s'abaissent avec une grande lenteur, et si ce mouvement se prolonge pendant des siècles, il en résultera, ou de nouvelles immersions de terre ferme sur les côtes, ou la submersion de points aujourd'hui émergés : ainsi autrefois nos continents sont sortis de la mer ou rentrés dans la mer par un mouvement lent et insensible. Aujourd'hui nos volcans vomissent d'immenses amas de matières fondues à la surface du globe, ou bien ces matières s'arrêtent entre les couches sédimentaires dont les fractures leur livrent passage : ainsi se sont produits tous les terrains anciens cristallisés. Nous voyons les eaux charrier sans cesse une foule de débris arrachés aux hauteurs, et les transporter dans des bassins inférieurs ; nous voyons les lacs se combler peu à peu, les vallées s'emplir d'alluvions, les deltas se former et s'accroître à l'embouchure des fleuves, les mers elles-mêmes perdre de leur profondeur par l'apport incessant de matériaux. Laissez ces causes agir pendant une longue période de temps, et vous aurez comme résultat des effets comparables à ceux que vous étudiez dans les roches anciennes : des dépôts lacustres, fluviatiles, marins ou mixtes. Chaque jour une multitude de débris organisés, végétaux ou animaux, s'enfouissent dans les couches sédimentaires en voie de formation : dans quelques milliers d'années ce seront des fossiles, et on ne pourra plus les distinguer des fossiles des époques antérieures à la nôtre.

Le système des *causes actuelles* suppose donc que les agents géologiques que nous voyons fonctionner en notre présence ont toujours été en action depuis l'origine des choses avec la même intensité. La période présente, par conséquent, n'est pas une période de repos. Les mêmes causes continuent d'agir ; elles modifient sans cesse, comme aux temps passés, le relief du globe ; elles poursuivent leur œuvre de destruction et de reconstruction, et avec le temps elles apporteront des changements notables à la surface de la terre.

Ce système n'admet, pour ainsi dire, qu'une seule hypothèse : celle d'une période de temps indéterminée, laquelle est absolument nécessaire pour que les *causes actuelles* produisent un effet appréciable de quelque valeur. Il faut, il est vrai, des milliers de siècles ; mais c'est là l'hypothèse la moins hardie que la géologie puisse se permettre. Nous avons derrière nous toute une éternité, et rien n'empêche de reculer l'origine des choses aussi loin qu'il nous plaira dans le passé. La Bible elle-même n'est point intéressée dans cette question ; car elle se borne à nous dire en deux mots que le ciel et la terre furent créés *au commencement (in principio)*, expression très - vague et qui laisse toute latitude aux hypothèses. Nous trouvons d'ailleurs, dans l'étude des couches du globe, des traces manifestes de ces longs siècles que nous réclamons ici pour le besoin de notre cause : le calme et la lenteur évidents avec lesquels se sont déposées la plupart des couches sédimentaires, disent assez que leur dépôt s'est effectué pendant une longue suite d'années.

C'est ce système que nous allons développer dans ce volume. En étudiant la géologie contemporaine et l'action des causes actuelles, nous étudierons par là même la géologie ancienne, et les phénomènes de notre époque nous donneront la clef et l'explication des phénomènes qui se sont accomplis dans les âges les plus reculés de notre planète.

II

LES TREMBLEMENTS DE TERRE

Description des phénomènes. — Le temple de Sérapis à Pouzzoles. — Soulèvements et affaissements lents. — Hypothèse du
feu central. — Évaluation de l'énergie déployée dans les tremblements de terre. — Exhaussement des continents. — Failles.
— Redressement des couches horizontales. — Age relatif des
diverses chaînes de montagnes.

De tous les phénomènes qui modifient la surface du
globe, le tremblement de terre est incontestablement
le plus terrible et le plus grandiose. Cette convulsion
de la nature est ordinairement précédée d'un bruit
sourd, souterrain, comparable au roulement lointain
du tonnerre, ou à une décharge d'artillerie, ou à la
marche d'un chariot pesamment chargé roulant sur
le pavé. A cette annonce, les animaux, saisis d'une
épouvante secrète, manifestent la plus vive anxiété;
l'homme lui-même ne peut se défendre d'une certaine terreur. Bientôt le sol s'agite en mouvements
brusques et saccadés; les trépidations, prolongées
pendant plusieurs secondes, se répètent à des intervalles plus ou moins rapprochés. Tantôt les oscilla-

tions se dirigent dans le sens horizontal ; tantôt elles se

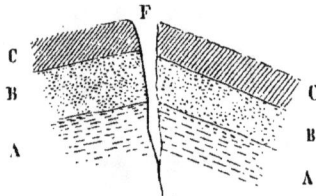

Fissures du sol.

prononcent dans le sens vertical, et alors elles consis-

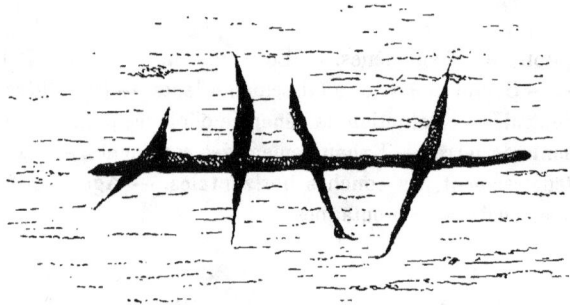

Fissures du sol.

tent en soulèvements rapides immédiatement suivis

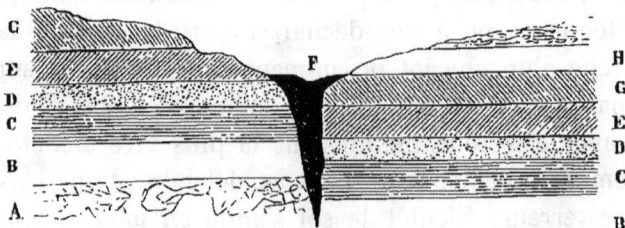

Crevasses et dislocations.

d'un affaissement ; tantôt enfin elles se déploient en

tournoiements. Sous l'action de ces causes, les édifices les plus solides chancellent sur leur base, comme
des hommes ivres, se lézardent et s'écroulent ; en peu

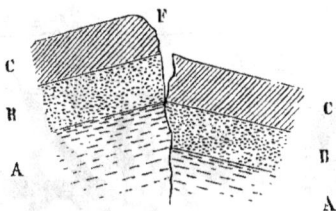

Dislocations et renversements.

d'instants une ville superbe et florissante n'est plus
qu'un monceau de ruines, ensevelissant sous ses décombres des milliers de cadavres.

Si nous détournons les yeux de ce spectacle émou-

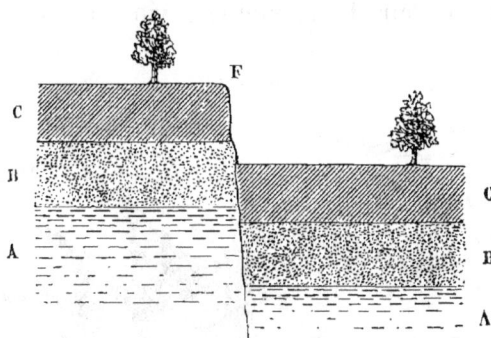

Dislocations du sol.

vant pour étudier au point de vue scientifique les
divers incidents du terrible phénomène, nous ne tar-
derons pas à constater dans le sol des fractures et des
mouvements, indices d'une puissance colossale. Souvent le terrain s'ouvre sur une grande longueur en

une fissure béante creusée à une profondeur considérable ; les sources, interceptées dans leur marche souterraine, s'engouffrent dans ces abîmes , et cessent

Crevasses rayonnantes.

de sourdre au point accoutumé ; d'autres sources, amenées au jour d'une manière violente, jaillissent

Crevasses et gouffre.

de ces fractures. La température de ces eaux s'élève fréquemment, comme si elles avaient été mises en

communication plus directe avec un foyer de chaleur. Dans d'autres circonstances, le sol, après s'être
fendu, s'affaisse d'un côté ou se relève de l'autre,
de sorte que les couches ne se correspondent plus.
Ailleurs les crevasses divergent d'un centre commun,
comme des rayons, et quand les pointes ainsi disloquées viennent à s'effondrer, il se creuse un gouffre.
Les couches intérieures, brisées, pétries dans des
masses d'eau et converties en une boue liquide, se
font jour à travers les fentes, et viennent s'épancher
en torrents fangeux. Des éboulements se produisent
dans les montagnes par l'effet de la commotion, et
les rochers, précipités des hauteurs dans les vallées,
barrent les ruisseaux, créent des lacs artificiels, et
quand l'obstacle a cédé sous le poids énorme qui le
presse, il en résulte une inondation désastreuse qui
vient ajouter ses ravages à ceux du tremblement de
terre.

Sur les bords de la mer, le phénomène affecte
d'autres allures et prend des proportions plus formidables. Tantôt c'est la mer qui, saisie d'une fureur
soudaine, semble oublier les limites infranchissables
que le doigt du Tout-Puissant lui a tracées, sort
de ses abîmes, et s'élance sur les continents ; tantôt,
au contraire, elle fuit au loin et abandonne son rivage
aride ; souvent ces deux effets se succèdent. Mais
ici, en réalité, ce n'est point la mer qui se déplace ;
car son niveau est constant, et n'a point éprouvé de
variations sensibles depuis les temps historiques :
c'est la terre qui, dans ses brusques trépidations
verticales, tantôt se plonge sous les flots, et tantôt
se retire de l'abîme. On peut le constater sans peine
lorsque le phénomène a complétement cessé ; car

il est assez rare que les relations anciennes du continent et de la mer n'aient pas été altérées d'une
manière sensible. Ici des quais sont désormais submergés, des plages basses sont plongées sous les
eaux, des ports se trouvent creusés, des bas-fonds
sont approfondis : preuve évidente que le niveau
général du sol a baissé. Là, tout au contraire, le fond
de la mer s'est relevé, des récifs se sont découverts,
des passes de ports sont devenues impraticables aux
vaisseaux, les ports ont perdu leur profondeur ancienne ; des mouillages sûrs, bien connus des navi-
gateurs, sont aujourd'hui dangereux, et, comme
démonstration irréfutable, le rivage s'est exhaussé,
entraînant avec lui dans son ascension une multitude
de coquillages, huîtres, balanes, serpules, moules,
attachés au rocher et désormais sortis de leur élément. Pendant que certains rivages s'affaissent,
d'autres, par compensation, gagnent en sens contraire.

Ce double mouvement en sens inverse s'est parfois
produit à plusieurs reprises au même lieu. On cite
comme l'exemple le plus curieux de ces alternatives
le temple de Sérapis, à Pouzzoles, dans le golfe de
Baïa. Ce célèbre monument offre trois colonnes antiques encore debout, taillées dans un seul bloc de
marbre, d'une hauteur de treize mètres environ. La
base n'offre aucune altération jusqu'à la hauteur de
trois mètres soixante centimètres au-dessus des pié-
destaux ; mais à partir de cette limite on remarque
une zone de deux mètres soixante-quinze centimètres
toute perforée de coquilles lithophages ; la partie supérieure est intacte. En cherchant à se rendre compte
de ces faits, il n'est pas difficile de se convaincre que

Temple de Sérapis à Pouzzoles.

le niveau du sol a été modifié deux fois, dans des proportions assez considérables, depuis l'ère vulgaire. Il est d'abord bien évident que ce temple a dû être construit en dehors de l'atteinte des eaux de la mer; car personne n'eût imaginé de le bâtir en un point submersible. Plus tard, par suite des tremblements de terre si fréquents dans cette région, le sol s'affaissa de plus de six mètres; la base des colonnes, protégée sans doute contre les coquillages perforants par les débris qui s'étaient accumulés sur le pavé du temple, ne subit aucune atteinte des lithophages qui s'installèrent un peu plus haut et criblèrent le marbre de leurs cellules; le sommet des colonnes, élevé au-dessus des eaux, demeura vierge de toute perforation. Plus récemment une nouvelle commotion arracha de la mer le temple de Sérapis, et le mit dans la situation où les voyageurs l'observent aujourd'hui avec étonnement. Voilà donc deux mouvements de six mètres bien constatés par des monuments authentiques et indubitables. Cet exemple n'est pas le seul, et l'on pourrait encore citer à l'appui d'autres faits du même genre, comme la submersion de temples, de voies romaines, de môles antiques, à Pouzzoles, à Baïa, à Sorrente, et d'un palais de Tibère dans l'île de Capri.

Ces perturbations sont sans doute fort remarquables; mais comme elles s'accomplissent sur un territoire assez limité et dans une région essentiellement volcanique, elles ont une portée théorique moins importante que d'autres mouvements plus lents, plus continus, moins sensibles, qui s'opèrent dans des contrées plus calmes. C'est toujours la mer, avec son niveau constant, qui nous permet de mesurer ces déplacements relatifs du sol; car elle seule, dans cet état de perpétuelle mobilité des choses, nous offre un point de repère à peu près invariable. La Suède nous présente un exemple curieux de ce relèvement continu d'une vaste portion de terrain, et comme ce phénomène a été signalé au commencement du siècle dernier et étudié pendant un siècle et demi, nous possédons à ce sujet des observations assez multipliées et assez prolongées pour en tirer une conclusion inattaquable. Le premier qui appela l'attention publique sur ce point fut un naturaliste suédois nommé Celsius. Dans la persuasion où l'on était alors que le niveau de la mer n'était pas invariable, il prétendit que les eaux de la Baltique et de la mer du Nord s'abaissaient graduellement, et que la proportion de cet abaissement était d'environ un mètre tous les cent ans. A l'appui de son opinion, il citait, d'une part, des rochers situés presque à fleur d'eau sur les côtes de la Baltique et de l'Océan, et qui, après avoir été pendant longtemps des récifs dangereux pour la navigation, se montraient alors au-dessus des flots; d'autre part, il affirmait que la terre ferme envahissait peu à peu le golfe de Bothnie, et cette invasion était attestée, disait-il, par la transformation de plusieurs anciens ports en villes intérieures, par la réunion de diverses petites îles au continent, et par l'abandon de pêcheries autrefois prospères, devenues trop basses ou entièrement mises à sec.

Celsius avait fait des observations fort judicieuses ; mais il en avait tiré une conclusion erronée. On lui objecta que si la Baltique avait baissé de niveau, cet abaissement aurait dû, en vertu des lois immuables de l'hydrostatique, être général sur toute la surface du globe, et que rien de semblable n'avait été constaté dans les autres ports. L'Académie d'Upsal s'émut de cette discussion, et en 1731 elle entreprit de constater d'une manière directe un fait aussi grave et aussi important. Des instructions furent données aux ingénieurs et aux officiers de la marine suédoise : par leurs soins des entailles furent pratiquées dans les rochers au niveau de la mer calme, avec la date de l'année pour permettre de suivre les observations pendant une période de temps assez longue. Au bout de quelques années on constata que la marche du phénomène n'était pas identique, et que si les entailles étaient émergées en certains points, en d'autres elles étaient immergées. Cette discordance déroutait les naturalistes, lorsque M. de Buch, après avoir visité les lieux, en 1807, déclara qu'à son avis c'était la terre ferme qui se soulevait. On comprend très-bien, en effet, que pour élever ou abaisser le niveau absolu de la mer d'une quantité donnée en un point déterminé, il faut nécessairement que ce niveau subisse la même élévation ou le même abaissement sur toute la surface du globe. Il n'en est pas de même des mouvements accidentels que peut éprouver le sol, et il ne répugne point d'admettre qu'une portion de terrain plus ou moins étendue, soulevée par une impulsion toute locale, surgisse au-dessus de la mer tandis que des portions du continent voisin n'éprouvent aucune modification dans leur assiette.

Si certaines côtes de la presqu'île Scandinave subissent ainsi un mouvement d'ascension continu, il en est d'autres qui s'abaissent incontestablement. On n'y remarque point au-dessus des eaux, comme

sur les rochers du golfe de Bothnie, ces zones de coquilles qui s'attachent aux pierres ou y pénètrent
par perforation : preuve évidente que ces points
restent au moins stationnaires. Mais ce qui est plus
concluant, c'est que toutes les villes maritimes de la
Scanie ont aujourd'hui plusieurs de leurs rues au-
dessous du niveau des hautes eaux, et se trouvent
inondées au temps des grandes marées, et il n'est
guère probable que ces rues aient été primitivement
établies dans ces fâcheuses conditions. Ces faits con-
cordent parfaitement avec ceux qui ont été constatés
par deux ingénieurs danois, dans une reconnais-
sance qui fut faite, de 1823 à 1832, de la côte occidentale du Groënland : les observations les plus
précises montraient que cette côte s'était affaissée
d'une manière sensible sur une longueur de plus
de huit cents kilomètres. D'anciennes constructions
fondées sur des îlots rocheux ou sur le bord de la
terre ferme ont été submergées peu à peu, et l'expérience a appris aux indigènes qu'ils ne doivent jamais
bâtir leur hutte sur l'extrême rivage, sous peine de la
voir envahie par le flot. Ces faits ont paru d'autant
plus remarquables que la Suède et le Groënland ne
sont pas sujets aux tremblements de terre.

A quelle cause faut-il attribuer ces brusques commotions qui secouent violemment le sol, et ces mouvements plus lents qui l'élèvent ou l'abaissent? On admet généralement aujourd'hui que dans l'origine notre
globe était à l'état de fusion ignée, et que le centre
conserve encore une grande partie de sa chaleur
primitive. Sous l'action de la pesanteur, les molécules prirent la forme sphérique, déterminée par les
lois de l'équilibre; la rotation de cette sphère sur

son axe détermina un renflement à l'équateur et un aplatissement proportionnel aux pôles, en vertu de la force centrifuge. La matière en liquéfaction venant à se refroidir graduellement, les éléments les moins fusibles se condensèrent, passèrent à l'état pâteux, puis à l'état solide. Il se forma ainsi peu à peu une sorte de croûte qui enveloppa entièrement le noyau igné, et emprisonna derrière une mince cloison une puissance formidable.

On a cherché à déterminer par l'observation directe la distance à laquelle doit se trouver sous nos pieds cette mer de fer et de métaux fondus. On sait que la température augmente dans les mines à mesure que l'on descend. Dans les mines de houille les plus profondes de l'Angleterre, on a constaté que l'accroissement de la température est d'un degré centigrade par vingt-quatre mètres de profondeur; mais, dans les mines de Saxe, cette profondeur s'est trouvée de trente-six mètres pour donner le même résultat thermométrique. Au puits de Grenelle, à Paris, l'accroissement de chaleur a été d'un degré pour trente et un mètres. M. Cordier, à qui nous empruntons ces chiffres, démontre par une foule d'observations que l'augmentation de température ne suit pas la même loi par toute la terre, et qu'elle peut être double ou triple d'un pays à un autre, sans que les différences soient en rapport avec les longitudes ou avec les latitudes.

Admettons, pour la facilité de nos calculs, que l'accroissement de chaleur interne est d'un degré pour vingt-cinq mètres, et voyons à quels résultats cette donnée peut nous conduire. Nous trouverons la température de l'eau bouillante à deux kilomètres

et demi au-dessous du point invariable où la température du sol demeure stationnaire et toujours égale
à la température moyenne de la localité; à vingt kilomètres, on rencontrera huit cents degrés, température à laquelle se fondent la plupart des métaux et
des roches; enfin, si la loi se continuait avec la même
constance, le centre du noyau aurait une chaleur supérieure à 250 000 degrés centigrades, température
dont nous ne pouvons nous former aucune idée. Il
paraît plus vraisemblable qu'à partir de la profondeur où les roches les plus réfractaires sont en
pleine fusion, la température devient uniforme dans
toute la masse ignée : ce point d'équilibre général
commencerait, d'après notre hypothèse, entre 75
et 100 kilomètres de profondeur, avec une température de 3 000 à 4 000 degrés, à laquelle rien ne
saurait résister.

Tâchons de nous représenter, avec des mesures
qui soient plus à notre portée, les éléments de cette
question. Si nous admettons une sphère d'un mètre
de diamètre, l'épaisseur totale de l'enveloppe solide
ne sera guère que de seize millimètres, et les plus
hautes montagnes ne formeront sur cette mince couche
que de faibles protubérances d'un millimètre, tout à
fait insensibles à l'œil. A l'intérieur, il y aura une
cavité de plus de 96 centimètres de diamètre. Telles
sont les véritables relations qui existent entre les
diverses parties, solides et fluides, qui constituent
notre globe. Comprend-on maintenant de quelle
flexibilité doit être douée cette mince enveloppe, et
quels mouvements convulsifs doivent l'agiter quand
elle reçoit les fameux coups de bélier de la masse intérieure?

Nous est-il possible d'apprécier, d'une manière approximative, l'intensité de la force colossale déployée par le feu central dans ces grands phénomènes de la nature? Pouvons-nous dégager, de l'image confuse qui nous en est donnée, une notion plus simple et plus claire, représentée par des éléments plus

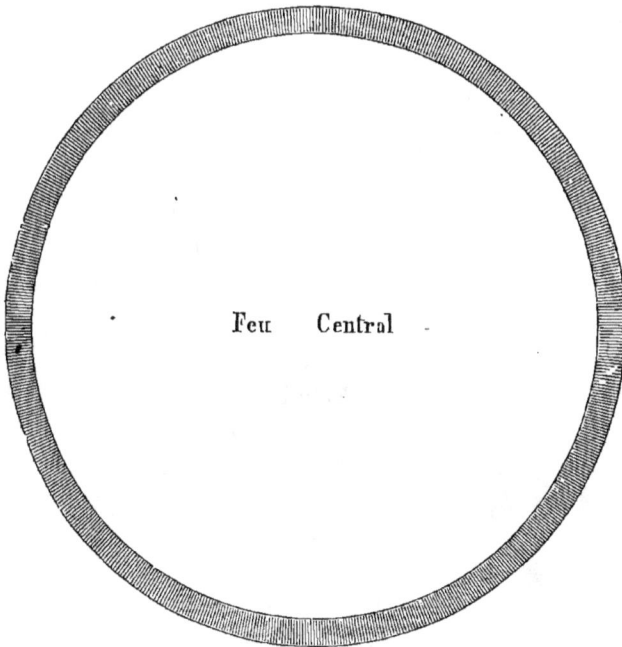

Relations de l'écorce terrestre et de la cavité intérieure.

accessibles à nos mesures ordinaires? Le célèbre géologue anglais Lyell l'a essayé avec quelque succès, nous allons l'essayer avec lui.

Au mois de novembre 1822, la côte du Chili fut ravagée par un tremblement de terre effroyable. Le choc fut ressenti simultanément sur une étendue de deux mille kilomètres, du nord au sud. Santiago,

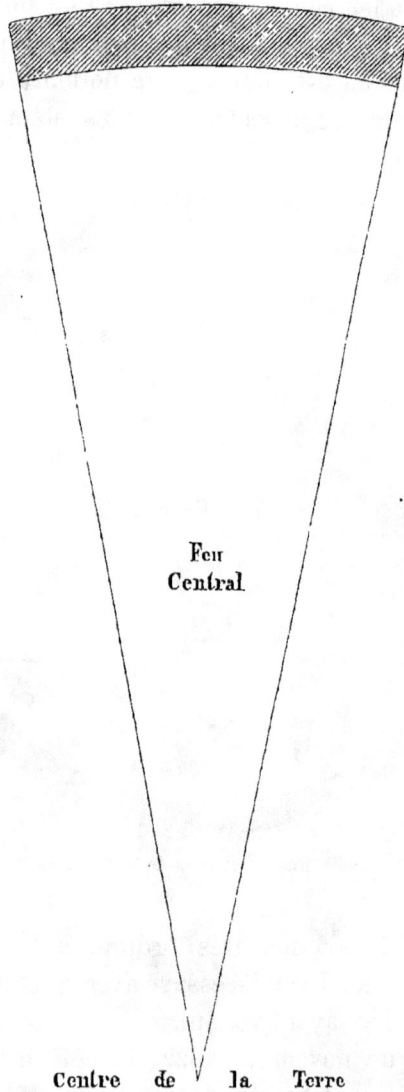

Feu
Central.

Centre　de　la　Terre

Relations de l'écorce terrestre et de la cavité intérieure.

Valparaiso et quelques autres lieux furent horrible-
ment maltraités. Lorsque, le matin du jour qui suivit
la catastrophe, on visita les environs de Valparaiso,
on reconnut que la côte, sur un espace considérable,
était élevée d'un mètre environ au-dessus de son
ancien niveau. Une partie du lit de la mer restait
à sec au moment des hautes eaux, de sorte qu'on
apercevait des bancs d'huîtres et divers coquillages
adhérant aux rochers sur lesquels ils avaient vécu ;
les cadavres des poissons exhalaient une odeur in-
supportable. Un vieux débris de vaisseau échoué,
dont auparavant on ne pouvait pas approcher, devint
accessible de la côte, quoique sa distance de l'ancien
rivage n'eût point changé. On observa aussi qu'un
cours d'eau qui alimentait un moulin situé à quinze
cents mètres de la mer, avait gagné trente-cinq centimètres de chute sur une étendue de cent mètres, et
l'on a conclu de ce fait que l'exhaussement avait été
beaucoup plus considérable dans quelques parties de
l'intérieur que sur les bords de l'Océan. Les durs rochers granitiques de la côte se déchirèrent en fissures
parallèles, et ces fissures se prolongèrent jusqu'à trois
kilomètres dans l'intérieur du pays. Des cônes de
terre d'un mètre de hauteur s'élevèrent dans plusieurs districts, par suite du jaillissement d'eau mêlé
de sable qui s'échappa de cavités creusées en forme
d'entonnoir. Les secousses continuèrent sans interruption jusqu'à la fin de septembre 1823 : à cette dernière époque encore, quarante-huit heures se passaient rarement sans qu'on éprouvât un, deux ou
même trois chocs dans l'intervalle.

Quelques observateurs consciencieux ont estimé
que, dans ce terrible tremblement de terre du Chili

en 1822, toute la région qui s'étend depuis le pied de
la chaîne des Andes, jusqu'à une grande distance sous
la mer, avait été exhaussée en masse, et que la plus
grande élévation avait eu lieu à trois kilomètres du
rivage, où elle avait atteint jusqu'à deux mètres. Les
témoins du phénomène furent amenés aussi à penser
que l'espace sur lequel s'opéra ce changement permanent de niveau pouvait être estimé sans exagération à treize mille lieues carrées, étendue sensiblement égale à la moitié de celle qu'occupe la France,
ou aux cinq sixièmes de celle de la Grande-Bretagne
et de l'Irlande réunies. Si l'on admet qu'en moyenne
l'élévation a été d'un mètre, on trouve que la masse
de roches ainsi ajoutées au continent de l'Amérique,
ou, en d'autres termes, que la masse qui, avant le
tremblement de terre, était au-dessous du niveau de
la mer, et qui, à la suite de cette convulsion, s'est
trouvée portée d'une manière permanente au-dessus
de l'Océan, doit avoir présenté un volume de près de
trois lieues cubes, masse qui suffirait pour former
une montagne conique de trois kilomètres de hauteur,
comme l'Etna, avec une circonférence de cinquante
kilomètres à sa base.

Mais que représente cette masse? On peut estimer
la pesanteur spécifique de la roche à 2, 5; c'est-à-dire
qu'elle pèse deux fois et demi plus que l'eau sous le
même volume. Si l'on admet que la grande pyramide
d'Égypte, considérée comme un tout compacte sans
vides intérieurs, pèse six millions de tonnes, on arrive
à cette conséquence que la quantité de roches ajoutée
au continent par le tremblement de terre du Chili a
surpassé en poids cent mille pyramides. Mais on ne
doit pas perdre de vue que le poids de la roche dont il

est ici question ne formait qu'une partie médiocre de la somme entière de la résistance que les forces volcaniques avaient à surmonter. L'épaisseur totale de la roche comprise entre la surface du sol, au Chili, et les foyers souterrains de l'action volcanique, peut être de plusieurs kilomètres. Supposons que cette épaisseur ne soit que de trois kilomètres; alors le volume de la masse qui s'est déplacée et élevée d'un mètre sera de plus de neuf lieues cubes, et par conséquent son poids excèdera celui de 360 millions de pyramides. On voit par ces chiffres éloquents quelle est l'énergie de la force qui se manifeste dans les tremblements de terre.

Appliquons maintenant ces données à l'interprétation des phénomènes anciens. On voit que la majeure partie des terrains qui constituent le relief de notre globe sont d'anciens fonds de mer, et qu'ils portent en eux le caractère évident, le signe irrécusable de leur origine. Les innombrables débris de coquilles marines et de poissons que ces couches renferment suffiraient à le démontrer. On ne saurait en expliquer la présence par l'invasion des eaux du déluge biblique, car le déluge a été un phénomène trop rapide et trop violent pour qu'on puisse lui attribuer des dépôts dont la contexture accuse le calme et la lenteur. Les terrains dont nous voulons parler sont antérieurs à l'apparition de l'homme sur la terre, et bien distincts du terrain meuble superficiel auquel le déluge mosaïque a pu donner naissance.

Ceci posé, nous attribuons à des soulèvements lents et continus, comme ceux qui agissent encore aujourd'hui sur la Suède, l'exhaussement de tous nos continents, dans toutes leurs grandes surfaces horizon-

tales, au-dessus de la mer où ils étaient primitivement plongés. Ces vastes plateaux si peu bouleversés,
ces strates parallèles si peu troublés dans leurs hori-
zontalités, ne portent aucune trace de ces violentes
commotions qui ailleurs déchirent le sol, le soulèvent
ou l'abaissent précipitamment, et y produisent une
foule de fissures. Tout, au contraire, dans l'allure de
ces couches accuse une ère de paix, de calme, de
tranquillité. Il a sans doute fallu pour cela une longue
période de siècles; mais le temps est l'élément le plus
naturel et le plus simple que le géologue puisse employer dans ses théories, et il est plus vraisemblable
de le faire intervenir que ces forces colossales auxquelles on avait recours autrefois.

Si l'exhaussement des grandes plaines terrestres
au-dessus de la mer peut s'expliquer sans peine par
une action calme, lente, continue et presque insensible, il n'en est pas de même de certains accidents
qui supposent évidemment une énergie plus violente
et plus soudaine. Nous avons vu, par exemple, que,
dans les tremblements de terre de l'époque actuelle,
il arrive fréquemment qu'une fissure se forme sur
une longue étendue, que le terrain se relève d'un
côté ou s'affaisse de l'autre, de sorte que les couches,
brisées par la commotion, ne se correspondent plus.
Dans les cas les plus simples, une colline se dresse
d'un côté, et une vallée profonde se creuse de l'autre,
et ces dislocations atteignent quelquefois la proportion
de hautes montagnes. Plusieurs chaînes françaises, les
Cévennes, les Vosges, le Jura, ont dû leur naissance
à des mouvements de cette nature.

Ces dislocations de terrain sont bien connues dans
les mines, et elles ont reçu des mineurs allemands le

nom de *fall* (c'est-à-dire chute, affaissement), que nous avons traduit par *faille*. Dans une multitude de cas, les failles ont interrompu les travaux, occasionné

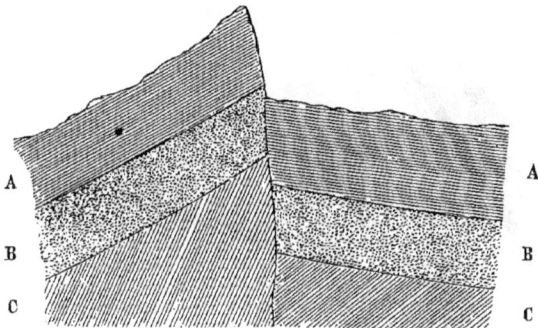

Formation d'une colline par dislocation.

des recherches dispendieuses ou infructueuses, ou trompé les spéculateurs par des promesses décevantes. Comme nous le verrons plus loin, les gîtes

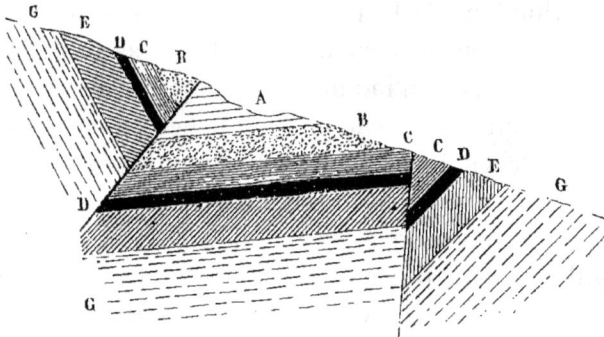

Failles.

métallifères que l'on exploite se présentent généralement sous la forme de *filons* injectés au milieu de roches plus anciennes, à peu près comme les veines au

travers des muscles d'un animal. Tout à coup le riche
filon que le mineur poursuivait cesse brusquement,
et l'ouvrier ne trouve plus devant lui qu'un rocher
sans valeur : c'est une faille qui se dénonce, et on la

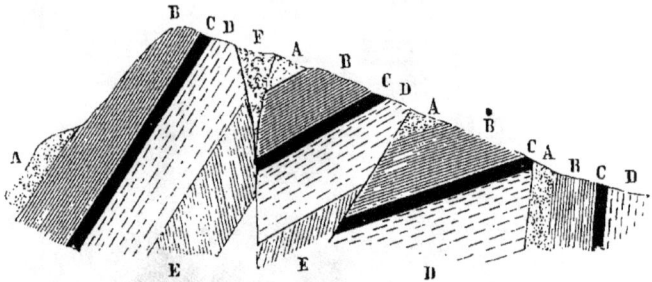

Failles.

reconnaît sans peine, non-seulement à l'interruption
soudaine du filon métallifère, mais encore à l'introduction de sables, de graviers et d'argiles dans la
fissure des terrains, et à l'aspect poli ou strié que
prennent les surfaces qui ont glissé l'une sur l'autre
dans la hauteur de la fente. Il faut alors rechercher
la suite du filon, soit en haut, soit en bas ; car l'extérieur du terrain n'indique pas toujours dans quel
sens s'est faite la dislocation des couches : il en résulte
des recherches longues et coûteuses, des sondages
parfois infructueux, avec la perspective, si l'on parvient à retrouver le précieux filon enfoui dans les
entrailles du sol, de le voir brisé quelques centaines
de mètres plus loin. Ces ruptures se répètent, en
effet, à plusieurs reprises, et, par une sorte de jeu
de la nature, il n'est pas rare de voir la veine ainsi
brisée venir effleurer le sol en plusieurs points, et
promettre au spéculateur des richesses considérables :
promesses trompeuses qui seront bientôt démenties.

Outre ces déchirures verticales du sol, les tremblements de terre produisent aussi des redressements
de couches sous un angle plus ou moins aigu. On sait
que toutes les couches formées par voie de dépôt au
fond des eaux affectent constamment une disposition
horizontale, à moins qu'elles n'aient été déposées sur
un plan légèrement incliné. Tous les débris charriés
par les eaux se déposent aussi horizontalement, c'est-
à-dire sur leur surface plate, de sorte que l'axe le plus
long soit horizontal, et le plus petit axe vertical. Si
donc on rencontre des couches fortement inclinées et

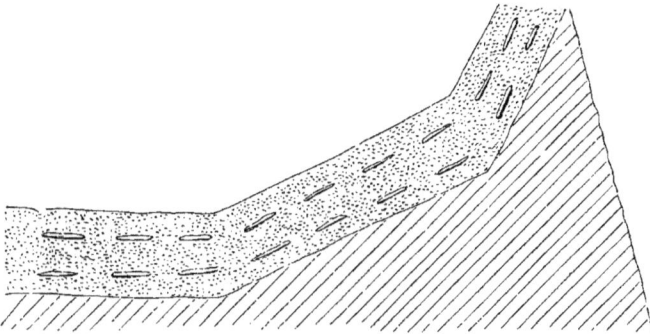

Redressement de couches horizontales.

presque redressées, où les galets et les coquilles fossiles, contrairement aux lois de la pesanteur, partici-
pent à ce mouvement, il sera naturel de penser que
ces couches ont été soulevées par quelque force intérieure qui est venue troubler après coup l'harmonie
de leur situation primitive. Les exemples de ces faits
abondent, particulièrement dans le voisinage des
montagnes ou des terrains cristallisés qui doivent leur
origine aux forces volcaniques.

Ce redressement des couches se produit parfois

d'une manière singulière. Supposons, par exemple,
qu'une masse pâteuse ignée soit poussée par l'énergie
volcanique à travers les roches disloquées : si elle
n'atteint pas la surface du sol, elle contournera sim-

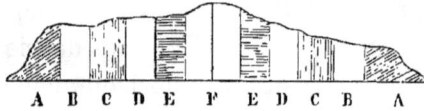

Dislocation de couches contournées.

plement tous les dépôts qui lui seront supérieurs, en
produisant une énorme boursouflure. Mais, si elle
rompt l'écorce qui la sépare de la surface, elle déchi-
rera violemment les couches, et les renversera vers

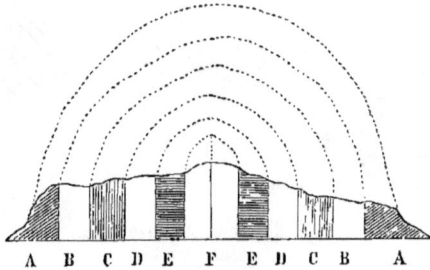

Contournement de couches.

tous les points de l'horizon. Tel est précisément le cas
d'une montagne bien connue, le mont Blanc. Quand
ce colosse de granit a été soulevé, il a redressé tout
autour de lui les couches qui s'opposaient à son issue,
et qui aujourd'hui plongent dans tous les sens, séparés par l'énorme masse qui est venue les briser et les
disjoindre. De cette dislocation il est résulté autour
du colosse une multitude de failles, de déchirures,

d'abîmes et de vallées, admirable objet d'études pour le touriste et pour le géologue.

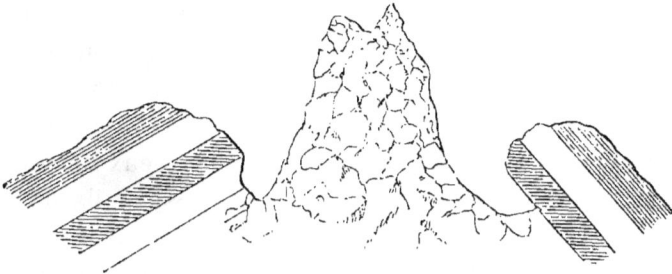

Redressement et renversement de couches.

Le soulèvement d'une chaîne de montagnes ne fait pas seulement sentir son action au pied de la chaîne et dans le rayon où s'étendent ses ramifications : il prolonge quelquefois son influence sur une vaste étendue de pays, et y produit des plissements de terrain qui déterminent le relief du sol, les grandes vallées et les lignes de faîte ou de partage des eaux. Veut-on savoir, par exemple, à quelle cause on peut attribuer en particulier le relief de la France ? Tous nos lecteurs savent qu'en France on remarque, du nord au sud, trois grandes arêtes transversales : l'une, qui sépare le bassin de la Seine de celui du Rhin ; l'autre, entre les bassins de la Seine et de la Loire ; et la troisième, entre la Loire et la Garonne. Ces trois faîtes, parallèles entre eux dans le sens de l'est à l'ouest, peu élevés au-dessus du fond des vallées, paraissent avoir été provoqués par un plissement du sol auquel le soulèvement parallèle des Pyrénées aurait donné naissance. Le bassin du Rhône a été creusé par le soulèvement des Alpes : si ce bassin n'a pris aucune extension vers l'ouest, c'est que de ce côté il a été arrêté par l'énorme massif cristallisé qui couvre le centre de la France. Quant au bassin du Rhin, il a été déterminé par le soulèvement des Vosges, et c'est le soulèvement du massif jurassique qui l'a séparé du bassin du Rhône. Comme on le voit, ces grands mouvements de terrain ont été pour la France d'une importance capitale : ils lui ont donné, sur deux de ses flancs, d'admirables frontières naturelles, et ils ont créé ce merveilleux système de vallées et de cours d'eau, si favorable à une ligne ininterrompue de navigation intérieure, que les autres peuples peuvent nous envier.

Les redressements provoqués dans les couches du sol par le soulèvement des chaînes de montagnes ont été étudiés avec beaucoup de sagacité par M. Élie de Beaumont, et l'éminent géologue a trouvé, dans ses observations, des éléments certains pour assigner l'âge relatif des montagnes, c'est-à-dire l'époque, non historique, mais géologique, de leur apparition successive. Nous allons donner ici un aperçu de son système.

D'après ce que nous avons dit plus haut, lorsque nous voyons en quelque lieu des couches sédimentaires redressées, nous pouvons prononcer en toute assurance qu'elles ont été dérangées de leur situation horizontale primitive par quelque soulèvement. Au premier abord, la date de ce soulèvement demeure incertaine ; mais si l'on remarque au pied du redressement d'autres couches sédimentaires encore en situation horizontale, il devient évident que le soulèvement a eu lieu pendant l'époque géologique qui s'est écoulée entre la dernière couche redressée, et

la première (la plus profonde) couche demeurée horizontale.

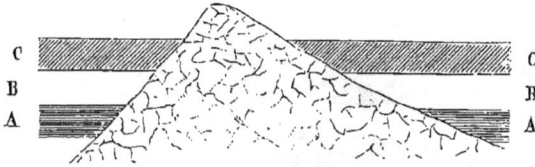

Soulèvement antérieur aux dépôts sédimentaires.

Éclaircissons cette théorie ingénieuse par quelques
exemples. Dans les Ballons des Vosges, les dépôts

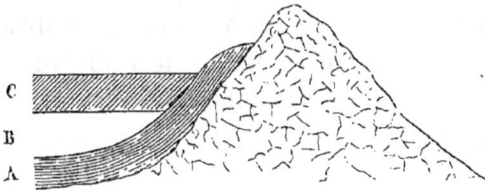

Soulèvement postérieur à la couche A, et antérieur aux couches B et C.

dévoniens, qui occupent le troisième rang dans l'é-
chelle géologique des terrains, sont redressés; et les
dépôts houillers, qui se sont formés immédiatement
après, n'ont pas été troublés dans leur assiette primitive. Il est donc bien évident que les Vosges sont
sorties de la mer après le dépôt des terrains dévoniens, puisqu'elles les ont redressés, et avant les dépôts houillers; car si les dépôts houillers avaient été
formés au moment du soulèvement de cette chaîne,
ils auraient eux-mêmes été entraînés dans ce grand
mouvement. A l'époque de leur émersion, les Vosges
constituaient donc une sorte de continent, dans les
baies et dans les anfractuosités duquel s'entassaient

ces troncs d'arbres qui ont été depuis convertis en
charbon.

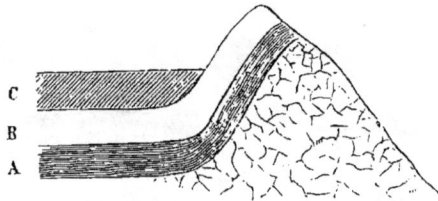

Soulèvement postérieur aux couches A et B, et antérieur à la couche C.

Un autre soulèvement, bien postérieur à celui des
Ballons dans l'histoire géologique, est celui des collines de la Côte-d'Or. Il a redressé et disloqué les
couches les plus récentes des terrains jurassiques ;
mais le terrain crétacé inférieur s'est déposé à ses
pieds en couches horizontales : il a donc eu lieu entre

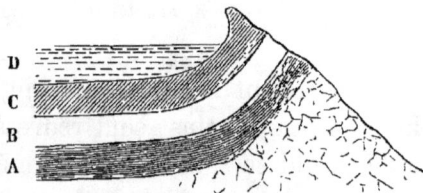

Soulèvement postérieur aux couches A , B , C ,
et antérieur à la couche D.

le dépôt de ces deux terrains. On déterminera de
même, par des considérations analogues, que les
Pyrénées ont été soulevées entre le terrain crétacé
supérieur et les terrains tertiaires ; et les Alpes occidentales ou Alpes du Dauphiné, entre le second étage
des terrains tertiaires et le terrain subapennin.

En appliquant des considérations de même nature à l'étude de toutes les montagnes, on est parvenu à classer chronologiquement l'apparition de toutes les chaînes. Nous allons en donner ici le tableau, tel qu'il a été établi par M. Élie de Beaumont et complété par quelques autres géologues, en commençant par les soulèvements les plus anciens :

1° Vendée, avant les terrains cumbriens de la Bretagne.

2° Finistère, entre les dépôts cumbriens et les ardoises vertes du Longmynd.

3° Longmynd, entre les ardoises vertes et le calcaire de Bala (Galles).

4° Morbihan, entre le calcaire de Bala et les dépôts siluriens.

5° Hundsruck, entre le terrain silurien et le terrain dévonien.

6° Ballons des Vosges, entre le terrain dévonien et le terrain houiller.

7° Nord de l'Angleterre, entre le terrain houiller et les dépôts pénéens.

8° Hainaut, entre les dépôts pénéens et le grès vosgien.

9° Rhin, entre le grès vosgien et le trias.

10° Thuringerwald, entre le trias et le terrain jurassique.

11° Côte-d'Or, entre le terrain jurassique et le terrain crétacé inférieur.

12° Mont Viso, entre les deux terrains crétacés.

13° Pyrénées, entre le terrain crétacé supérieur et les terrains tertiaires.

14° Corse, entre le premier et le second étage tertiaire.

15° Alpes du Dauphiné, entre la molasse et le terrain subapennin.

16° Alpes du Valais, entre le terrain subapennin et le diluvium.

17° Ténare, après le diluvium.

Les chaînes de montagnes et de collines que nous venons d'énumérer, et qui ont servi de point de départ à la classification chronologique des soulèvements, ne sont pas les seules qui aient été étudiées en Europe à ce point de vue remarquable. En poursuivant cette étude, on est arrivé à cette conclusion inattendue, que toutes les lignes de hauteurs qui offrent un parallélisme constant avec les chaînes-types de M. Élie de Beaumont sont aussi contemporaines de ces mêmes chaînes, c'est-à-dire qu'elles ont été soulevées pendant la même période géologique, et ont redressé les mêmes terrains. Cette loi étant bien établie pour l'Europe, il y a lieu de penser qu'elle se continue dans les autres parties du monde, et là, en effet, où on a pu la vérifier, on a constaté la même disposition relative des couches de terrains et l'extension des mêmes systèmes de soulèvements.

Quand nous disons que les chaînes parallèles qui redressent les mêmes terrains sont *contemporaines*, nous attachons à ce mot un sens extrêmement large, et bien loin de le restreindre à un simple moment ou à une courte période, nous l'étendons à la période indéfinie et vraisemblablement très-longue qui a pu s'écouler entre le dépôt de deux couches consécutives, dont l'une est inclinée, et l'autre horizontale. Nous avons dit plus haut, par exemple, que la chaîne des Pyrénées a été soulevée jusqu'à sa hauteur actuelle, entre la formation des couches crétacées et celle des dépôts tertiaires, ainsi que le prouvent, d'une part, la verticalité, la courbure et les contournements que présentent sur cette chaîne les dépôts crayeux, et de l'autre l'horizontalité des couches tertiaires qui reposent à sa base sur la craie. Mais on comprend très-bien que les dernières couches crayeuses, de même que les premières couches tertiaires, ont exigé un immense laps de temps pour leur accumulation, et rien ne nous indique dans quelle partie de cette immense période le soulèvement a eu lieu. Concluons donc de là que deux soulèvements peuvent être *contemporains* géologiquement, c'est-à-dire s'être accomplis dans la même phase géologique, entre le dépôt de deux couches consécutives, et cependant être séparés en réalité par un énorme intervalle de temps.

Comme on le voit par les détails dans lesquels nous venons d'entrer, l'énergie du feu central, manifestée par les tremblements de terre et par des soulèvements brusques ou lents, a joué un rôle considérable dans la formation du relief de notre planète. C'est elle qui a émergé tous les fonds de mer qui constituent la majeure partie de notre globe, et qui les a fait surgir à des hauteurs variables au-dessus des eaux. C'est elle qui a provoqué le soulèvement de ces hautes chaînes de montagnes qui donnent à notre globe sa physionomie, et qui a déterminé ces multiples accidents de terrain qui mettent à portée de la main de l'homme les métaux les plus utiles.

III

LES TREMBLEMENTS DE TERRE LES PLUS TERRIBLES

Tremblements de terre de la Jamaïque et du Pérou, en 1692
et 1746. — Ruine de Lisbonne en 1755. — Évaluation de la
vitesse des vibrations d'un tremblement de terre. — Désastres
de la Calabre en 1783. — Tremblements de terre du xixᵉ siècle.
— Affaissement de la Manche et séparation de l'Angleterre et
de la France. — Trépidation perpétuelle du sol.

Pour mieux éclaircir cette grande et belle théorie
des soulèvements et des affaissements, il est indispensable de l'*illustrer*, comme disent les Anglais, par
un certain nombre d'exemples, et d'apporter à l'appui
quelques récits authentiques des plus graves perturbations de ce genre dont l'histoire fasse mention.
Dans cette revue des plus affreux tremblements de
terre, nous nous arrêterons particulièrement sur les
plus récents, parce qu'ils ont été beaucoup mieux
étudiés au point de vue physique. Les historiens de
l'antiquité et du moyen âge, en nous transmettant le
récit de ces douloureux événements, ne se sont guère

attachés qu'à décrire la ruine des villes, à énumérer le nombre des morts, à raconter les désastres; mais ils ont négligé le côté géologique, dont nous nous préoccupons en ce moment.

En 1692, l'île de la Jamaïque fut ravagée par un violent tremblement de terre; le sol se soulevait et se gonflait comme les flots mobiles d'une mer agitée par la tempête, et en même temps il se déchirait en une multitude de crevasses. On voyait plusieurs de ces crevasses s'ouvrir et se fermer avec bruit. Un grand nombre de personnes furent ainsi englouties : les unes disparurent à jamais dans ces fentes comme dans un tombeau; d'autres n'y pénétrèrent qu'à mi-corps, et se trouvèrent saisies comme dans un piége; d'autres enfin en furent rejetées avec des torrents d'eau. Une grande partie des maisons de la ville de Port-Royal s'enfonça verticalement sous la mer, mais sans se détruire, et quand le calme fut rétabli, on apercevait au-dessous des vagues le sommet des cheminées.

Le tremblement de terre qui eut lieu au Pérou, le 28 octobre 1746, ne fut pas moins désastreux. Pendant les vingt-quatre premières heures, on compta deux cents secousses violentes. Aux deux premiers chocs, l'Océan s'éloigna deux fois du rivage; puis, revenant sur ses pas avec une impétuosité irrésistible, il envahit la côte et se précipita fort loin dans les terres. Sur vingt-trois bâtiments qui mouillaient dans le port de Callao, dix-neuf furent engloutis; les quatre autres, entraînés par le flot envahisseur, furent jetés à une grande distance sur le continent, puis laissés à sec à une hauteur considérable au-dessus de la mer. Ce n'était point une catastrophe nou-

velle pour le Pérou; car les indigènes, dans leurs
traditions, racontent plusieurs faits du même genre.
M. Darwin a même constaté sur la côte près de Lima
que le sol a été soulevé de vingt-cinq mètres au-dessus de la mer depuis l'apparition de l'homme à la surface du globe.

Nous lisons, dans les anciennes Annales de l'Académie des sciences de Paris, qu'en 1751 les Antilles
furent agitées par une série de secousses, et que
le 21 novembre un choc violent détruisit le Port-
au-Prince, chef-lieu de Saint-Domingue. La côte s'enfonça sur une longueur de vingt lieues, et cet enfoncement a formé depuis une vaste baie.

Ces faits, si remarquables qu'ils soient, sont loin
d'atteindre l'importance du fameux tremblement de
terre qui détruisit Lisbonne le 1er novembre 1755.
C'est la plus terrible et la plus épouvantable catastrophe du xviiie siècle. Un bruit souterrain, comparable à celui du tonnerre, se fit entendre, et immédiatement après une violente secousse renversa de
fond en comble la plus grande partie de la ville, et
fit périr, en six minutes, soixante mille personnes.
Comme il arrive souvent dans ces convulsions, la
mer se retira d'abord loin du rivage, et mit à sec la
barre qui obstrue l'embouchure du Tage; puis, revenant sur ses pas avec fureur, elle envahit la côte en
s'élevant de quinze mètres au-dessus de son niveau
ordinaire. Les montagnes les plus hautes du Portugal,
ébranlées par ce choc jusque dans leurs fondations,
se disloquèrent et précipitèrent des masses énormes
dans les vallées. Un quai neuf, bâti en marbre à
grands frais, s'enfonça dans la mer, engloutissant une
multitude de personnes qui y avaient cherché un re-

fuge loin de la chute des édifices, et entraînant dans son tourbillon une foule de petits bâtiments et de barques chargées de monde. Là où s'élevait autrefois ce quai superbe, la sonde accusait une profondeur de cent brasses. Il se fit là sans doute une immense faille de 180 mètres de hauteur.

Ce qui donne un caractère particulier au désastre de Lisbonne, c'est l'étendue considérable sur laquelle le tremblement de terre se fit sentir. Cette commotion eut du retentissement dans un hémisphère tout entier. L'Europe entière, le nord de l'Afrique, et les Antilles elles-mêmes en furent ébranlés. Une vague formidable balaya toutes les côtes d'Espagne, atteignit dix-huit mètres de hauteur à Cadix, inonda la ville de Funchal, dans l'île de Madère, envahit dix-huit fois successivement la côte d'Afrique, détruisit Maroc, Fez, Mequinez et Tanger, et se propagea jusqu'à Kinsale, en Irlande, dont elle submergea les quais. Au même moment, une agitation extraordinaire se manifesta dans toutes les eaux intérieures de la Grande-Bretagne. Le lac Lomond, en Écosse, se souleva de soixante-dix centimètres sans cause apparente, et retomba lourdement à son niveau ordinaire. Enfin la Suède elle-même, si calme habituellement malgré le mouvement continu qui l'exhausse peu à peu, éprouva un certain tressaillement.

Une autre circonstance fort remarquable de cet événement, c'est que les vaisseaux naviguant sur la haute mer ne furent pas à l'abri de la commotion, et que les eaux leur transmirent le choc avec violence. La plupart des capitaines crurent avoir donné sur un bas-fond : mais, en jetant la sonde, ils constatèrent avec stupéfaction qu'ils se trouvaient dans des eaux très-profondes. Le choc fut tel sur plusieurs bâtiments, que les matelots en perdirent l'équilibre, et que la boussole fut renversée. Les passagers éprouvèrent exactement la même sensation que s'ils avaient été à terre.

L'immense développement pris par le tremblement de terre de 1755 a permis d'apprécier d'une manière approximative la vitesse de propagation du mouvement vibratoire dont Lisbonne paraît avoir été le centre principal. La commotion semble s'être propagée au moyen des ondulations imprimées à l'écorce terrestre. En calculant l'intervalle qui s'écoula entre le moment où le premier choc fut ressenti à Lisbonne, et celui où il se manifesta en d'autres points éloignés, on a constaté que la vitesse du mouvement avait été de plus de trente kilomètres par minute. De l'exposé et de la comparaison attentive des faits, on peut aussi conclure que l'ébranlement s'étend suivant un grand cercle, plus ou moins incliné sur l'équateur.

Dans le Bengale, en 1762, une grande rivière fut desséchée par suite d'un tremblement de terre, une partie de la côte de Chittagong s'affaissa subitement et d'une manière permanente sur une surface de huit lieues carrées, et deux montagnes élevées rentrèrent dans le sol d'où elles étaient sorties.

Ces faits, quelque bien constatés et quelque remarquables qu'ils soient, ne peuvent avoir pour le géologue l'intérêt que présente le tremblement de terre qui ravagea la Calabre pendant quatre années consécutives, depuis le commencement de juillet 1783 jusqu'à la fin de 1786, et fit sentir à cette malheureuse contrée plus de douze cents secousses. Par une circonstance heureuse pour la science, ces grands phé-

nomènes ont rencontré des observateurs sagaces, des
historiens savants et des artistes habiles, qui nous
ont transmis le résultat de leurs investigations, et
nous font assister par leurs relations et leurs dessins
à toutes les phases de cette terrible catastrophe.
Parmi ces observateurs, nous devons citer Vicencio,
premier médecin du roi de Naples; Antonio Grimaldi,
secrétaire de la guerre, qui fut chargé d'une mission
à ce sujet par le gouvernement; Pignataro, médecin
établi à Monteleone, au centre même du mouvement;
sir William Hamilton, naturaliste anglais, qui n'hé-
sita pas à parcourir le pays ravagé, au milieu même
des accidents de toute nature qui mettaient sa vie en
péril; Dolomieu, célèbre géologue et minéralogiste
français, qui visita aussi la Calabre pendant la catastrophe; et enfin la commission scientifique députée
par l'Académie royale de Naples. Jamais aucun phénomène ne fut mieux étudié. Aussi est-ce aux rapports
de ces hommes distingués que nous allons emprunter
les éléments de notre récit.

La surface de terrain qui fut livrée aux bouleversements les plus considérables n'occupe pas moins de
soixante lieues carrées dans la Calabre ultérieure;
mais le mouvement se propagea au nord jusqu'à
Naples, au midi dans toute la Sicile à travers le détroit de Messine, à l'est dans les îles de Zante, de
Céphalonie et de Sainte-Maure, et sans doute aussi
dans le fond de la mer Ionienne qui sépare ces deux
régions. Il n'est pas inutile de noter, comme circonstance remarquable, que la Calabre n'offre aucune
roche volcanique comme les environs du Vésuve et
de l'Etna, et que le sol se compose partout de roches
sédimentaires appuyées sur l'arête granitique de la

chaîne des Apennins. Pendant les quatre années que
durèrent les secousses, les deux grands volcans du
voisinage, et le petit volcan de l'île de Stromboli, qui
est en activité presque continuelle, demeurèrent
calmes et silencieux, et aucune éruption ne se manifesta dans leurs cratères. Ce n'est donc point à une
explosion violente, à une énergie puissante des forces
volcaniques, qu'il faut attribuer les convulsions dont
la Calabre a été le théâtre : les orifices volcaniques
jouent plutôt le rôle de soupapes de sûreté, en donnant issue aux vapeurs accumulées dans le sein de la
terre sous une énorme tension, et par conséquent il
ne faut point s'étonner que l'énergie des forces intérieures du globe se manifeste par des tremblements
de terre, des soulèvements ou des affaissements, surtout dans les régions qui n'offrent aucun centre
éruptif.

La première commotion se fit sentir avec une
violence inouïe, le 5 février 1783, et dès le premier
choc, en deux minutes, toutes les villes et tous les
villages de la Calabre furent détruits de fond en
comble, Messine fut ravagée, et la surface du pays
entièrement bouleversée. Un autre choc presque
aussi terrible eut lieu le 28 mars, et renversa les dernières ruines qui étaient encore debout. Dans ces
deux convulsions on remarqua que les mouvements
du sol, analogues à la houle de mer, se propageaient
de l'ouest à l'est à travers les couches sédimentaires,
et redoublaient d'intensité au point de contact avec
les roches granitiques, comme si ces dernières avaient
opposé plus de résistance aux ondulations du terrain.
La surface du pays *moutonnait* et se déroulait en
longs replis ondulés, comme les flots quand ils sont

agités par un vent impétueux. Pendant les secousses,
des arbres s'inclinaient quelquefois jusqu'au sol, qu'ils
balayaient un moment de leur cime, pour se redres-
ser ensuite quand la convulsion intérieure était ter-
minée. Sous l'influence de ces vibrations répétées,
les hommes éprouvaient un malaise analogue au mal
de mer.

Ce n'étaient là que les préludes des plus grands désastres. Le sol, secoué de bas en haut, s'ouvrit en
une multitude de crevasses et de déchirures, qui se
refermaient bientôt, ensevelissant dans leurs profonds
abîmes des maisons, des arbres, des terrains et une
foule d'êtres vivants, et rejetant parfois de leur sein,
avec des torrents d'eau, tout ce qu'elles avaient, englouti. Ces fissures, qui atteignaient en certains
points jusqu'à cent cinquante mètres de largeur, affectaient les dispositions les plus bizarres : ici elles
s'alignaient en longues fentes parallèles; là elles
étaient coupées par des déchirures transversales;
ailleurs elles divergeaient d'un centre commun en
une multitude de ramifications. Quelquefois le sol,
ainsi crevassé de toutes parts, s'effondrait, et il se
creusait un gouffre béant circulaire. Des lacs nouveaux furent ainsi créés subitement dans un territoire aride, et alimentés d'une manière permanente
par des sources de fond; des lacs anciens furent taris
jusqu'à la dernière goutte; des ruisseaux furent des-
séchés; des rivières changèrent de lit, ou se précipitèrent dans les fissures du sol pour ne plus reparaître;
enfin les eaux thermales de la contrée augmentèrent
de volume et de température, comme si les crevasses
les avaient mises en communication plus intime avec
le foyer central.

Non-seulement le terrain fut fissuré dans tous les sens, mais il subit aussi de brusques et profondes variations de niveau sans qu'il soit toujours possible, pour l'intérieur du continent, de mesurer l'importance de ces variations, ces points n'ayant pas été préalablement rattachés au niveau moyen de la mer par un nivellement. Ce n'est guère que sur les côtes et dans les failles qu'il est facile de s'en rendre compte. Ainsi à Messine le quai s'abaissa tout d'une pièce de trente-cinq centimètres, et, au lieu de rester horizontal comme il était auparavant, il s'inclina vers la mer; par suite de l'abaissement du fond, la mer gagna aussi en profondeur. A Terranova, une grande tour ronde, solidement construite en maçonnerie, fut coupée en deux dans toute sa hauteur : une partie demeura immobile au milieu de ce bouleversement; mais l'autre moitié, soulevée hors du sol par la commotion, montra ses fondations toutes déchaussées et élevées au-dessus du sol : dans cet état, les membres de la commission scientifique de l'Académie de Naples la comparaient à une énorme dent à moitié arrachée de son alvéole et montrant ses racines à nu. Les parois de la fente adhéraient l'une à l'autre avec tant de force, qu'on eût dit que la tour avait été construite sur ce plan singulier, si la discordance des assises de pierre n'eût protesté contre cette opinion.

Plusieurs autres phénomènes ne sont pas moins dignes d'intérêt. Au point de jonction où les formations sédimentaires s'appuient sur les formations granitiques, mais sans se lier avec elles, les premières furent ébranlées, et, glissant sur leur base inclinée, elles se séparèrent des granits et produisirent ainsi des vallées profondes, là où il n'y avait auparavant que des pentes assez abruptes. On cite près d'Oppido un gouffre en forme d'amphithéâtre, large de cent cinquante mètres et profond de soixante, qui se trouva creusé de cette manière. De grandes étendues de terrain glissèrent ainsi sur leurs pentes, et furent transportées à des distances quelquefois considérables de leur point de départ, couvrant d'autres terrains, et créant entre leurs propriétaires d'inextricables confusions et des contestations interminables. Dans le ravin de Terranova, une masse énorme haute de soixante mètres, ayant un hectare et demi de superficie, descendit à six kilomètres de distance, avec les oliviers, les vignes et les moissons qui la couvraient. Près de Mileto, deux métairies furent entraînées à un kilomètre sans être endommagées et sans que les habitants eussent à souffrir de ce voyage singulier. Enfin, ce qui est encore plus extraordinaire, une grande partie de la petite ville de Polistina, comprenant plusieurs centaines de maisons, glissa à huit cents mètres de son emplacement primitif. Le quart des habitants furent enterrés vivants dans les déchirures du sol ou sous les décombres de leurs habitations.

Les commissaires du gouvernement napolitain, après avoir visité tous les lieux dévastés, estimèrent que, dans les deux Calabres et en Sicile, quarante mille personnes avaient péri pendant le tremblement de terre, et que vingt mille avaient succombé ensuite par les épidémies et les privations. Quand Dolomieu visita Messine, après la catastrophe du 5 février, il éprouva la plus douloureuse des émotions. Du haut du vaisseau qui l'amenait, la ville semblait avoir conservé une certaine apparence de splendeur : les maisons étaient encore debout, les monuments se dres-

Tour de Terranova. — Tremblement de terre de la Calabre.

saient encore fièrement, quoique lézardés et mal assis
sur leur base ébranlée. Mais quand le géologue français pénétra dans l'intérieur des murs, il fut épouvanté : la ville, silencieuse et déserte, ressemblait à
une nécropole, et l'on eût dit qu'on se promenait au
milieu des tombeaux. Tous les habitants avaient fui
et s'étaient réfugiés dans des huttes de bois. Le spectacle fut tout autre en Calabre, et la ville de Polistina
offrait entre autres l'image de la plus affreuse désolation : toutes les habitations, écroulées les unes sur
les autres, présentaient l'image du chaos ; on ne voyait
de toutes parts que des monceaux de pierres, dont
l'aspect, bien loin de rappeler le souvenir d'une ville,
ne ressemblait qu'à une carrière éboulée ; l'odeur in-
fecte des cadavres en putréfaction s'exhalait de toutes
ces ruines comme de sépulcres entr'ouverts ; enfin,
pour ajouter un dernier trait à ce lugubre tableau, les
Calabrais, au lieu de songer à secourir les victimes
encore vivantes enfouies sous les décombres, ne pen-
saient qu'à fouiller avidement les ruines, à dépouiller
les morts, et ajoutaient le pillage à la dévastation.

La Sicile, qui avait déjà été assez rudement éprou-
vée dans ce tremblement de terre de 1783, ressentit
une nouvelle commotion le 18 mars 1790. Sur la côte
méridionale de l'île, près de Terranova, loin de tout
district volcanique ancien ou moderne, au milieu d'un
groupe de terrains sédimentaires, sept secousses
ébranlèrent le pays : le sol s'affaissa graduellement
sur une étendue de trois milles italiens de circonférence, et la dépression atteignit près de neuf mètres.
Plusieurs fissures, ouvertes par la commotion, vomirent des vapeurs sulfureuses, du pétrole, de l'eau
chaude ; et un torrent de boue qui s'en échappa cou-

vrit un espace de dix-huit mètres de long sur neuf de
large.

La même année, dans la province de Caracas (Amérique méridionale), sur les bords de l'Orénoque, une
vaste dépression se fit, par suite d'un tremblement
de terre, dans le sol granitique de la contrée : il en
résulta un lac de huit cents mètres de diamètre sur
cent mètres de profondeur, où s'engloutit une forêt.
M. de Humboldt raconte que les arbres restèrent verts
pendant plusieurs mois sous l'eau.

En 1797, un violent tremblement de terre secoua
toute la province de Quito (Amérique méridionale),
sur une étendue de neuf cents kilomètres du nord au
sud, et de six cents kilomètres de l'est à l'ouest, et
rasa toutes les villes. Au pied du volcan Tunguragua,
la terre s'entr'ouvrit en plusieurs points, et de ces
abîmes il s'échappa des fleuves d'une boue fétide
appelée *moya* par les habitants. Ces terrains boueux
inondèrent le pays et détruisirent tout sur leur passage dévastateur : on vit un de ces courants, dans
une vallée de trois cents mètres de large, s'élever jusqu'à la hauteur de cent quatre-vingts mètres, combler
cette vallée, barrer le cours de la rivière, et former
des lacs profonds qui persistèrent pendant trois mois.
Des flammes et des vapeurs méphitiques se déga-
gèrent du lac Quilotoa, et asphyxièrent tout le bétail
qui paissait sur ses bords.

Le XIXᵉ siècle n'a pas connu de désastres aussi terribles que ceux qui ruinèrent Lisbonne et boulever-
sèrent toute la Calabre; mais il n'a pas laissé d'éprouver des commotions qui prouvent que l'énergie de la
force centrale n'est pas endormie. En 1806, une île
nouvelle, en forme de pic, surgit de la terre au milieu

des îles Aléoutiennes, à l'est du Kamtchatka, et s'éleva à une hauteur considérable avec une circonférence de sept kilomètres. En 1814, une autre éruption remarquable se manifesta dans le même archipel, et une île d'une grandeur notable, surmontée d'un pic de deux cents mètres de haut, se montra au-dessus des flots. Il est probable que dans ces deux cas le fond de la mer fut aussi soulevé sur une vaste étendue.

En 1819, un violent tremblement de terre se fit sentir dans le delta de l'Indus, et un grand nombre de villes florissantes furent ruinées par le choc. La région éprouva de sensibles modifications dans son aspect extérieur. Point très-curieux à noter : un des bras de l'Indus, qui était toujours guéable à la basse mer, acquit subitement une profondeur de six mètres et put désormais s'ouvrir à la navigation intérieure. La mer se précipita avec violence par ce nouveau canal, et submergea sur ses bords le fort et le petit village de Sindree, de sorte qu'on ne voyait plus au-dessus des eaux que la toiture des maisons ; car celles-ci demeurèrent debout au milieu de la catastrophe, ce qui démontre que l'affaissement s'opéra avec assez de calme et de lenteur, et d'une manière perpendiculaire. La mer intérieure ainsi formée ne mesurait pas moins de deux cent soixante lieues carrées de superficie. Plusieurs officiers de la marine britannique se rendirent en bateau, en 1828 et en 1838, aux ruines de Sindree : vingt ans après l'événement, une des tours du fort se dressait encore et restait visible au milieu d'une vaste étendue de mer. Mais ce qui n'est pas moins étrange, au même moment où cet affaissement avait lieu en 1819, une colline, ou plutôt une arête en

forme de vague, longue de quatre-vingts kilomètres et
large de vingt-cinq, s'éleva à la hauteur uniforme de
trois mètres au-dessus du delta, en face de Sindree;
cet exhaussement se fit d'une manière si peu bruyante,
que les habitants du voisinage n'en furent point aver-
tis. On cite d'autres exemples analogues, où l'action
des tremblements de terre fut tellement locale, qu'elle
ne se manifesta que dans un très-court rayon. C'est
ainsi que l'île d'Ischia fut bouleversée de fond en
comble, le 2 février 1838 : ce tremblement de terre
fut circonscrit dans un espace tellement resserré,
qu'il ne fut ressenti en aucune manière, ni dans les
îles voisines, ni sur le continent. Un savant italien
constata que la température de la source chaude de
Rita s'était élevée, et il en conclut que l'explosion intérieure avait eu lieu immédiatement au-dessous des
réservoirs qui chauffent les eaux thermales.

Les faits que nous venons d'accumuler, et que nous
avons choisi à dessein parmi les plus significatifs,
ne démontrent-ils pas d'une manière évidente le grand
rôle que les tremblements de terre ont joué dans les
temps anciens et continuent de jouer dans les temps
modernes, quant à la formation du relief de notre globe?
Après de tels récits, dont l'authenticité ne saurait
être mise en doute, il ne répugnera point d'admettre
avec Pline et les autres historiens de l'antiquité que
la Sicile fut séparée de l'Italie par un tremblement de
terre, que l'île de Chypre fut séparée de même de la
Syrie, et celle d'Eubée (Négrepont), de la Béotie. Il ne
paraîtra pas non plus invraisemblable que l'Atlantide
de Platon ait été ensevelie sous les eaux, suivant les
traditions égyptiennes, en un jour et une nuit. Ces
catastrophes n'ont rien de surprenant après les récits

que nous venons de faire passer sous les yeux du lecteur, et où nous voyons de vastes étendues de côtes s'abîmer dans la mer, et des lacs profonds se creuser en quelques heures.

C'est à un événement du même genre que sont dus le creusement de la Manche et la séparation de l'Angleterre et de la France. L'histoire et la tradition ne nous en parlent point, il est vrai ; car cette rupture s'est accomplie avant les temps historiques : mais les phénomènes géologiques ont écrit cet événement en caractères ineffaçables sur les côtes des deux pays. Si l'on examine tous les terrains qui se succèdent sur la côte française depuis Cherbourg jusqu'à l'embouchure de la Seine, on voit se dérouler successivement, par zones assez étroites, comme les rivages abandonnés d'anciennes mers, d'abord les divers étages jurassiques, puis la série des couches crayeuses, masquées par les dépôts tertiaires. Or tout en face, de l'autre côté du détroit, sur la côte anglaise, le même ordre de terrains se reproduit avec une étonnante régularité depuis la presqu'île de Portland. Cette concordance se suit de chaque côté sur le littoral,

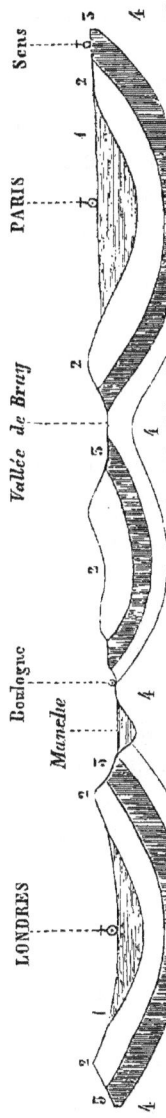

Concordance des terrains sur les deux rivages de la Manche. Séparation de l'Angleterre et de la France par un affaissement.

d'une part jusqu'à Calais, de l'autre jusqu'à Douvres.
Il est donc évident que les deux rivages ont fait autrefois partie du même continent, que les terrains
qui les constituent ont été déposés au fond de la
même mer : c'est à un tremblement de terre, on n'en
saurait douter, qu'il faut attribuer l'affaissement de
la vaste plaine qui unissait autrefois ces deux contrées,
et le creusement du bassin de la Manche et du Pas-
de-Calais.

Les phénomènes géologiques modernes n'atteignent
pas cette ampleur, il est vrai ; mais il n'est pas nécessaire de supposer que cette rupture de l'Angleterre
et de la France ait été accomplie violemment et d'un
seul coup. Pour expliquer ce grand phénomène, il
suffit d'admettre une force intérieure, lente, continue,
permanente, agissant pendant des siècles dans le même
sens. Cette force existe, nous le savons, elle continue d'agir, elle est toujours active ; mais les moyens
d'investigation nous manquent pour nous permettre
d'apprécier ce qu'elle serait capable de faire en une
période de temps illimitée.

De tout ce que nous venons d'exposer dans ce chapitre, concluons que notre monde n'est point arrivé,
comme on l'a souvent prétendu, à l'état de repos
absolu. Il est toujours soumis à l'action des mêmes
forces, il suit à pas lents la même série d'évolutions
et de métamorphoses ; comme aux jours les plus anciens de son histoire, il s'agite sous l'effort des forces
intérieures enchaînées dans ses flancs débiles. Sous
les chocs redoutables du feu central, des vapeurs et
des gaz comprimés enfermés dans les abîmes de la
terre, des continents se soulèvent au-dessus des
mers, d'autres s'affaissent, de vastes fissures s'ou-

vrent, des abîmes se creusent, et le relief de la surface du globe est fréquemment modifié. Indépendamment de ces grands mouvements, il se produit, paraît-il, une trépidation perpétuelle du sol, assez faible pour ne pas affecter nos organes, mais assez forte pour être sensible aux instruments délicats employés par les astronomes. On assure que ces légères vibrations s'accusent dans de longs télescopes braqués sur les profondeurs de l'infini, les étoiles fixes formant un point de repère invariable grâce auquel il est facile d'apprécier les plus imperceptibles oscillations de l'instrument. Les astronomes français et anglais ont constaté ce fait curieux aux observatoires de Paris, de Greenwich et de Cambridge. Rien ne serait donc moins exact que la prétendue stabilité du sol que nous foulons aux pieds.

IV

LES VOLCANS

Il existe une relation étroite et constante entre les
tremblements de terre et les phénomènes volcaniques,
et les seconds peuvent être considérés comme les
derniers résultats des premiers. Comme nous l'avons
vu plus haut, les commotions de l'écorce terrestre
sont dues à l'action des matières, gazeuses ou pâteuses, produites par le feu central, et qui, empri-
sonnées sous une énorme tension, cherchent une
issue. Lorsque, dans les convulsions du sol, il s'est
produit quelque part une fissure, il s'échappe par
cette ouverture des gaz comprimés, des eaux, des
boues, des matières solides expulsées par une force

violente, et souvent des matières fondues incandescentes, qu'on désigne sous le nom de *laves*. Puis,
lorsque les causes du trouble intérieur se sont dissi-
pées, le tremblement de terre cesse, l'éruption prend
fin, le calme renaît, et l'équilibre un moment troublé
se rétablit. Telle est l'origine des volcans. Un volcan
n'est donc qu'une communication, temporaire ou constante, entre l'intérieur de la terre ou le dehors, donnant issue aux matières qui bouillonnent à une assez
médiocre profondeur : ce sont en quelque sorte des
évents, des *soupapes de sûreté*, destinés à préve-
nir l'accumulation irrésistible des forces intérieures.
Aussi a-t-on remarqué fréquemment que l'éruption ou
le redoublement d'activité d'un volcan assoupi met
fin aux tremblements de terre qui agitent la contrée
d'alentour, tandis qu'au contraire l'inaction d'un
centre volcanique devient le signal de terribles perturbations et de commotions redoutables pour le pays
qu'il protégeait auparavant.

Nous venons de dire quelle est l'origine des volcans; voyons maintenant comment ils se forment. Il
se produit d'abord une violente dislocation du sol
sur la direction par laquelle les matières liquéfiées
tendent à s'échapper au dehors. Le sol, soulevé par
une impulsion irrésistible, se dresse au-dessus de la
surface comme une énorme ampoule, et s'arrondit
en forme de montagne, puis se brise au sommet de
la courbe qu'il décrit, et livre passage à la lave incandescente. La lave s'accumule au-dessus de l'orifice
et se boursoufle en dôme. C'est ainsi que prit naissance, au siècle dernier, le volcan de Jorullo dans le
Mexique, au milieu d'une vaste plaine couverte de
champs de cannes à sucre et d'indigotiers, et arrosée

par deux ruisseaux. Depuis la découverte du nouveau monde, cette région n'avait été le théâtre d'aucun phénomène volcanique. Tout à coup, après une longue période de repos, au mois de juin 1759, se firent entendre des bruits sourds, suivis de tremblements de terre; puis le sol se souleva et s'entr'ouvrit.

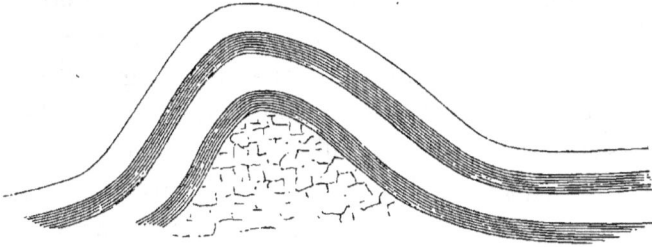

Six cônes volcaniques, composés de scories et de fragments de laves, surgirent rapidement le long d'une vaste fente alignée du N.-N.-E. au S.-S.-O., dans la direction des volcans de Colima et de Popocatepelt. La moins haute de ces buttes avait quatre-vingt-dix mètres d'élévation, et le Jorullo, qui était le volcan central, mesurait près de cinq cents mètres au-dessus du niveau de la plaine. Ces chiffres ne donnent pas la mesure exacte de ce colossal soulèvement; car la plaine elle-même, d'après les observations de M. de Humboldt, avait été portée à cent soixante-dix mètres au-dessus de son niveau antérieur, et s'élevait en forme de cloche ou de vessie sur une surface de plus d'une demi-lieue carrée. La sonorité de ce terrain, lorsqu'il est frappé par les pieds d'un cheval, indique clairement l'existence d'une immense caverne.

Une pareille révolution au milieu d'une campagne

4

unie révèle la proximité d'une puissante force volcanique. En effet, par les fissures qui s'ouvrirent dans
les flancs du Jorullo, il sortit plusieurs courants de
lave basaltique mélangée de blocs granitiques arrachés aux profondeurs souterraines, et ces émissions
ne cessèrent qu'au mois de février 1760. Sur la gibbosité de la plaine on voyait plusieurs milliers de petits
cônes aplatis de deux à trois mètres de hauteur,
laissant échapper, comme toutes les fissures dont le
sol était coupé dans tous les sens, des nuages d'acide
sulfurique et de vapeur d'eau brûlante. Les deux
ruisseaux s'étaient engouffrés dans ces crevasses et
avaient disparu, mais pour reparaître plus loin à l'état
de sources thermales avec une haute température.
Ces phénomènes nous indiquent, à une médiocre profondeur au-dessous du sol, la présence d'une puissante couche de lave brûlante, dont le refroidissement
était ralenti par le manteau de terre qui la recouvrait.
Ce qui confirme cette hypothèse, c'est que les Indiens, quand ils retournèrent à la plaine de Jorullo,
longtemps après la catastrophe, la trouvèrent encore
inhabitable, à cause de l'excessive chaleur du sol.
Vingt ans plus tard, en 1780, les fissures étaient encore
assez chaudes pour allumer un cigare à la profondeur
de quelques pouces; et quand M. de Humboldt visita
les lieux en 1803, il remarqua que les flancs du Jorullo émettaient encore quelques vapeurs d'acide
sulfureux; mais les milliers de petits cônes n'étaient
plus en activité, et les eaux thermales avaient perdu
de leur température.

Nous venons de voir une éruption volcanique se
produire par le déchirement du sol et la sortie d'une
masse de laves sous forme de gibbosité. Quelquefois

Éruption d'un volcan.

cette ampoule se crève sur les flancs, comme au Jorullo, et rejette des matières en fusion; d'autres fois,

Coupes de volcans.

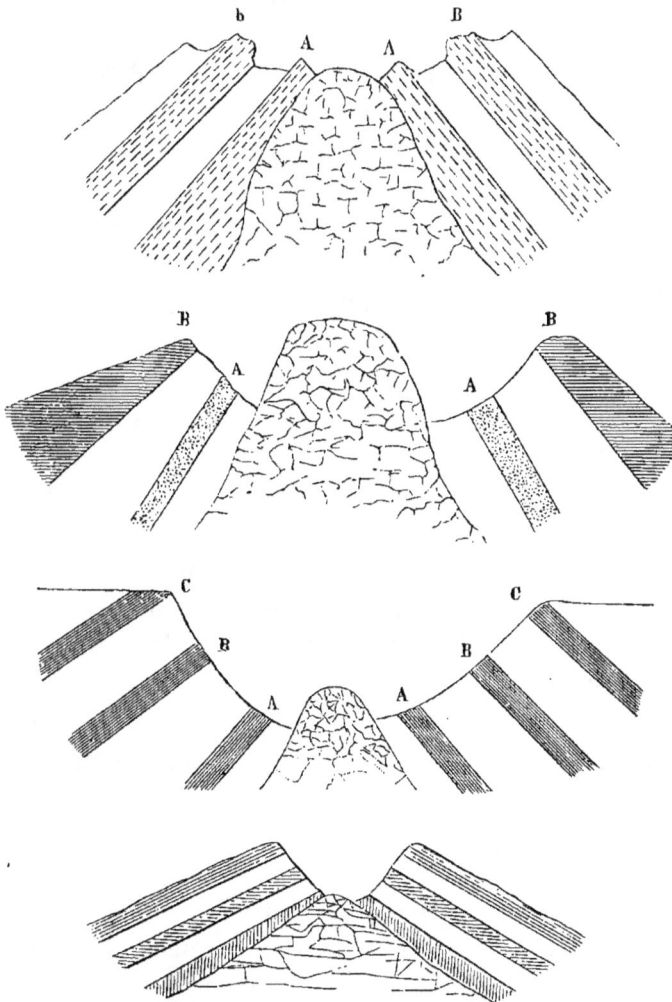

comme au Puy-de-Dôme, elle reste à l'état de simple
boursouflure, sans se briser; généralement elle s'ou-

vre en forme de coupe ou de *cratère* à la partie supérieure. Dans ce dernier cas, une violente détonation
a lieu; la calotte du dôme, lancée en l'air comme par
une mine formidable, vole en éclats; l'explosion
chasse au loin les matières gazeuses ou liquides qui
ont produit l'événement, et une vaste cavité s'ouvre
en forme d'entonnoir au sommet de l'ampoule, et
sert d'issue, souvent pendant une longue période de
temps, à toutes les matières volcaniques.

Le royaume de Naples a vu, au xvi⁰ siècle, un
remarquable exemple de ce dernier phénomène. Le
Vésuve était en repos depuis l'année 1306, et la petite
éruption de 1500 avait à peine troublé cette ère de
tranquillité. Mais en 1538, après deux années de
légères commotions du sol, une montagne sortit de
terre près de Pouzzoles, le 29 septembre, en une seule
nuit, et vomit une pluie de cendres et de pierres
ponces mêlées d'eau. Cette montagne, qui reçut le nom
de *Monte-Nuovo*, fut poussée de bas en haut sous la
forme d'une grosse bulle qui, en éclatant, donna naissance à un profond cratère : cette butte, de formation
nouvelle, ne s'élève pas à moins de cent trente-quatre
mètres au-dessus du niveau de la baie de Baïa, avec
une circonférence de deux mille cinq cents mètres à
la base, et la profondeur du cratère est de cent trente-
huit mètres à partir du sommet de la montagne, de
sorte que le fond ne se trouve qu'à six mètres au-
dessus du niveau de la mer. En même temps toute
la côte, depuis le Monte-Nuovo jusqu'au delà de
Pouzzoles, fut soulevée à la hauteur de plusieurs
pieds au-dessus du lit de la Méditerranée, et elle a
conservé la plus grande partie de cet exhaussement :
la mer se retira de deux cents mètres, et sur le rivage

abandonné les habitants recueillirent une grande
quantité de poissons et constatèrent l'existence de
deux sources d'eau douce. Le cratère vomit une immense quantité de cendres et de pierres ponces mêlées
d'eau : il en résulta une pluie de boue noire, d'abord
très-liquide, puis plus épaisse, qui inonda tous les
environs, atteignit Naples, et y occasionna la destruction de plusieurs palais. Suivant un auteur contemporain, l'origine de la nouvelle montagne serait
exclusivement due aux coulées de boue, aux jets de
scories et aux fragments de roches qui furent émis
d'un orifice central pendant plusieurs jours et plusieurs nuits.

Le célèbre géologue allemand de Buch, qui a examiné avec beaucoup de soin le Monte-Nuovo, ne
partage pas cette opinion, et attribue la formation du
cône et du cratère au soulèvement de couches sédimentaires solides, qui, originairement horizontales,
furent exhaussées sous forme d'ampoule en 1538,
puis brisées de manière à s'incliner comme la surface
du cône même, et à plonger vers tous les points
de l'horizon. « C'est à tort, dit-il dans son admirable
livre *de la Description des îles Canaries*, qu'on le croit
formé par éruption et composé de matières incohérentes, de scories et de ponces. Les couches solides
de tuf soulevées sont très-visibles tout autour du
cratère, et il n'y a que la surface extérieure qui soit
formée de scories rejetées. » Les cônes ainsi produits
à la surface du sol ont reçu le nom de *cônes de
soulèvement,* pour les distinguer des buttes analogues
qui s'accumulent autour d'un évent volcanique par
la sortie des matières incandescentes, et que, pour
cette raison, on nomme *cônes de déjection.*

Les choses ne se passent pas tout à fait de même dans les terrains d'origine plutonique qui ne se divisent pas en couches parallèles, comme les terrains de sédiment. Dans ce dernier cas le soulèvement détermine une foule de crevasses qui divergent du bord de l'escarpement central, et rayonnent dans tous les sens jusqu'à la base de la montagne volcanique. Une de ces crevasses communique directement avec l'intérieur du cratère par la brèche ouverte dans les parois de la coupe, et a servi à l'évacuation du torrent de laves. Ce caractère singulier se remarque surtout dans les îles formées par voie de soulèvement. M. de Buch, qui l'a étudié particulièrement dans les îles Canaries, en a donné une démonstration saisissante dans sa belle carte de l'île Palma.

Mais tous les cratères ne sont pas ainsi formés par voie de soulèvement et d'explosion. Dans d'autres circonstances, où le sol a été violemment crevassé dans tous les sens, il peut arriver que toutes les pointes laissées entre les fissures, secouées de nouveau par la force volcanique, s'effondrent dans la cavité qu'elles dominent, et qu'il se forme ainsi un gouffre béant par lequel s'échappent toutes les matières en fusion. Ailleurs, là où il s'est produit des boursouflements d'une certaine importance, si les gaz et les vapeurs qui ont tuméfié l'écorce terrestre trouvent une autre issue, les matières suspendues sur le vide s'affaissent et déterminent la création d'un abîme d'une grande profondeur. C'est probablement ce qui est arrivé sur la pente orientale de l'Etna, où l'on remarque un vaste enfoncement, désigné par les habitants sous le nom de *Val del Bove*, et dont les bords sont déchirés et crevassés dans tous les sens

Ile de Palma.

4

vers le centre. Cette dépression offre des dimensions vraiment gigantesques; car elle représente un amphithéâtre de sept à huit kilomètres de diamètre, entouré de précipices presque verticaux dont la hauteur varie de trois cents à neuf cents mètres. Cette plaine a été couverte à plusieurs reprises par des courants de laves; et, bien que de loin elle paraisse unie, elle est en réalité plus inégale que la mer la plus tumultueuse.

Ces énormes affaissements n'étonnent point quand on songe aux cavernes immenses que les gaz souterrains développent dans la lave fluide. Sur les pentes de l'Etna, on en remarque une, appelée *Fossa della Palomba*, qui ne mesure pas moins de cent quatre-vingt-dix mètres de tour à son orifice sur vingt-cinq de profondeur. Au fond de cette grotte s'ouvre une autre caverne qui communique avec d'autres cavités, et l'on pénètre ainsi jusqu'à une grande profondeur dans les flancs de la montagne à travers de longues galeries toutes tapissées de scories aux formes fantastiques.

L'affaissement de ces cavernes explique sans peine l'origine des dépressions que l'on observe dans toutes les régions volcaniques, et des faits récents et presque contemporains ne peuvent laisser subsister aucun doute à ce sujet. C'est ainsi qu'en 1832 un effondrement de quatre cents mètres de profondeur se déclara au sommet de l'Etna. En 1772, un affaissement immense eut lieu sur le Papandayang, le principal volcan de Java : une étendue de terrain, de vingt-cinq kilomètres de long sur trois de large, fut engloutie tout à coup et entraîna quarante villages dans sa chute; le cône lui-même perdit douze cents mètres de sa hauteur. En 1638, le pic des Moluques, qu'on apercevait jadis de douze lieues en mer, s'affaissa totalement. En 1698, le dôme de Carguairazo, un des sommets les plus élevés des Andes de Quito, s'écroula en totalité, et une autre montagne de la même chaîne, le Capac-Urcu, qui rivalisait de hauteur avec le Chimborazo, s'abîma également.

Il faut donc admettre quatre espèces de cratères : 1° les cratères d'explosion ou cratères-lacs, dans lesquels les gaz seuls ont été en action et ont projeté au loin une masse de rochers, à la manière de l'explosion d'une mine de guerre; ces cratères affectent la forme d'un entonnoir irrégulier, dont les bords sont composés des couches mêmes du sol percé; 2° les cratères de soulèvement, dont la cavité est constituée par les lèvres du sol soulevé et déchiré au sommet; 3° les cratères de déjection, dans lesquels des laves liquides projetées en l'air ou déversées par l'orifice volcanique se sont accumulées en cône autour de la cheminée éruptive; 4° enfin les cratères d'affaissement, comme ceux dont nous venons d'expliquer l'origine et la structure.

Quel que soit le mode de formation des volcans, les orifices volcaniques rejettent une foule de produits divers, gazeux, liquides et solides. Au commencement de l'éruption, les émanations gazeuses consistent surtout en acide chlorhydrique; puis viennent des vapeurs sulfureuses, et le soufre se condense et se cristallise dans les fissures des rochers; des vapeurs d'eau accompagnent l'émission de l'acide sulfureux; et quand l'énergie volcanique commence à diminuer, se montre le gaz acide carbonique, dont le dégagement se poursuit très-longtemps, et même pendant des siècles, après l'éruption. Pendant la nuit toutes ces vapeurs se condensent en une sorte de fumée qui reflète d'une manière sinistre les feux de la lave incandescente. Ces nuages sont souvent charriés au loin par les vents, et portent à de grandes distances des vapeurs chlorhydriques ou sulfureuses d'une odeur suffocante.

Les produits liquides consistent généralement en eaux souterraines portées à une haute température par le feu central, et qui, grâce à cette température, dissolvent de l'acide carbonique, des vapeurs sulfureuses, des sels divers, et s'échappent violemment au dehors en entraînant avec elles des torrents d'une boue noire et fétide. Ces eaux acides et ces boues chargées d'acide sulfurique attaquent tous les corps organisés, les détruisent, et désagrégent les roches qu'elles rencontrent sur leur passage. Dans certains volcans, le cratère est rempli de soufre en ébullition ou d'acide sulfurique concentré.

Les matières solides se composent généralement de la roche nommée feldspath, qui en constitue plus de la moitié. Lorsqu'il s'y trouve en excès, les laves sont dites trachytiques. Le *trachyte*, comme son nom l'indique, est une roche âpre au toucher, dont la masse compacte ou finement poreuse est semée de cristaux de la même substance. Quand le pyroxène domine, on dit que les laves sont basaltiques. Les *basaltes* ont une tendance très-marquée à se diviser en longues aiguilles prismatiques, et l'on en cite dans le Vivarais et en Irlande des exemples magnifiques.

Ces matières se présentent sous des formes extrêmement variables. Quelquefois ce sont des débris très-ténus, pulvérulents, ayant l'aspect de cendres.

Ces cendres volcaniques sont souvent emportées par les vents à des distances immenses, et forment des nuages épais qui interceptent la lumière du soleil. Un historien de l'antiquité, Procope, nous raconte que, dans l'éruption de l'année 452, les cendres du Vésuve furent entraînées jusqu'à Constantinople. Ce fait paraîtrait incroyable, si l'histoire moderne des volcans n'apportait à l'appui des faits analogues et d'une authenticité incontestable. Ainsi, en 1794, les cendres du même volcan furent poussées jusqu'à Naples et jusqu'au fond de la Calabre; en 1812, celles du volcan de Saint-Vincent, dans les Antilles, furent entraînées à l'est jusqu'à la Barbade, et y répandirent en plein midi l'obscurité de la nuit. En 1815, pendant l'éruption du volcan de l'île de Sumbawa, la pluie de cendres fut si considérable qu'elle rendit inhabitables plusieurs maisons à soixante kilomètres de distance; du côté de Java, ce nuage fut emporté jusqu'à cinq cents kilomètres, et l'obscurité fut si grande à Java, que celle qui règne pendant les nuits les plus sombres ne pouvait lui être comparée. Une partie des molécules les plus fines furent poussées jusqu'aux îles d'Amboine et de Banda, quoique cette dernière soit à plus de douze cents kilomètres à l'est du volcan, et quoique la mousson sud-est y régnât alors.

Les matières projetées au loin par les volcans ne sont pas toujours aussi ténues. Ce sont souvent de petits fragments de laves ponceuses ou scoriacées semblables à des dragées noires ou grises, et nommées *lapilli* par les Italiens; puis des pouzzolanes en blocs plus ou moins volumineux, et des portions de matière fondue arrachée à la lave incandescente, lesquelles s'arrondissent en l'air par leur mouvement, et sont

projetées au loin comme des bombes volcaniques.
Tous ces débris, cendres, lapilli, pouzzolanes, bombes,
forment autour de la montagne, et dans un rayon
quelquefois assez étendu, des dépôts considérables,
tantôt meubles, tantôt compactes. Dans ce dernier
cas, les fragments s'agglomèrent, se soudent par un
véritable ciment, et forment des tufs volcaniques et
des tufs ponceux.

Mais la matière la plus intéressante parmi toutes
les déjections volcaniques est la lave. Composée de
roches liquéfiées par une énorme température, elle
ressemble à un torrent de feu. Si elle est très-liquide,
elle s'étend en larges nappes; si, au contraire, elle est
très-pâteuse, elle prend moins d'extension latérale et
conserve dans sa marche une certaine épaisseur. Si
elle s'échappe par une fissure ouverte au pied de la
montagne, elle couvre des étendues souvent considérables de terrain, comble tous les bas-fonds, se nivelle
et prend l'aspect d'une mer incandescente. Quand elle
monte jusque dans le cratère, elle en ébrèche souvent
les bords et coule par cette ouverture sur les pentes
de la montagne. La rapidité de sa marche varie naturellement avec l'inclinaison des pentes, avec les obstacles qu'elle rencontre sur sa route, avec la fluidité
plus ou moins grande de sa pâte. Quand elle commence à se refroidir, tous les gaz qui s'étaient accumulés dans la masse s'échappent et disloquent dans
tous les sens l'enveloppe encore mince qui s'est
formée à la surface. Cette enveloppe ne tarde pas à
acquérir une certaine consistance, et comme elle est
un mauvais conducteur du calorique, elle protége
contre le refroidissement les matières contenues dans
l'intérieur, et qui conservent pendant des années en-

tières une température assez haute. Si la source continue à émettre de la lave, le torrent igné coule secrètement sous cette enveloppe, comme dans un canal
fermé, et l'on ne voit pas sans étonnement des courants de laves, déjà figés, refroidis et durcis dans leur
partie supérieure, continuer à couler à leur base. Les
courants marchent ainsi, décrivant dans leur route
des courbes singulières, des ondulations bizarres, jusqu'à ce qu'ils s'arrêtent par épuisement ou par refroidissement, ou jusqu'à ce qu'ils disparaissent dans
quelque fissure ou dans quelque vallée.

Aucun phénomène dans la nature n'offre un spectacle plus grandiose, plus terrible et plus majestueux
qu'une éruption. Au milieu des détonations violentes
qui se succèdent, on voit s'échapper par l'orifice volcanique des colonnes de fumée ardente ou de vapeurs
enflammées; d'immenses gerbes de matières, lancées
à une grande hauteur, reflètent les feux du volcan, et
déversent sur toute la plaine une pluie redoutable de
projectiles brûlants; des nuages de cendres incandescentes, chassés par les vents, portent au loin l'épouvante et la dévastation. Enfin les flancs du cratère
s'entr'ouvrent, et par la brèche se développe un fleuve
de feu irrésistible, éclairé des lueurs les plus sinistres.
Ce spectacle revêt un caractère encore plus terrible
au milieu de la nuit, quand tout le ciel s'illumine de
ces feux, et que les nuages, embrasés par la réver-
bération des laves, offrent au loin l'image d'un immense incendie.

Quelle peut être la cause efficiente de ce redoutable phénomène et de l'éjection d'une si grande quantité de matières? Selon M. Cordier, il n'y a là qu'un
résultat simple et naturel du refroidissement intérieur

du globe. La masse fluide interne, dit-il, est soumise à une pression croissante, occasionnée par deux forces dont la puissance est immense, quoique les effets en soient très-peu sensibles : d'une part, l'écorce solide se contracte de plus en plus par la diminution de la chaleur ; et, de l'autre, l'enveloppe terrestre, par suite de l'accélération insensible du mouvement de rotation, perd de sa capacité intérieure. Cette contraction fait jaillir les laves au dehors par des soupapes de sûreté, qui sont les bouches volcaniques. En prenant un kilomètre cube comme le terme extrême du produit d'une éruption, et en supposant à l'écorce du globe une épaisseur moyenne de cent kilomètres, il suffirait d'une contraction capable de raccourcir le rayon moyen de la masse centrale de $\frac{1}{194}$ de millimètre pour produire la matière d'une éruption. Celle-ci, répartie sur toute la surface du globe, formerait une couche d'environ $\frac{1}{800}$ de millimètre. En partant de ces données, et en supposant cinq éruptions considérables par an, le résultat raccourcira le rayon terrestre d'à peine un millimètre par siècle ! Il suffit donc d'une action infiniment petite, mais constante, pour produire des phénomènes gigantesques à nos yeux.

Cette théorie ingénieuse explique en partie l'origine des volcans et des tremblements de terre ; mais elle ne rend pas un compte suffisant de tous les détails de ces phénomènes, et surtout de la prédominance de certains produits. Le chimiste Davy, ayant considéré la grande quantité de vapeurs aqueuses, de gaz hydrogène sulfuré, de sel marin, de sel ammoniac, etc., produite dans les déflagrations volcaniques, n'eut point recours à l'hypothèse d'un noyau central igné, et attribua la principale cause des accidents volcaniques à la décomposition de l'eau par les métaux à l'état simple (potassium, sodium, calcium), dont on connaît l'extrême affinité pour l'oxygène, et qui doivent exister en grandes masses au-dessous de l'écorce oxydée du globe. De cette décomposition chimique résulte une chaleur assez considérable pour fondre les roches environnantes, et la pression des fluides élastiques suffit pour élever les matières fondues jusque dans le cratère. Gay-Lussac, s'emparant à son tour de cette théorie chimique, attribua les éruptions et la production des gaz à l'action de l'eau sur les chlorures métalliques, et fit remarquer que presque tous les volcans sont à proximité de la mer, et que vraisemblablement la mer pénètre jusqu'au foyer par de larges fissures. Ce qui confirme cette dernière hypothèse, c'est que la vapeur et les gaz qui se dégagent des volcans sont tout à fait analogues à ceux qui résulteraient de la décomposition de l'eau salée, et que les vapeurs qui s'échappent des laves du Vésuve déposent du sel marin. On objectera peut-être que certains volcans sont fort éloignés de la mer : cela est vrai ; mais il faut remarquer que ces foyers d'éruption sont placés sur une longue faille annoncée par une chaîne de montagnes, qu'ils se lient à toute une série de bouches volcaniques alignées dans le même sens, et que rien ne répugne, vu le peu d'épaisseur relative de l'écorce terrestre, à admettre l'existence d'une longue fissure extérieure communiquant avec l'Océan. Enfin, pour ne laisser en dehors aucune hypothèse, ajoutons que les physiciens ont attribué les phénomènes volcaniques à des courants électriques souterrains, qui détermineraient une grande chaleur et par suite des changements chimiques importants dans les couches du globe.

Il n'entre point dans notre plan de discuter le mérite de ces diverses hypothèses, et nous nous bornerons, en terminant ce chapitre, à rechercher quelle idée sérieuse on peut se former de l'énergie minimum qui se déploie dans les volcans.

Pour apprécier cette force, nous avons une mesure naturelle qui nous est donnée par la pression atmosphérique. On sait que la pression de 1 atmosphère suffit pour élever l'eau dans un corps de pompe à 10 mètres environ de hauteur : il faudrait donc 10 atmosphères pour porter l'eau à 100 mètres, et 100 atmosphères pour la monter à 1 kilomètre. Or le sommet de l'Etna est à 3,300 mètres d'altitude, c'est-à-dire d'élévation au-dessus du niveau de la mer, et l'on a constaté fréquemment que la lave s'est élevée jusque-là, et a même débordé du cratère. Pour déterminer l'ascension d'une colonne d'eau à cette hauteur, il ne faudrait pas moins de 330 atmosphères; mais comme la lave pèse de 1 à 3 fois plus que l'eau sous le même volume, il serait nécessaire de recourir à l'action d'environ 800 atmosphères pour soutenir à cette altitude le poids d'une colonne de lave. Mais que serait-ce à l'extrémité du pic de Ténériffe, à 3,700 mètres au-dessus de la mer, ou au sommet de l'Antisana, à 5,800 mètres? Là il faudra compter par 1,000, par 1,600 atmosphères, pour avoir une idée de l'énergie volcanique : idée bien confuse pourtant; car nous n'avons dans l'industrie humaine aucune force qui se rapproche de ces formidables leviers de la nature, puisque nos plus puissantes machines à vapeur ne dépassent jamais 10 atmosphères de pression.

V

LES ÉRUPTIONS LES PLUS CÉLÈBRES

Les volcans centraux et les volcans en ligne. — Volcans de l'île
d'Ischia. — Éruptions du Vésuve. — Herculanum et Pompéi.
— La lave aqueuse. — Éruptions de l'Etna. — Glacier enfoui
sous un courant de lave. — Le Stromboli. — Éruption des volcans de l'Islande. — Volume d'une éruption. — Chaînes volcaniques en dehors de l'Europe. — Les volcans éteints de la
France.

Les détails généraux dans lesquels nous venons
d'entrer ne suffiraient pas pour faire connaître l'importance des phénomènes volcaniques, l'influence
qu'ils exercent à notre époque sur la modification
du relief du globe, et l'influence qu'ils ont dû exercer
dans les périodes les plus anciennes de l'histoire de
notre planète; pour compléter notre sujet, nous avons
à indiquer les principales lignes volcaniques qui
sillonnent les continents et les mers, en y ajoutant
quelques détails plus précis et plus particuliers.

M. de Buch, qui a fait une étude spéciale de cette
question, range tous les volcans de la surface du globe

en deux classes essentiellement différentes, non quant
à leurs produits, mais quant à leur force et à leur origine : les *volcans centraux* et les *chaînes volcaniques*.
Les premiers forment toujours le centre et le nœud
d'un grand nombre de foyers éruptifs qui se disposent
autour d'eux dans tous les sens d'une manière régulière ; les seconds, au contraire, se trouvent le plus
souvent à peu de distance les uns des autres dans une
même direction, comme les cheminées d'une longue
faille, et ils ne sont probablement rien autre chose. Si
l'on considère les chaînes de montagnes comme des
masses qui se sont élevées à travers une grande fissure du sol, on comprendra sans peine ce mode de
formation et de gisement des volcans en ligne. Dans
ce cas, les matières éruptives trouvent une fissure
toute formée par laquelle elles s'épanchent à la surface de la terre, et alors les volcans occupent le sommet de la chaîne primitive. Si, au contraire, les masses
primitives qui recouvrent la faille opposent une résistance trop considérable à la sortie des matières
volcaniques, il se produit une nouvelle faille trans-
versale et un volcan central. L'Etna, les îles Lipari,
le Vésuve et les Champs Phlégréens peuvent être re-
gardés comme des bouches volcaniques centrales ; les
îles de la Grèce, les îles Aléoutiennes, les volcans de
Quito, sont des chaînes volcaniques.

Le plus connu de tous ces systèmes est celui de
l'Italie méridionale, qui se prolonge depuis le Vésuve
jusqu'aux îles de Procida et d'Ischia, en passant à travers les Champs Phlégréens. Sur cette ligne on constate continuellement l'activité intermittente d'un grand
nombre de points irrégulièrement disséminés ; mais
ces bouches d'émission ou d'éruption n'agissent ja-

mais toutes à la fois. Si l'une, par exemple, déploie pendant quelque temps une certaine énergie, les autres se taisent aussitôt et demeurent inactives. Il est donc probable que toutes ces bouches communiquent avec une même fissure, et que chacune d'elles sert successivement d'issue aux fluides élastiques et à la lave qui se développent à la base de la faille.

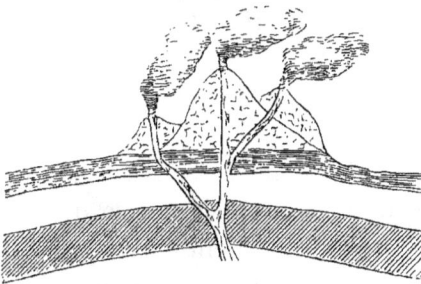

Communication des évents volcaniques.

Dans l'antiquité, pendant que le Vésuve était encore silencieux, l'île d'Ischia était sujette à de violents tremblements de terre, et par les crevasses du sol il se dégageait des vapeurs brûlantes. Les cratères du mont Epomeo vomirent d'immenses coulées de laves, qui s'étendirent jusqu'à la mer et formèrent dans les flots plusieurs promontoires. Strabon et Pline assurent même que l'île de Procida a été formée aux dépens d'Ischia pendant une éruption, soit qu'elle en ait été détachée par une violente secousse, soit qu'un courant de lave d'un volume considérable ait comblé la mer en cet endroit. Plusieurs colonies grecques et syracusaines, qui avaient tenté de s'établir à Ischia, en furent chassées trois fois par ces terribles accidents. Après ces grandes éruptions, l'Epomeo devint inactif, et, depuis les temps anciens jusqu'à nos jours, il n'a repris un peu d'énergie qu'une seule fois, en 1302. Un courant de lave, sorti des pentes sud-est, parcourut avec une grande vitesse les trois kilomètres qui le séparaient de la mer, et alla y engloutir et y éteindre ses flots frémissants.

Le Vésuve ne s'est éveillé du long sommeil dans lequel il avait été plongé pendant toute l'antiquité, que l'an 79 de notre ère. Strabon, qui avait étudié cette montagne avec soin, en avait bien reconnu l'origine volcanique. Elle offrait, dit-il, un sommet tronqué, en grande partie uni, entièrement stérile, d'un aspect brûlé, montrant des cavités remplies de crevasses et de pierres calcinées, ce qui faisait conjecturer que ces lieux avaient été autrefois un cratère brûlant. Des champs fertiles couvraient les flancs de la montagne, et au pied s'étendaient les cités riches et populeuses d'Herculanum et de Pompéi, ne soupçonnant rien du sort terrible qui les menaçait.

Cette longue période de repos cessa enfin, et le réveil fut formidable. Après une suite de tremblements de terre qui duraient depuis sept ans, l'éruption eut lieu au mois d'août 79. Pline le Jeune, qui demeurait à Misène, nous a laissé une description animée de ce spectacle grandiose. On vit d'abord s'élever du cratère une immense colonne de fumée, qui, en s'étendant latéralement, prenait la figure d'un pin : de cette fumée il s'échappait des éclairs livides, qui, après avoir un moment jeté une lueur sinistre, ne servaient qu'à rendre l'obscurité plus terrible encore. Des cendres brûlantes, des pierres calcinées furent projetées au loin, et jusque sur les vaisseaux romains qui mouillaient à Misène. Un haut-fond se forma par l'accumulation de ces débris. Pline l'Ancien, qui joignait une grande intrépidité à une vive curiosité des choses de la nature, voulut contempler de plus près le phénomène, mais il fut asphyxié par les vapeurs sulfureuses.

Chose vraiment étrange ! Pline le Jeune, qui s'est fait l'historien de cette éruption, en a négligé ce qui est pour nous le trait le plus frappant et le plus caractéristique : nous voulons parler de l'ensevelissement des deux villes. C'est à des historiens postérieurs qu'il faut demander quelques détails sur cette catastrophe. Le peuple entier prenait place au théâtre, nous dit Dion Cassius, lorsque l'éruption commença, et tous aussitôt se mirent à fuir, abandonnant ce qu'ils avaient de plus précieux. Les deux cités furent complétement envahies, non par des courants de lave, comme on le croit communément, car le Vésuve ne paraît pas en avoir émis à cette époque, mais par des lapilli, des sables, des cendres et des fragments de lave plus ancienne, qui formèrent une couche puissante. Ces débris tombèrent pendant huit jours et huit nuits consécutifs, mêlés à de fortes pluies produites par la condensation des vapeurs aqueuses que le volcan émettait. Les pluies et les cendres formèrent un véritable tuf, d'une grande dureté, et d'une épaisseur de vingt à trente mètres, sous lequel Herculanum disparut pendant dix-sept cents ans. Pompéi périt d'une autre manière, et ne fut ensevelie que sous une couche de cendres meubles, dont le déblaiement ne présente aucune difficulté. Grâce à cette circonstance, cette ville a traversé les siècles pour devenir à notre époque le plus riche musée de l'antiquité.

Depuis le premier siècle de notre ère, le Vésuve est

5

demeuré dans un état d'activité continuelle, et il a
produit un grand nombre d'éruptions. Parmi les plus
remarquables, nous citerons celle de 1631. Au mois
de décembre, sept courants de lave sortirent à la fois
du cratère, et envahirent plusieurs villages situés sur
les pentes et au pied de la montagne. Le petit bourg
de Resina, construit en partie sur l'emplacement
d'Herculanum, fut consumé par le torrent de feu,
lava di fuoco, comme disent les Napolitains. D'autres
villages furent détruits par l'invasion des laves boueuses, *lava d'acqua*, non moins terribles que la lave de
feu. Dans ces catastrophes, en effet, telle est l'abondance des pluies produites par l'émission des vapeurs
aqueuses, qu'elles courent en torrents sur les pentes
de la montagne, entraînent les cendres et les pous-
sières volcaniques, et forment des limons liquides et
brûlants qui recouvrent le pays d'une couche épaisse,
bientôt durcie comme une roche. C'est à une inondation de ce genre, dans la même année 1631, que l'on
attribue la mort de trois mille habitants de Torre del
Greco. Cette malheureuse ville, toujours détruite et
toujours rebâtie par l'invincible obstination de ses
habitants, fut envahie par la lave de feu en 1737 et en
1794 : la rue principale se trouve transformée en une
carrière de lave d'où l'on extrait des matériaux de
construction. Lors de l'éruption de 1779, des jets de
lave liquide, de pierres et de scories furent lancés
par le Vésuve à plus de trois kilomètres de hauteur,
offrant l'aspect d'une colonne de feu, puis retombèrent
en projectiles brûlants sur toute la surface de la montagne : on en sentait la chaleur à une distance de
neuf à dix kilomètres. En 1822, 1833 et 1834, d'autres
grandes éruptions eurent lieu : dans la première de

ces catastrophes, une énorme masse de lave, de plusieurs tonneaux pesant, fut lancée par le volcan, et alla tomber dans les jardins du prince Ottajano, à cinq kilomètres de distance. On peut juger, par ce simple détail, de la tension des fluides élastiques emprisonnés dans le sein de la terre.

Après le Vésuve, l'Etna est le mieux connu de tous les volcans. Ce qui donne un caractère tout particulier à cette montagne, c'est le grand nombre de cônes secondaires, quatre-vingts environ, qui se groupent autour du cône principal, sur les pentes et sur les flancs de l'Etna, en atteignant des hauteurs considérables. La plupart sont aujourd'hui oblitérés ; mais ils ont émis autrefois des courants de laves, et les écrivains de l'antiquité nous racontent que plusieurs colonies grecques, établies au pied de la montagne, furent obligées par le volcan d'abandonner les territoires qu'elles avaient occupés.

Une des plus terribles éruptions de l'Etna est celle de 1669. La ville de Nicolosi, située sur ses pentes, fut détruite par un tremblement de terre ; et, près de ses ruines, s'ouvrirent deux gouffres profonds d'où s'échappèrent tant de sables et de scories, qu'il en résulta deux cônes nouveaux, les Monti-Rossi, ayant une hauteur de cent quarante mètres. Sous l'effort intérieur de la lave, la montagne fut fissurée, et six grandes crevasses parallèles, larges de deux mètres et longues de vingt kilomètres, déchirèrent les flancs du colosse, s'emplirent de laves incandescentes dont la lueur se voyait au loin, et poussèrent des mugissements qu'on entendait à une distance de soixante kilomètres. Un courant de lave sortit d'une de ces fentes, envahit quatorze villes ou villages, s'engouffra dans plusieurs cavernes souterraines, et sortit; puis, continuant sa marche inflexible, arriva aux murs de Catane, bâtis pour protéger la ville, moins contre les armées ennemies que contre les menaces du volcan. Le flot brûlant, un moment arrêté, s'accumula contre l'obstacle, atteignit le sommet du rempart sans le renverser; puis, retombant à l'intérieur en cascade de feu, engloutit une partie de la ville, et alla enfin s'éteindre dans la mer; après une marche de vingt-cinq kilomètres, il conservait encore une largeur de six cents mètres et une épaisseur de douze mètres.

Nous avons dit, dans le chapitre précédent, que la croûte d'un torrent de lave se solidifie assez rapidement, et enveloppe la lave brûlante comme dans un fourreau. On vit, dans cette même éruption de 1669, un exemple frappant de cette propriété. Un courageux citoyen de Catane, voulant défendre la ville contre le torrent de feu qui la menaçait, alla au-devant de l'ennemi avec cinquante hommes, armés d'instruments en fer : cette troupe, attaquant le courant par ses flancs, brisa la croûte déjà solidifiée, fit une véritable saignée, et aussitôt un jet de lave brûlante s'échappa par cette issue et se dirigea vers Paterno; mais les habitants de cette petite ville, alarmés pour leur propre sûreté, sortirent en armes pour repousser ces agresseurs d'un nouveau genre qui tournaient contre eux l'artillerie formidable d'un volcan.

Le courant de lave se refroidit à sa surface et à sa base, quelquefois avec une telle rapidité, qu'il peut s'étendre sur la glace sans la fondre, si celle-ci est seulement protégée par une mince couche de sable volcanique. On en eut un curieux exemple en 1828. L'été de cette année avait été tellement chaud en Italie, que les approvisionnements de glace faits au printemps avaient été épuisés de bonne heure. Dans le but de se procurer une substance considérée dans le pays non comme un objet de luxe et de jouissance, mais comme une nécessité de la vie, les magistrats de Catane s'adressèrent à M. Gamellaro, géologue sicilien, qui connaissait admirablement l'Etna dans tous ses détails, avec l'espoir qu'il leur indiquerait quelque champ de neige ignoré des pâtres de la montagne. En effet, M. Gamellaro avait remarqué, à la base du cône le plus élevé, une petite masse de glace permanente, et il soupçonnait qu'elle faisait partie d'un grand glacier continu, recouvert par un courant de lave. Pour s'en assurer, il attaqua la glace en divers points, et il acquit la certitude que le glacier était voilé par la lave sur une étendue de plusieurs centaines de mètres; mais la dureté de la glace se trouva telle, qu'il fallut renoncer à l'exploitation.

En face de l'Etna, au nord, dans une des îles Lipari, on signale le petit volcan de Stromboli, qui semble être un des évents du même foyer. Depuis l'antiquité la plus reculée jusqu'à nos jours, cette bouche d'éruption n'a pas cessé d'être en état d'activité continuelle, à tel point que les pêcheurs et les caboteurs de l'Italie méridionale l'ont surnommée *le Phare de la Méditerranée.* Elle présente encore aujourd'hui des phénomènes identiques avec ceux qui ont été décrits par Spallanzani en 1788. Un géologue prussien, Hoffmann, ayant exploré cette île en 1828, escalada le sommet de la petite montagne, et comme les précipices qui descendent vers le cratère sont presque verticaux, il put plonger ses regards dans l'horrible orifice sans être incommodé par les vapeurs sulfureuses ou par

les roches lancées en l'air; car il dominait les bouches
d'éruption d'une assez grande hauteur. « Trois bouches
actives, dit-il, se voyaient au fond du gouffre, et dans
l'une d'elles, large de sept à huit mètres, je pouvais
observer le jeu de la colonne liquide de lave, dont le
niveau s'élevait et s'abaissait par intervalles. La lave
ne se montrait point sous forme d'une masse brûlante, vomissant des flammes; mais elle paraissait
luisante comme du métal fondu, comme le fer sortant du haut fourneau. Cette nappe liquide oscillait
en montant et en descendant régulièrement par intervalles rhythmiques, poussée par la tension des vapeurs élastiques renfermées dans son intérieur. On entendait un bruit particulier, semblable aux sifflements
de l'air chassé par un soufflet dans un fourneau de
mine. Un ballon de vapeurs blanches sortait à chaque
sifflement, en soulevant la nappe de lave, qui retombait lourdement après sa sortie. Ces bouffées de vapeur arrachaient à la surface du liquide des scories
incandescentes, qu'elles ballottaient en des sens divers, comme par des mains invisibles, dans le jeu des
différents jets. Cette marche si régulière était inter-
rompue de quart d'heure en quart d'heure par des
mouvements plus tumultueux. La masse des vapeurs
tourbillonnantes faisait alors un mouvement saccadé
de retour, comme si elle était aspirée par le cratère, au fond duquel la lave montait à sa rencontre.
Le sol tremblait, les parois du cratère tressaillaient
en s'inclinant, et la bouche faisait entendre un mugissement sourd. Puis un ballon immense de vapeur cre-
vait à la surface de la lave, soulevée avec un bruit de
tonnerre, et lançait en l'air des esquilles incandescentes. Une gerbe enflammée passait devant nos vi-

sages, et retombait en pluie de feu sur les environs. Quelques bombes s'élevaient jusqu'à quatre cents mètres de haut, et décrivaient, en passant par-dessus nos têtes, des paraboles de feu. Après cette éruption, la lave était rentrée dans le fond de la cheminée volcanique, qui s'ouvrait noire et béante; mais bientôt on voyait remonter le flot luisant qui recommençait le jeu alternatif des dégagements ordinaires moins tumultueux. »

Si le Stromboli, avec sa petite dimension, sa marche régulière, et le peu de désastres qu'il occasionne autour de lui, est en quelque sorte un volcan de laboratoire, il n'en est pas de même du Skaptaa-Jokul, immense volcan dont les sommets neigeux dominent l'Islande. En 1783, cette montagne vomit un énorme torrent de lave, qui se précipita dans le lit encaissé de la Skaptaa, remplit jusqu'au sommet la gorge escarpée où coulait cette rivière, sur une hauteur de cent quatre-vingts mètres, et soixante mètres de large, puis, débordant en fleuve de feu, envahit tous les champs voisins. Le flot brûlant, en sortant de cette gorge, rencontra un lac profond qu'il combla. Quelques jours plus tard, un second courant igné, sorti de la bouche du volcan par une autre direction, s'engagea dans le lit de la rivière Hverfisfliot, le remplit jusqu'aux sommets de l'escarpement, et s'étendit ensuite dans les plaines comme un grand lac brûlant dont les dimensions atteignaient jusqu'à vingt à vingt-cinq kilomètres de largeur sur trente mètres de profondeur. Cette immense éruption, une des plus violentes dont l'histoire des volcans fasse mention, ne cessa entièrement qu'au bout de deux années.

La quantité prodigieuse de matières fondues vomie

de 1783 à 1785 par le Skaptaa-Jokul mérite une attention toute particulière de la part du géologue; car
aucun phénomène moderne n'est plus propre à nous
faire comprendre l'importance de l'action exercée aux
âges anciens par les volcans. Le premier courant de
lave atteignit quatre-vingts kilomètres de longueur, et
se développa sur une largeur moyenne de vingt kilomètres, avec une épaisseur d'environ trente mètres
qui monta même jusqu'à cent quatre-vingts dans certaines gorges resserrées; le second courant, beaucoup
moins important, ne mesura que soixante-quatre kilomètres de long et onze de large. Ces deux chiffres
réunis donnent une surface de deux mille trois cents
kilomètres carrés. Pour avoir une idée plus exacte de
ces dimensions, qu'on se représente un immense courant volcanique s'étendant d'Orléans jusqu'à Blois et
descendant même jusqu'en face du château de Chaumont, comblant toute la vallée de la Loire jusqu'au
sommet des coteaux, débordant à droite et à gauche
sur quinze kilomètres de chaque côté, et atteignant le
sommet des plateaux. On voit, par ces chiffres effrayants, quelle modification une seule éruption peut
faire subir au relief de notre globe.

Nous venons de citer les quatre foyers volcaniques
les plus intéressants de l'Europe. L'Asie présente une
ligne volcanique beaucoup plus étendue. Cette ligne
commence aux îles Aléoutiennes, dans l'Amérique
russe, descend au sud sur une étendue de soixante à
soixante-dix degrés de latitude à travers les îles Kou-
riles, le Japon et les îles Philippines, atteint les Moluques, puis se détourne brusquement à l'ouest,
passe à Java, et remonte ensuite vers le nord-ouest
par Sumatra jusqu'au golfe du Bengale. Comme le fait

très-bien remarquer M. de Buch, cette bande volcanique, qui répond sans aucun doute à une vaste fê-
lure de l'écorce terrestre, contourne une grande partie du continent asiatique, en déterminant sur ses
bords une multitude d'archipels. Une ligne volcanique
secondaire se détache de cette ligne principale à la
hauteur des Moluques, se dirige vers le sud-est, en
passant de la Nouvelle-Grenade à la Nouvelle-Zélande,
et suit à peu près la configuration de l'Australie.

Sur cette ligne immense, les volcans sont disséminés avec une abondance extraordinaire. Il y en a
un grand nombre dans la presqu'île de Kamtchatka :
le plus énergique est celui de Klutschew, qui s'élève
à 4,500 mètres au-dessus de la mer. En 1829, on vit,
au milieu des neiges et des glaces qui encombrent le
sommet, un courant de feu se faire jour près de la
cime et se précipiter sur la pente vers la mer, d'une
hauteur de 4,200 mètres, en entraînant sur son passage des torrents d'eau bouillante. Dans l'île de Ni-
phon, la principale du groupe japonais, se dressent
un grand nombre de montagnes brûlantes. Luçon, la
plus grande et la plus septentrionale des Philippines,
renferme trois cônes en activité. Java compte, dit-on,
trente-huit volcans considérables, dont quelques-uns
atteignent 3,000 mètres de hauteur : ils émettent
des vapeurs sulfureuses, des torrents de boue acide,
et rarement de la lave. Le cratère de l'un d'eux, le
Taschem, renferme un lac d'acide sulfurique d'un
diamètre de quatre cents mètres : il donne naissance à
une rivière d'eau acide dans laquelle ne peut vivre
aucun être organisé. En 1822, la montagne de Galong-
Gong, dans l'île de Java, fit explosion par son sommet :
d'immenses colonnes d'eau chaude, mêlées de soufre

brûlant, de gros lapilli et de boue en ébullition, furent
lancées du cratère avec une telle violence qu'elles
atteignirent la distance de soixante kilomètres. Toutes
les vallées situées dans le rayon de cette éruption
furent remplies d'un torrent brûlant d'une boue
bleuâtre dont la hauteur gagna le toit des maisons.
Suivant les récits officiels, cent quatorze villages furent détruits avec quatre mille habitants.

Une autre grande ligne volcanique s'étend à travers
une vaste partie de l'Asie centrale et de la Méditerranée jusqu'aux Açores. Elle commence à la Chine et
à la Tartarie; mais nous n'avons que de vagues ren-
seignements sur ces contrées à peine traversées par
les Européens. De là elle s'avance jusqu'au Caucase
et jusqu'aux rivages de la mer Noire en passant par
la mer Caspienne; puis, poursuivant sa marche à travers l'Asie Mineure et la Syrie, elle atteint à l'ouest
l'archipel grec, puis en deux bonds saute dans l'Italie
méridionale et en Espagne, et enfin parvient aux
Açores, qui paraissent être l'extrémité occidentale
de cette longue fracture. Sur toute cette ligne on
constate des phénomènes d'éruption, et ces autres
phénomènes accessoires, solfatares, dégagements de
gaz inflammable ou d'acide carbonique, eaux thermales, sources de naphte et de pétrole, qui ont une
connexion étroite avec les volcans.

Les Andes forment une autre grande ligne volcanique qui s'étend sur quarante-cinq degrés de latitude,
depuis l'extrémité méridionale du Chili jusqu'au nord
de Quito, en présentant une alternance de volcans
éteints et de volcans brûlants, et se poursuit ensuite à
travers le Guatemala ou Amérique centrale, au nord
de l'isthme de Panama. La chaîne de foyers volca-

niques, après s'être abaissée un moment dans l'isthme à la hauteur de cent quatre-vingts mètres, point le plus bas entre les deux mers, se redresse bientôt, traverse le Mexique, où l'on compte cinq grand volcans en activité, et va finir au nord de la Californie vers l'embouchure de l'Orégon, ayant ainsi traversé une distance aussi considérable que celle qui s'étend du pôle à l'équateur. Une autre ligne d'éruption se montre dans les Antilles et se rattache sans doute à la précédente.

L'Afrique n'est point dépourvue de ces terribles phénomènes, et elle possède plusieurs archipels volcaniques ; la ligne des Canaries se prolonge vraisemblablement sous la mer jusqu'à l'ouest du Portugal ; c'est peut-être à cette fissure qu'il faut attribuer l'épouvantable tremblement de terre qui détruisit Lisbonne en 1755. Le pic de Ténériffe, de 3,650 mètres au-dessus de la mer, n'a jamais rejeté que des vapeurs sulfureuses par son cratère principal ; mais il a quelquefois émis des courants de lave sur ses pentes. L'île de Lancerote, une des Canaries, a vu une terrible éruption pendant cinq ans, de 1730 à 1736 : il se forma successivement trente cônes volcaniques, tous disposés régulièrement sur la même ligne, qui vomirent une immense quantité de lave, de cendres, de scories, de lapilli et de vapeurs suffocantes. Les habitants, chassés de leurs demeures par cette affreuse catastrophe, furent contraints d'émigrer, et d'attendre des jours plus calmes pour reprendre possession de leurs domaines dévastés.

La France ne connaît point aujourd'hui les fureurs des volcans ; mais, à une période récente de son histoire géologique, elle a compté elle-même un grand

nombre de cônes éruptifs en pleine activité dans l'Auvergne, dans le Vivarais, et sur plusieurs autres points.
Lorsqu'on parcourt ces régions si nettement carac-
térisées, on se croirait transporté au pied de l'Etna ou
du Vésuve, endormis depuis la veille seulement. Les
montagnes se dressent devant vous avec leurs vastes
cratères béants, quelquefois ébréchés d'un côté par
la lave, avec les cônes secondaires qui s'élèvent souvent du sein des cratères; on peut suivre les coulées
de lave qui s'en échappent et qui courent à travers la
campagne sur plusieurs kilomètres de longueur; on
traverse d'immenses champs de cendres, de sables
rougeâtres, de scories, de lapilli, de bombes volcaniques. Tous ces accidents sont encore si frais, si
récents, qu'on ne saurait croire qu'une période de
vingt siècles au moins nous sépare de l'époque où
ces montagnes étaient brûlantes. Ces volcans sont-
ils réellement éteints, et la fissure de l'écorce terrestre qui leur a donné naissance est-elle oblitérée à
jamais? Non sans doute; car il s'en échappe encore
de l'acide carbonique et des eaux thermales qui ont
une communication évidente avec le foyer volcanique.
Quand on voit les volcans de l'île d'Ischia se rani-
mer après dix-sept siècles de repos, on ne saurait
affirmer que les volcans de l'Auvergne ne se réveil-
leront pas un jour pour entrer dans une nouvelle
phase d'activité et de désastres.

VI

LES VOLCANS SOUS-MARINS

Caractères particuliers des volcans sous-marins. — Apparition
de plusieurs îles dans l'archipel des Açores, en Islande et au
Kamtchatka. — Histoire de l'île Julia. — Histoire des révolutions volcaniques de la baie de Santorin. — Apparition récente
des îles Georges, Aphroessa et Reka. — Émersion de la Pompéi
grecque. — Caractère des îles de formation volcanique.

Les continents et les îles ne sont pas le théâtre
exclusif des phénomènes volcaniques : au-dessous du
bassin des mers, le sol s'entr'ouvre quelquefois à la
suite de tremblements de terre, et établit une communication transitoire avec le feu central. Les volcans
sous-marins ne sont pas rares; et, à cause de l'immense étendue et de la solitude ordinaire des océans,
beaucoup d'entre eux ont dû passer inaperçus. Les
débris de leurs déjections, accumulés au fond de la
mer, ont souvent créé des bas-fonds et des écueils, et
même de véritables îles. L'Islande et la Sicile, en
Europe, ne sont en grande partie que des produits

d'éruption volcanique. Il est rare cependant que les
îlots formés de cette manière persistent bien longtemps, car les matières meubles qui les constituent
sont bientôt enlevées par les vagues.

Les volcans sous-marins présentent quelques caractères particuliers. D'abondantes émissions de gaz acide
carbonique produisent dans la mer un bouillonne-
ment tumultueux; les eaux, mises en contact avec
des laves brûlantes, acquièrent une haute température, et des flots de vapeur s'en échappent; des fragments incandescents sont lancés par une bouche invisible, et surnagent à la surface de la mer. En même
temps le fond se relève, se boursoufle en forme de
dôme, se fissure et s'entr'ouvre pour laisser échapper
des torrents de lave qui étendent peu à peu la grandeur de l'îlot ainsi formé. La plupart de ces circonstances se retrouvent dans les récits de phénomènes
de ce genre.

Les anciens, Strabon, Pline, Plutarque, Justin, nous
ont parlé avec admiration d'une île soulevée dans le
golfe de Santorin, au milieu des flammes et d'une
violente ébullition des eaux de la mer. Ce récit n'avait
pas trouvé grand crédit chez les savants, lorsque des
faits modernes sont venus apporter la plus éclatante
confirmation à leurs dires. C'est ainsi que, dans le
voisinage de Saint-Michel-des-Açores, trois îles se
sont montrées successivement, mais pour disparaître
bientôt : la première émergea en 1630, et à la même
place on ne trouve plus aujourd'hui qu'un abîme sans
fond; la seconde apparut en 1719, et, au bout de
quatre ans, elle s'enfonça sous les flots à une profondeur de cent trente mètres; la troisième, Sabrina, née
en 1811, s'éleva en cône au-dessus de la mer à une

hauteur de quatre-vingt-dix mètres, avec un cratère, et vomit une grande quantité de cendres ; puis elle s'abîma à son tour. Sur les côtes d'Islande, en 1783, peu de temps avant l'éruption du Skaptaa-Jokul, un volcan sous-marin fit explosion à cinquante kilomètres au large, et émit une si grande quantité de ponces, que l'Océan en fut couvert jusqu'à la distance de deux cent cinquante kilomètres, et que cet obstacle occasionna un retard considérable dans la marche des vaisseaux : une île nouvelle sortit des eaux, et continua à répandre par ses fissures du feu, de la fumée et des ponces. Le roi de Danemark en réclama la propriété, et lui imposa le nom de *Nyoë* ou l'*île Nouvelle*, mais avant qu'un an se fût écoulé, la mer avait repris son ancien domaine, et il ne resta de Nyoë qu'un récif de rochers, situé à dix brasses au-dessous des eaux.

Au Kamtchatka, en 1732, l'éruption ne put atteindre la surface de la mer. Des jets de vapeur, une grande ébullition des eaux, des pierres ponces surnageant, ce fut tout ce qu'on aperçut ; mais, quand on put approcher, on reconnut une chaîne de montagnes sous-marines, là où auparavant il y avait une profondeur de deux cents mètres. Non loin de là, dans l'archipel Aléoutien, près d'Oumnak, une île nouvelle surgit en 1796 : des chasseurs l'explorèrent en 1804, et trouvèrent que le sol avait en plusieurs points une température si élevée, qu'on ne pouvait y poser les pieds.

Le premier phénomène de ce genre qui ait été étudié d'une manière véritablement scientifique, est celui qui se produisit en 1831 dans la Méditerranée, à cinquante kilomètres environ de la côte sud-ouest de Sicile, en face de la ville de Sciacca, et dans un point où des reconnaissances, exécutées par la marine britannique, avaient constaté cent brasses d'eau. En passant par ce point, le 28 juin, quinze jours avant que l'éruption fût visible, un navire anglais avait ressenti un choc de tremblement de terre, comme s'il eût touché sur un banc de sable. Un capitaine sicilien, nommé Corrao, traversant la même région, le 10 juillet, vit une immense colonne d'eau, haute de dix-huit mètres, avec huit cents mètres de circonférence, s'élancer de la mer. Huit jours plus tard, le même navigateur constata la présence d'un îlot, élevé de trois à quatre mètres au-dessus de la mer, avec un cratère à son centre, d'où sortaient des matières volcaniques et d'énormes colonnes de vapeurs. L'îlot continua de s'accroître peu à peu par l'addition de nouvelles coulées de lave, et atteignit une circonférence de cinq kilomètres, sur une hauteur variable de quinze à vingt-cinq mètres.

Un événement si rare attira aussitôt l'attention de toute l'Europe. Plusieurs officiers de la marine anglaise, M. Hoffmann, géologue prussien, et M. Constant Prévost, député par l'Académie des sciences de Paris, s'empressèrent d'aller visiter l'île nouvelle. Nous empruntons quelques traits à leurs observations.

Le diamètre du cratère était de deux cents mètres. Le ballon des vapeurs d'eau et les autres déjections qui en sortaient, composaient une colonne lumineuse dont la hauteur dépassait six cents mètres. De temps en temps cette colonne tourbillonnante était traversée par un jet de scories noires, rapides comme l'éclair. Le phénomène revêtait sa plus grande magnificence dans les éruptions de matières solides. Une colonne de fumée noire montait du cratère, sombre et menaçante, et s'épanouissait en gerbe : dans cette colonne on voyait danser et tourbillonner des cendres, des lapilli, des blocs, qui traînaient après eux une queue de sable noir, comme des comètes infernales, et retombaient ensuite dans les eaux, en en portant la température jusqu'à l'ébullition. Quand l'éruption se fut calmée, on constata que l'île était entièrement formée de matières volcaniques incohérentes, de scories, de ponces et de lapilli, rejetés en couches régulières, dont les unes étaient inclinées vers l'intérieur du cratère, et les autres inclinées vers l'horizon.

Un élément comique vint se mêler à la préoccupation générale excitée par cette apparition, qui menaçait d'apporter un obstacle de plus à la navigation entre la Sicile et l'Afrique, et peut-être d'y créer de nouvelles Dardanelles. Tout le monde se disputa l'honneur de baptiser le nouveau-né, et l'îlot volcanique ne porta pas moins de six noms à la fois : Sciacca, Nerita, Corrao, Graham, Hotham et Julia. Le roi de Naples lui-même entra dans la lice, et lui donna son nom, Ferdinanda, qui fut le septième. La confusion des langues n'était pas près de se terminer, lorsque la mer se chargea de finir le débat en engloutissant l'objet du litige.

L'île de Santorin, dans les Cyclades, dut sa naissance à un fait du même genre. Cette île s'arrondit en forme de croissant autour d'un golfe presque circulaire qui mesure environ dix kilomètres de diamètre du sud au nord, et six à sept de l'est à l'ouest. Entre les deux pointes du croissant, deux îlots, Therasia et Aspronisi, semblent continuer le contour circulaire si fortement accusé par Santorin, comme s'ils étaient

les bords brisés et ébréchés d'un ancien cratère : hypothèse d'autant plus vraisemblable que Therasia,

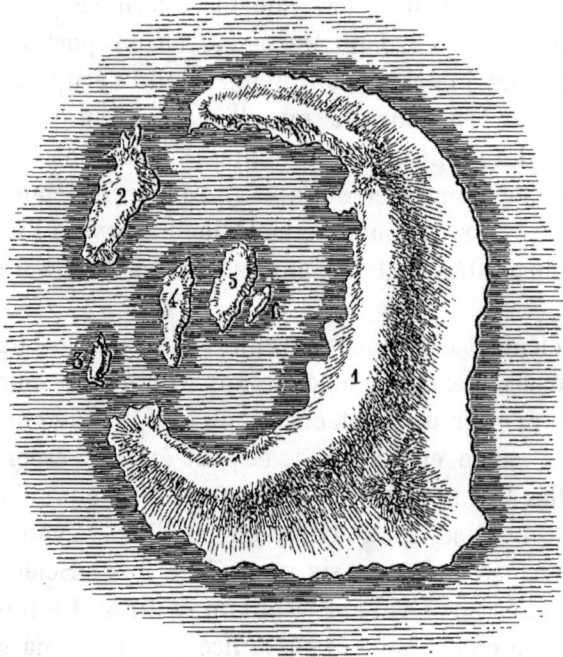

Archipel Santorin.

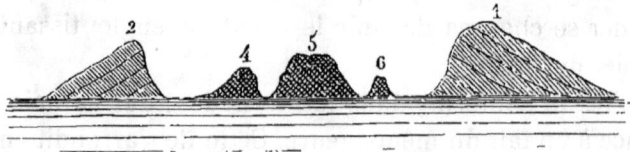

Coupe de l'archipel Santorin.

1. Santorin.	4. Palaia - Kameni.
2. Therasia.	5. Nea - Kameni.
3. Aspronisi.	6. Micra - Kameni.

selon Pline, fut détachée de Santorin par un tremblement de terre, l'an 236 avant J.-C. Au milieu du

cratère lui-même (nous voulons dire le golfe), se dressent trois autres petites îles, nommées *Kameni*, c'est-à-dire les *Brûlées*, et distinguées entre elles par les noms de *Palaia* (l'Ancienne), *Nea* (la Nouvelle), et *Micra* (la Petite). Ce sont, on n'en saurait douter, autant de sommets de cônes volcaniques implantés dans l'ancien cratère, et l'histoire des révolutions géologiques de cette île va le démontrer surabondamment.

La partie méridionale de Santorin s'élève en montagne, et se compose de calcaires grenus et de schistes argileux, comme les autres îles de l'Archipel. Le reste de l'île est entièrement formé de matières volcaniques qui paraissent s'être ajoutées à ce massif primitif. C'est l'an 186 avant notre ère, au rapport des écrivains de l'antiquité, que surgit dans le golfe l'île d'Hiera, ou la Sacrée, aujourd'hui Palaia-Kameni. Thia (la Divine) apparut l'an 19 de notre ère, et ne tarda pas à se souder à Hiera, qui s'agrandit encore par des annexions semblables en 726 et en 1427; puis se formèrent de même Micra-Kameni en 1575, et Nea-Kameni en 1707, s'accroissant successivement en 1709, 1711 et 1712. Il ne s'est formé de cratère dans aucune de ces îles, et il y eut seulement apparition de matières fondues, en forme de dôme, couvrant l'orifice par lequel elles étaient sorties.

Les géologues qui visitèrent Santorin depuis le commencement du siècle, MM. de Buch, Virlet et Bory de Saint-Vincent, sondèrent le golfe ou cratère, et constatèrent que le fond s'élevait avec rapidité. D'autres indices annonçaient l'action d'un foyer souterrain en activité dans l'anse de Voulcano, qui découpait profondément le rivage méridional de Nea-

Kameni. L'eau de la mer y était presque constamment trouble et d'un vert jaunâtre, passant parfois au jaune rougeâtre, ce qu'il fallait attribuer à la présence des sels de fer en dissolution. En outre, il s'en exhalait des quantités notables d'acide sulfhydrique, et comme ces émanations avaient été reconnues mortelles pour les animaux et les plantes marines, on avait eu l'idée heureuse d'utiliser les eaux de l'anse de Voulcano au nettoyage des carènes des bâtiments. En effet, deux à trois journées de séjour dans ces eaux fétides suffisaient pour amener l'empoisonnement et la destruction des mollusques et des algues attachés à la coque des navires doublés de cuivre. Tout faisait prévoir l'apparition prochaine d'une nouvelle île volcanique. Ces prévisions viennent d'être entièrement confirmées.

Cependant les habitants de Santorin ne partageaient pas les craintes des savants. Nea-Kameni était devenue une station thermale assez fréquentée, et l'on y avait même bâti deux églises, l'une grecque, l'autre catholique, pour l'usage de la population nomade qui s'y rendait pendant l'été. Le 30 janvier 1866, le gardien qui veillait sur les habitations désertes trouva, en s'éveillant, sa maison lézardée ainsi que les maisons voisines, et attribua ces fentes à un tremblement de terre survenu pendant la nuit. Le lendemain, des chocs violents et des bruits épouvantables se firent entendre dans le sein de la terre; le quai de l'établissement des bains s'affaissa; l'eau de l'anse de Voulcano devint plus chaude et laissa échapper d'innombrables bulles de gaz, comme si elle eût été en ébullition. Le gardien et sa famille passèrent la journée dans la plus vive anxiété, mais sans abandonner leur demeure.

Au matin du 1er février, ils virent s'élever des flammes au-dessus de l'anse. Dès lors leur frayeur ne connut plus de bornes, et, détachant leur canot en toute hâte, ils gagnèrent Santorin, où ils semèrent l'épouvante.

Ce n'étaient là que les préliminaires d'une éruption. Le 3 février, on vit poindre à la surface de la mer, dans l'anse de Voulcano, un récif formé de laves incandescentes sortant des entrailles de la terre et venant s'éteindre avec des sifflements aigus. L'îlot croissait de minute en minute. Il est évident que le sol était fendu au fond de la mer, et qu'il sortait continuellement de la fissure un flot de lave liquide, qui, au contact de l'eau, se solidifiait en blocs irréguliers. Le 5 février, la masse émergée avait déjà atteint une longueur de soixante-dix mètres, sur une largeur de trente, et une hauteur de dix environ. Les laves qui la composaient se trouvant alors mieux protégées contre le refroidissement, restaient longtemps incandescentes, et brillaient d'un vif éclat dans l'obscurité de la nuit. Des flammes jaunâtres s'échappaient de tous les interstices, principalement au sommet du monticule, et lui donnaient l'apparence d'un bûcher. Comme l'éruption s'accomplissait sans catastrophe violente, les Santoriniotes rassurés vinrent en foule à Nea-Kameni contempler le phénomène, et donnèrent à l'îlot le nom de *Georges Ier*, en l'honneur du roi de Grèce. Ce nom fut adopté par tout le monde, excepté par le jeune souverain, qui a protesté, assure-t-on, en disant que son humeur pacifique et son rôle de roi constitutionnel lui interdisaient d'être le parrain d'un volcan.

Cependant les phénomènes éruptifs se poursui-

vaient. Dès le 6 février, l'îlot Georges couvrait toute
l'anse de Voulcano et même en dépassait l'ouverture, et se soudait à Nea-Kameni, à la pointe duquel elle forme un haut promontoire. Les allures en
devenaient moins tranquilles, et quelques projec-
tions de lave se produisaient de temps à autre. En
même temps le mouvement éruptif se portait à l'extrémité sud-ouest de l'île, où les eaux étaient plus
chaudes et fortement colorées en jaune verdâtre. Le
13 février, apparut à environ cinquante mètres de la
côte une nouvelle île, que les membres de la commission scientifique envoyée par le gouvernement grec
appelèrent *Aphroessa*, du nom du bateau à vapeur
qui les avait amenés à Santorin : le premier jour, le
sommet de l'îlot, après s'être élevé d'un à deux mètres
au-dessus du niveau de la mer, s'enfonça trois ou
quatre fois au-dessous, et ne devint stable qu'à la fin
de la journée. Les bulles de gaz dégagées au contact
des blocs incandescents produisaient en brûlant des
flammes brillantes.

Il n'y eut rien de plus important à signaler jusqu'au
20 février. Le matin de ce même jour, de très-bonne
heure, les membres de la commission grecque descendirent à terre avec leurs instruments pour faire
des observations. Tout annonçait une crise prochaine :
l'eau de la mer accusait 85°, les bruits souterrains
étaient plus violents, et les fumeroles sulfureuses
avaient une activité inaccoutumée. Malgré ces indices,
les savants grecs gravirent le cône de Nea-Kameni
pour étudier l'ensemble de l'éruption. Tout à coup
une épouvantable détonation se fit entendre. Une
épaisse colonne de fumée noire les enveloppa subitement ; quelques secondes après, ils étaient environnés

d'une pluie de cendres et de lapilli; des milliers
de pierres incandescentes tombèrent autour d'eux
comme une grêle brûlante. Instinctivement, tous
cherchèrent aussitôt leur salut dans la fuite, abandonnant cartes et instruments; mais il était presque
aussi dangereux de fuir que de rester en place. Chacun d'eux se blottit donc immédiatement à l'abri des
rochers volcaniques de l'ancien cratère; mais M. Christomanos, mal protégé par le bloc qui ne cachait que
sa tête, fut atteint par des cendres et des lapilli brûlants qui mirent le feu à ses vêtements. Autour de lui,
tout était en feu, les pierres tombées ayant enflammé
les herbes et les broussailles qui garnissaient l'ancien
cratère. Un bloc projeté venait de s'abattre comme
une bombe sur le rocher qui lui servait d'abri, et s'y
était brisé en éclats. Meurtri, blessé, ses habits à
demi brûlés, M. Christomanos dut traverser le cratère
en courant au milieu des flammes, afin de chercher
une retraite plus sûre. Un creux de rocher s'offrit à
lui; il put s'y mettre en sûreté et y attendre la fin
d'une seconde explosion qui se produisit alors, et
fut plus terrible encore que la première. Il reprit enfin
sa course vers le nord-ouest, et se laissa rouler le long
des pentes du cône, au milieu des rochers qui en rendent ordinairement la descente presque impraticable.
Quand il arriva au bord de la mer, ses vêtements
étaient en lambeaux, ses pieds nus et sanglants, tout
son corps couvert de brûlures ou déchiré par les aspérités tranchantes des rochers. Il y retrouva ses compagnons presque aussi maltraités que lui. Le capitaine
d'un bateau marchand amarré à la côte avait même
été tué par une pierre.

Tous attendaient avec anxiété un canot de leur ba-

teau à vapeur pour quitter le sol de Nea-Kameni, où
ils n'étaient plus en sûreté; mais l'*Aphroessa* ne possédait que deux embarcations, dont l'une était à Santorin, et dont l'autre venait d'être coulée à fond par
un bloc de lave. Pour rentrer à bord, il fallut donc
attendre, au milieu d'anxiétés inexprimables, le retour
du canot de Santorin. Le bateau avait souffert beaucoup lui-même de l'explosion. Une pierre incandescente avait percé le pont et mis le feu à la cabine du
mécanicien, et plusieurs matelots avaient été blessés
assez grièvement par les projectiles incendiaires.

M. Fouqué, à qui nous empruntons ces détails, fut
délégué par l'Académie des sciences de Paris, et arriva sur les lieux au commencement de mars. Il trouva
toutes les maisons de l'île lézardées, effondrées, et
l'une d'elles, par suite de l'affaissement du sol, était
même entièrement plongée sous l'eau. Les deux
églises avaient été gravement maltraitées par la chute
des pierres. L'église grecque avait eu le toit traversé
par un projectile; dans l'église catholique, un bloc de
lave de plus d'un mètre cube était venu s'abattre près
de l'autel, et s'était enfoncé dans le sol après avoir fait
une large trouée à la voûte. Le terrain était encombré
par des masses de laves projetées, dont quelques-
unes avaient un volume énorme. L'eau de la mer,
dans le voisinage des foyers d'éruption, était très-
chaude, et dégageait un nuage de vapeur tellement
épais, qu'on ne pouvait rien distinguer à une distance
de quelques pas. Il était impossible aux embarcations
de séjourner longtemps dans cet endroit; la poix qui
les enduit y aurait fondu infailliblement.

L'intrépide explorateur français monta au sommet
du promontoire formé par l'île Georges, escalade que

rendaient périlleuse la mobilité et la haute température des blocs. Mais après cinquante mètres de marche
au milieu des craquements et des grondements souterrains, les gaz qui se dégageaient de la lave étaient
tellement brûlants, qu'il n'y avait plus moyen d'a-
vancer. A travers les fentes étroites qui déchiraient
la surface, on apercevait, même en plein jour, la
lueur rougeâtre de la lave brûlante. D'abondantes fumerolles émettaient de l'acide sulfhydrique, et tout
le pourtour du promontoire était garni d'un épais
dépôt de soufre, provenant de la décomposition de
cet acide au contact de l'air. L'eau de la mer dans
quelques points du voisinage était blanche comme du
lait, à cause du soufre qu'elle tenait en suspension à
l'état de poudre impalpable.

Après avoir fait ainsi l'ascension de l'île Georges,
M. Fouqué se rembarqua pour faire le tour d'Aphroessa.
Le centre de cet îlot était formé par des blocs incandescents. De tous les interstices sortait une fumée
roussâtre très-épaisse. Il s'y produisait à chaque instant
de violentes détonations accompagnées de projec-
tions. De même qu'à Georges, il ne paraissait pas y
avoir de véritable cratère : on apercevait seulement
des fentes par lesquelles des torrents de gaz et de
vapeurs s'échappaient avec des sifflements aigus.

Les gaz qui se dégageaient de la mer étaient combustibles ; ils s'allumaient près du rivage au contact
de la lave incandescente, et l'incendie une fois commencé se propageait rapidement à la surface de la
mer à une distance de plusieurs mètres. Les bulles
s'allumaient et brûlaient à mesure qu'elles arrivaient
au contact de l'air. Les rafales éteignaient souvent la
flamme ; mais aussitôt que le vent se calmait un peu,

l'incendie reprenait sur-le-champ et se promenait
avec rapidité sur les flots encore agités. L'obscurité de
la nuit étant devenue plus profonde, les flammes bril-
lèrent d'un éclat plus vif encore et s'élevèrent à une
hauteur de plusieurs mètres. Les sels de soude entraînés leur donnaient une coloration jaune caractéristique, et les visages, éclairés par cette lumière,
avaient une teinte livide. Le long des pentes, les
flammes étaient bleuâtres et mobiles comme des feux
follets. Pendant que le canot circulait rapidement au
milieu des nuages de vapeur et à la clarté de ces
lueurs vacillantes, on eût dit des fantômes naviguant
sur un lac des enfers.

L'ancien sol de Nea-Kameni était à la même époque le siége d'autres phénomènes. Une longue traînée
de fumerolles sulfureuses, qui jusqu'alors avaient
exhalé de la vapeur d'eau et de l'acide sulfhydrique,
ne tardèrent pas à produire de l'acide sulfureux. Vers
le milieu du mois de mars on y pouvait fondre le zinc,
c'est-à-dire que leur température avait atteint 600 degrés environ. Il s'en exhalait une forte odeur d'acide
chlorhydrique, et l'on y entendait fréquemment des
bruits souterrains qui faisaient trembler la terre, et
qui ressemblaient à ceux que produiraient des chocs
violents frappant le sol de bas en haut à une petite
profondeur. Un peu plus loin, quatre fissures longues
de plus de deux cents mètres, profondes d'une trentaine de mètres et souvent assez étroites pour qu'on
pût les franchir d'un bond, s'étaient ouvertes dans
une lave compacte, et conduisaient des courants
d'eau salée dont la température était comprise entre
70 et 80 degrés. Ces fentes, et la ligne de fumerolles
qui leur était parallèle, représentaient la fissure de

l'éruption dans l'intervalle compris entre Georges et Aphroessa.

A la fin de mai, des changements considérables s'étaient produits dans tout le champ de l'éruption. Un troisième îlot, nommé *Reka*, s'était formé non loin d'Aphroessa. La partie culminante de l'île Georges s'était déplacée de cinquante mètres environ vers le sud en se rapprochant du bord de la mer, sans que la hauteur eût beaucoup varié. Le sommet de ce monticule était creusé d'un vaste cratère rempli de lave : autour du cratère régnait une sorte de fossé circulaire du fond duquel s'échappaient constamment en sifflant de puissants jets de vapeur, et de temps en temps, au moment des explosions, des fumées épaisses composées de cendre et de vapeur d'eau, et auxquelles les gens du pays ont donné le nom de *choux-fleurs*, à cause de la forme qu'elles affectaient. Aphroessa, réunie d'un côté à Reka et jointe de l'autre à Nea-Kameni, offrait encore un sommet distinct, d'où sortaient toujours d'épaisses fumées roussâtres ; mais les détonations y étaient devenues très-rares, et la température même y avait beaucoup baissé. En revanche, la quantité de lave qui en était sortie depuis six semaines était extrêmement considérable, et les coulées, longues d'un kilomètre, avaient une épaisseur de plus de cent mètres. Cette énorme épaisseur était due au refroidissement subit que les laves avaient éprouvé dans la mer : dans les volcans terrestres, au contraire, les coulées gardent leur fluidité pendant de longues années, s'étendent plus loin, et s'étalent en couches minces. Entre les deux îles, les fissures s'étaient notablement élargies, et une explosion formidable s'y était produite. Le sol y avait été brusquement projeté

de toutes parts avec un fracas comparable à celui qui
accompagne l'explosion d'une poudrière, et depuis
lors on voit en ce point un petit cratère ayant environ
trente mètres de diamètre et autant de profondeur. Il
en est sorti des quantités prodigieuses de lave qui se
sont répandues vers le sud-ouest au fond de la mer :
les coulées ainsi formées présentent aujourd'hui une
épaisseur de plus de deux cents mètres. Toutes ces
masses, irrégulièrement disséminées, formaient onze
îlots distincts qui ne devaient pas tarder à se souder
et à se joindre à Nea-Kameni.

De Nea-Kameni, les phénomènes volcaniques ont
gagné Therasia. Nous avons dit que cette île avait été
dans l'origine unie à Santorin, avec laquelle elle continuait le contour d'un cratère, et qu'elle en avait
été détachée par un tremblement de terre, l'an 236
avant J.-C. Un soulèvement qui vient d'avoir lieu au
mois d'août 1866, a mis au jour une portion du terrain submergé à cette époque reculée, avec les ruines
des édifices qu'il portait et qui paraissent antérieurs
à la grande civilisation grecque. Des fouilles ont fait
découvrir deux vastes édifices, longs et larges d'une
vingtaine de mètres, assis sur un sol de lave scoriacée
qui sert de pavé à leurs différentes cellules, et enfoncés sous des couches de lave vomies par un volcan
voisin également émergé : ces constructions représentent une sorte de parallélogramme irrégulier, dont
les coins sont plus ou moins arrondis, et dont les
côtés sont formés par des lignes plus ou moins
courbes. Ces formes arrondies, qui dominent dans
toutes ces constructions, sont tout à fait différentes
des formes régulières des édifices grecs. Des pièces de
bois dont les restes se trouvent carbonisés au fond

des différentes chambres, en soutenaient la toiture, qui était d'ailleurs recouverte de terre argileuse et d'une assise de pierres, comme c'est l'usage dans la plupart des îles de l'Archipel. Dans aucune de ces pièces de bois on ne remarque la moindre trace de clou ; on n'a d'ailleurs découvert non plus aucune espèce de métal, tandis qu'on a trouvé un instrument lancéiforme et un autre en forme de scie ou de couteau dentelé, tous deux en pierres de natures différentes.

A l'occasion de cette découverte, les savants hellénistes ont déjà prononcé le nom un peu trop prétentieux de Pompéi grecque ; mais les trouvailles ne justifient guère cette dénomination ambitieuse. On a déterré seulement une grande quantité de vases de terre cuite, de différentes dimensions. Plusieurs étaient remplis de matières végétales carbonisées, dont quelques-unes conservaient encore leur forme : on y a reconnu l'orge, les pois chiches, la semence de coriandre, d'anis, etc. Mais la plus légère secousse les réduit en poudre noire. Enfin l'on a trouvé dans le fond d'une chambre les restes d'un squelette de quadrupède, probablement un chien, et, dans une autre chambre, les restes d'un squelette humain. Ces découvertes seront peut-être suivies d'autres plus importantes, si le soulèvement continue à Therasia.

Il est impossible de prévoir pendant combien de temps se prolongeront encore les manifestations volcaniques de la baie de Santorin. Cette éruption aura eu pour effet principal d'augmenter considérablement l'étendue de l'île de Nea-Kameni, et d'en modifier surtout la configuration. Elle n'a point produit trop de désastres, et l'on peut même ajouter que les cendres volcaniques. dans la composition desquelles il entre des proportions considérables de potasse et de soude, constitueront pour l'île un élément important de fertilité.

Ces faits singuliers ne justifient-ils pas ce que nous

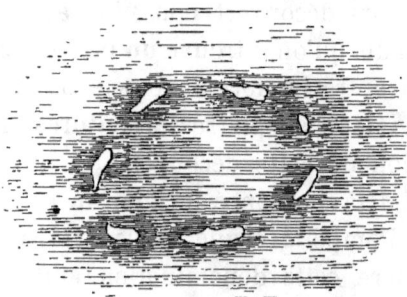

Groupe d'îles provenant des bords ébréchés d'un cratère.

disions en commençant, que l'île de Santorin, avec son contour arrondi en forme de croissant, n'est que

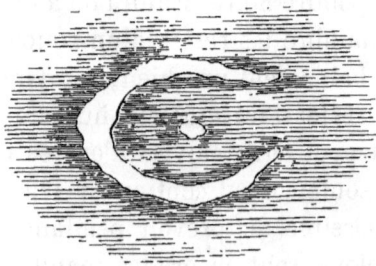

Île d'origine volcanique avec le sommet du cône au milieu du cratère.

le bord d'un ancien cratère, et que la baie, au milieu de laquelle s'élèvent des cônes volcaniques, est ce cratère lui-même? Beaucoup d'îles, surtout dans la mer des Indes et dans l'océan Pacifique, présentent

Ile de Barren.

des caractères analogues. Les unes sont tout à fait annulaires et complétement fermées, avec un lac à leur centre ; les autres, en forme de fer à cheval, offrent une brèche plus ou moins large, par laquelle on peut pénétrer dans l'intérieur du bassin profond qu'elles renferment, et au centre duquel se dressent quelquefois des buttes isolées volcaniques ; d'autres îles, enfin, se présentent en groupe et réunies circulairement, comme les débris des parois brisées d'un cratère. A tous ces signes on ne saurait méconnaître l'origine volcanique de ces îles. Nous aurons l'occasion d'en reparler plus loin, et de montrer comment les madrépores s'emparent des ruines de ces volcans sous-marins pour bâtir leurs demeures.

VII

PHÉNOMÈNES VOLCANIQUES SECONDAIRES

Classification des produits volcaniques volatiles. — Les Champs
Phlégréens. — Les solfatares. — Dégagements d'acide carbonique. — Origine des produits volatiles. — Les sources thermales. — Les *geysers* de l'Islande. — Théories des *geysers*. —
Les *salses* ou volcans de boue.

Outre les grands phénomènes dont nous venons de
présenter le tableau, il existe encore, dans les régions
volcaniques actuelles ou anciennes, une série de phénomènes accessoires qui dépendent évidemment des
mêmes causes. Nous voulons parler des émanations
de gaz, des sources thermales ou bitumineuses, et des
éruptions de boue.

Nous avons dit que de grandes quantités de gaz
s'exhalent constamment des orifices volcaniques pendant les éruptions. Ces produits volatils sont de di-
verse nature, et varient dans leur composition avec

l'intensité du foyer. M. Ch. Sainte-Claire-Deville, qui
a étudié d'une manière complète, et dans tout leur
développement, trois éruptions du Vésuve, en 1855,
en 1858, en 1861, a constaté que sous ce rapport on
doit distinguer quatre périodes distinctes, pendant
chacune desquelles prédominent des substances différentes parmi les matières volatilisées. Dans les points
où la crise présente le maximum d'intensité, sur le
bord des courants de lave en fusion, les dépôts formés par la sublimation sont surtout composés de sels
de soude et de potasse, recouvrant d'un enduit blanchâtre les blocs refroidis du voisinage; le chlorure de
sodium, notre sel de cuisine ordinaire, en est l'élément le plus important. Quand la température s'a-
baisse et que l'incandescence vient à disparaître (seconde période), les sels de soude et de potasse cessent
de se montrer; mais le chlorure de fer tapisse de ses
riches couleurs la lave solidifiée, et en même temps
l'acide chlorhydrique et l'acide sulfureux remplissent
l'atmosphère d'exhalaisons suffocantes. Au - dessous
de 200 degrés (troisième période), on ne retrouve
plus les produits précédents, mais on observe fréquemment des dépôts blancs de sels ammoniacaux et
des amas de soufre fondu et cristallisé, et alors on ne
sent plus que l'odeur fétide de l'acide sulfhydrique.
Enfin, au - dessous de 100 degrés, la vapeur d'eau,
l'acide carbonique, l'azote et les gaz combustibles
restent comme les derniers signes de la vitalité du
volcan. Dans une même éruption, au moment de la
plus grande intensité des phénomènes, on peut encore observer tous ces produits rangés dans un ordre
méthodique à partir du foyer principal d'émission :
les sels qui caractérisent la première phase se ren-

contrent près des bouches du cratère ; ceux de la
seconde, à une certaine distance, en des points où la
température s'est déjà notablement abaissée ; ceux de
la troisième, au delà de ceux-ci ; et ceux de la quatrième, plus loin encore.

Cette classification va nous expliquer les phénomènes secondaires qui se passent dans les régions
volcaniques. Lorsqu'une fissure volcanique est sortie
de la phase de sa plus grande intensité d'action, c'est-
à-dire lorsqu'elle n'émet plus de laves en fusion, elle
entre dans la seconde période d'activité, celle qui est
caractérisée par les émanations d'acide chlorhydrique
et d'acide sulfureux ; puis dans la troisième, où se montrent les vapeurs sulfhydriques. De là les solfatares
ou fumerolles sulfureuses que l'on observe en un si
grand nombre de points. Les environs de Naples, sur
la ligne qui joint le Vésuve à l'île volcanique d'Ischia,
nous offrent à ce sujet un vaste et curieux champ
d'études. L'antiquité en avait été singulièrement frap-
pée, et Virgile n'a point dédaigné de faire passer dans
ses admirables vers les préjugés et les terreurs popu-
laires en décrivant les Champs *Phlégréens* ou campagnes ardentes. Si l'on veut prendre le divin poëte
pour guide, on peut, sur les pas d'Énée, aller sur les
bords du Styx et de l'Achéron (l'Averne), qui communique avec le Cocyte (le Lucrin), gagner les
champs Élysées (entre la mer Morte de Misène et le
lac Fusaro), jeter un coup d'œil sur le Tartare (*mare
Morto*), et rêver aux âmes errantes pendant mille ans
sur les bords du Léthé (lac de Fusaro), ou aux Cim-
mériens vivant dans l'obscurité des cavernes (à
Cumes).

La froide science a dépouillé tous ces lieux de leur

poésie de convention; mais elle leur a restitué une
poésie véritable, non moins terrible, celle qui s'at-
tache aux grands phénomènes de la nature. Sur tous
ces points, on rencontre les signes manifestes de l'action plutonique qui sommeille à une profondeur inconnue. La solfatare de Pouzzoles, par exemple, n'est
qu'un vaste cratère de soulèvement, au fond duquel
se trouvent des roches volcaniques journellement
décomposées par les vapeurs qui s'échappent des fissures du sol. A en juger par les récits de Strabon et
de plusieurs autres auteurs anciens, elle était, avant
l'ère chrétienne, dans un état fort analogue à celui
qu'elle présente aujourd'hui, émettant continuellement des vapeurs aqueuses, accompagnées d'acide
sulfureux et d'acide chlorhydrique, et souvent aussi
d'acide sulfhydrique : c'est ce dernier qui donne en
brûlant les flammes légères qu'on aperçoit souvent
pendant la nuit ; quant à l'hydrogène sulfuré, il se
décompose au contact de l'air, en formant de l'eau
par la combinaison de l'hydrogène avec l'oxygène de
l'air atmosphérique, et laissant du soufre qui se dépose ainsi en masses considérables sur les parois du
cratère et dans les fentes du terrain. Le lac Averne
n'est aussi qu'un ancien cratère. Autrefois, selon le
récit de Lucrèce, il s'en exhalait des gaz méphitiques,
et les oiseaux ne pouvaient voler au-dessus de ses
eaux sans être asphyxiés; mais aujourd'hui c'est un
lieu aussi riant que salubre, nourrissant des poissons
et des canards sauvages. Le lac Lucrin, si renommé
dans l'antiquité pour ses huîtres, a été comblé en
grande partie par le soulèvement du Monte-Nuovo.
Le lac Fusaro (ancien Léthé) a hérité de nos jours
de la célébrité du Lucrin, et occupe comme lui un

cratère éteint; mais, en 1838, les précieux mollusques qu'il nourrit furent tués par des exhalaisons de gaz délétères. Enfin, on trouve encore dans le voisinage des étuves ou fumerolles, où la mofette (acide sulfureux) s'exhale par bouffées avec un bruit de soufflet.

Lorsqu'une fissure volcanique est entrée dans la quatrième phase de son activité, phase où elle semble complétement éteinte, elle n'émet plus les produits volatils que nous venons d'énumérer, et parmi lesquels le chlore et le soufre, à divers états de combinaisons gazeuses, mêlés à de la vapeur d'eau, jouent le principal rôle; mais elle continue à émettre, et souvent pendant des siècles, des émanations d'acide carbonique sans élévation de température. La fameuse *grotte du Chien*, près de Naples, déjà signalée par Pline comme une des merveilles de son temps, est bien connue de tous nos lecteurs. On sait que l'acide carbonique, gaz impropre à la combustion et à la respiration, étant plus lourd, sort des fissures du sol de la grotte, et s'accumule à la partie inférieure à une certaine hauteur : un homme peut s'y tenir impunément debout; mais un chien, se trouvant entièrement plongé dans l'atmosphère mortelle à cause de sa petite taille, ne tarde pas à expirer dans les convulsions d'une agonie violente; de même une bougie, tenue à la main, demeure allumée; mais si on l'abaisse, elle s'éteint aussitôt.

Cette grotte est devenue extrêmement célèbre ; mais elle ne constitue pas le seul cas du même genre, et il y en a d'autres beaucoup plus remarquables. On cite, aux environs de Java, la solfatare éteinte nommée *Guevo-Upas* ou la *Vallée-du-Poison :* c'est un ancien cratère de huit cents mètres de diamètre,

constamment rempli d'une puissante couche d'acide
carbonique. Tous les êtres vivants qui pénètrent dans
ce domaine empesté y trouvent subitement la mort. Et
pourtant rien n'est plus riant que cette vallée mau-
dite, l'acide carbonique donnant à la végétation une
vigueur et un épanouissement qu'elle ne connaît point
ailleurs. Mais malheur à l'imprudent qui s'approche
de ces bords perfides : saisi d'un lourd sommeil, il ne
tarde pas à s'affaisser sur lui-même, et son cadavre
va rejoindre les ossements blanchis des tigres et des
daims dont les squelettes couvrent le sol.

L'acide carbonique est aussi extrêmement abondant
dans tous les terrains volcaniques de l'Auvergne,
quoique les volcans de cette région soient éteints au
moins depuis la période historique, et il suffit de
remuer les tas de lapilli qui se trouvent en abondance
aux environs de Clermont, pour déterminer des dégagements prodigieux de ce gaz. On en a eu un exemple
bien remarquable lorsqu'on a rouvert les mines de
plomb argentifère de Pontgibaud, déjà exploitées
par les Romains, et peut-être abandonnées par eux
à cause de ces émanations mortelles. L'ingénieur
habile, M. Fournet, qui fut chargé de remettre en
état ces anciennes exploitations, eut souvent à lutter
contre ces dégagements de gaz qui se produisaient
parfois avec une abondance extraordinaire et une
puissance explosive. Des jets d'eau s'élançaient à de
grandes distances dans les galeries de la mine, en
sifflant violemment comme la vapeur qui s'échappe
de la chaudière d'une locomotive. L'eau remplissait
un puits abandonné de l'exploitation : le gaz chassa
l'eau par sa force expansive, la déversa au dehors,
et, se déversant lui-même en nappe sur la prairie

comme une véritable inondation, asphyxia un cheval et une troupe d'oies. Lorsque l'éructation gazeuse se produisait, les mineurs étaient obligés de s'enfuir en toute hâte, et de se tenir droits dans leur fuite, pour n'être pas être atteints par ce torrent invisible et pourtant mortel.

Quelle peut être l'origine de tous les produits volatils émis par les fissures volcaniques? L'étude de ces substances fournit des preuves très-fortes à l'appui d'une ancienne théorie des volcans, énoncée depuis longtemps, mais toujours abandonnée faute de raisons suffisantes pour la soutenir. Dès qu'on a connu le phénomène de la chaleur centrale; dès qu'on a su qu'à une petite profondeur au-dessous de la surface de la terre il devait exister une nappe de matière en fusion, on a eu l'idée de regarder les laves comme n'étant pas autre chose qu'une très-petite portion de cette matière chassée au dehors à travers les fentes de l'écorce terrestre. On supposait, et non sans raison, que l'eau infiltrée dans les profondeurs du sol, emprisonnée par des obstructions accidentelles et réduite en vapeur à une température fort élevée, produisait une épouvantable pression, et devenait l'agent qui brisait le sol et amenait l'expulsion du fluide igné. La situation ordinaire des volcans au voisinage des mers ou des lacs salés avait même fait penser que l'eau infiltrée devait être de l'eau de mer. De là l'origine du chlorure de sodium et de l'acide chlorhydrique dans les émanations volcaniques. Quant au soufre, il provient, sans aucun doute, de la réduction des sulfures métalliques qu'on rencontre en abondance dans le sein de la terre, le soufre étant le grand *minéralisateur* par excellence. Pour l'acide carbonique, on

peut en trouver la source, soit dans la réduction par
la chaleur du carbure de fer, soit dans la décomposition du carbonate de chaux.

Après les produits gazeux, les sources d'eaux thermales constituent un autre phénomène secondaire
des terrains plutoniques. En effet, ces eaux, d'une
température plus ou moins élevée, sourdent toutes
des terrains qui doivent leur naissance à l'action du
feu central, et il n'est pas douteux qu'elles ne soient
en communication plus ou moins directe avec un
foyer volcanique et qu'elles ne s'échappent par une
de ces nombreuses fissures à travers lesquelles la matière en fusion s'est fait jour. Dans leur trajet souterrain, elles rencontrent, à l'état de sublimation ou de
dépôt, une foule de produits rejetés par les éruptions,
et, grâce à leur haute température, elles les dissolvent
et se chargent de ces principes minéralisateurs. Telle
est l'origine des eaux minérales naturelles, que l'on
divise en quatre classes, selon les substances qu'elles
tiennent en dissolution : eaux salines, eaux alcalines,
eaux ferrugineuses et eaux sulfureuses.

D'après leur température, on peut dire approximativement de quelle profondeur viennent les eaux thermales, la chaleur de l'écorce terrestre croissant avec
la profondeur. Les substances minérales qu'elles retiennent nous disent aussi si elles viennent d'une région où la force volcanique est dans la seconde, dans
la troisième, ou dans la dernière phase de son activité.
Quelques-unes de ces sources ont une température
fort élevée. M. de Humboldt a trouvé, près de Va-
lence en Amérique, une source marquant 90 degrés.
M. Boussingault a observé, dans la même partie du
monde, trois sources étagées à des hauteurs diffé-

rentes, et dont la chaleur variait avec l'altitude : celle
de Trincheras, presque au niveau de la mer, était à
97 degrés, c'est-à-dire presque bouillante; celle de
Mariana, qui se montre à 676 mètres de hauteur, avait
64 degrés; et celle d'Onoto, à 702 mètres d'altitude,
45 degrés seulement. Le capitaine Burton a visité en
1860, dans l'Utha (Amérique du Nord), les eaux thermales sulfureuses situées près de la Ville-des-Saints,
capitale du pays des Mormons. Une nappe abondante
s'échappe du roc avec une température capable de
cuire un œuf, et forme un petit lac où elle conserve
encore une chaleur de 50 degrés. Le Roto-Mahana,
dans la Nouvelle-Zélande, est un lac d'eau bouillante d'où s'élèvent continuellement des colonnes de
vapeur d'eau, et où l'on entend sans cesse le bruis-
sement de la surface liquide.

Mais le plus curieux spectacle que présentent les
sources thermales est celui que nous offrent les *geysers*, ou volcans d'eau bouillante de l'Islande. Ces
sources chaudes intermittentes se trouvent, au nombre de près d'une centaine, sur un point de la partie
sud-ouest de l'île, dans un cercle de trois kilomètres
de diamètre. Elles jaillissent à travers un épais courant de lave qui doit probablement son origine au
mont Hécla, dont on aperçoit le sommet depuis les
geysers, c'est-à-dire d'une distance d'environ cinquante kilomètres. Dans toute cette région, le bruit
occasionné par le mouvement de l'eau dans des gouffres au-dessous de la surface s'entend quelquefois;
car ici, comme sur l'Etna, des rivières coulent dans
des lits souterrains à travers des laves poreuses et
caverneuses, et se mettent, sans aucun doute, en
communication avec des laves brûlantes.

Le *grand Geyser* (ce nom signifie *fureur*) jaillit
d'un vaste bassin situé au sommet d'un monticule
circulaire formé exclusivement d'incrustations siliceuses que les eaux déposent à l'état de gélatine en
s'évaporant rapidement, et qui ne tardent pas à acquérir une extrême dureté. La source thermale a ainsi
bâti elle-même son puits dans le cours des siècles, et
elle continue chaque jour à en exhausser les bords en
forme de tertre circulaire. Ce bassin a environ quinze
mètres de diamètre : on voit au centre un conduit vertical, dont la profondeur, mesurée perpendiculaire-
ment, est de vingt-quatre mètres sur trois de largeur.

Le jet d'eau bouillante n'est pas continuel ; il n'est
qu'intermittent, c'est-à-dire qu'il arrive à des intervalles irrégulièrement espacés. Au moment de chaque
éruption, le bassin est complétement rempli d'une
eau limpide en ébullition ; un bruit souterrain, comparable à des décharges d'artillerie dans le lointain, se
fait entendre de temps en temps, et le mouvement
des eaux devient de plus en plus violent. Tout à coup
une immense colonne d'eau chaude jaillit de l'orifice,
s'élance en fureur sous la forme d'une énorme gerbe,
et monte jusqu'à la hauteur de cinquante à soixante
mètres, entraînant avec elle les pierres qu'on a lancées dans le bassin. Puis la gerbe écumante diminue
d'ampleur, s'abaisse, fait un dernier effort avec une
dernière explosion, retombe inerte sur elle-même, et
se tait ; une haute colonne de vapeur sort du puits
avec des sifflements, et le bassin se montre de nouveau vide et complétement à sec, pour entrer bientôt
dans une nouvelle phase d'éruption suivie d'une nouvelle période de repos. On peut déterminer à volonté

Geyser d'Islande

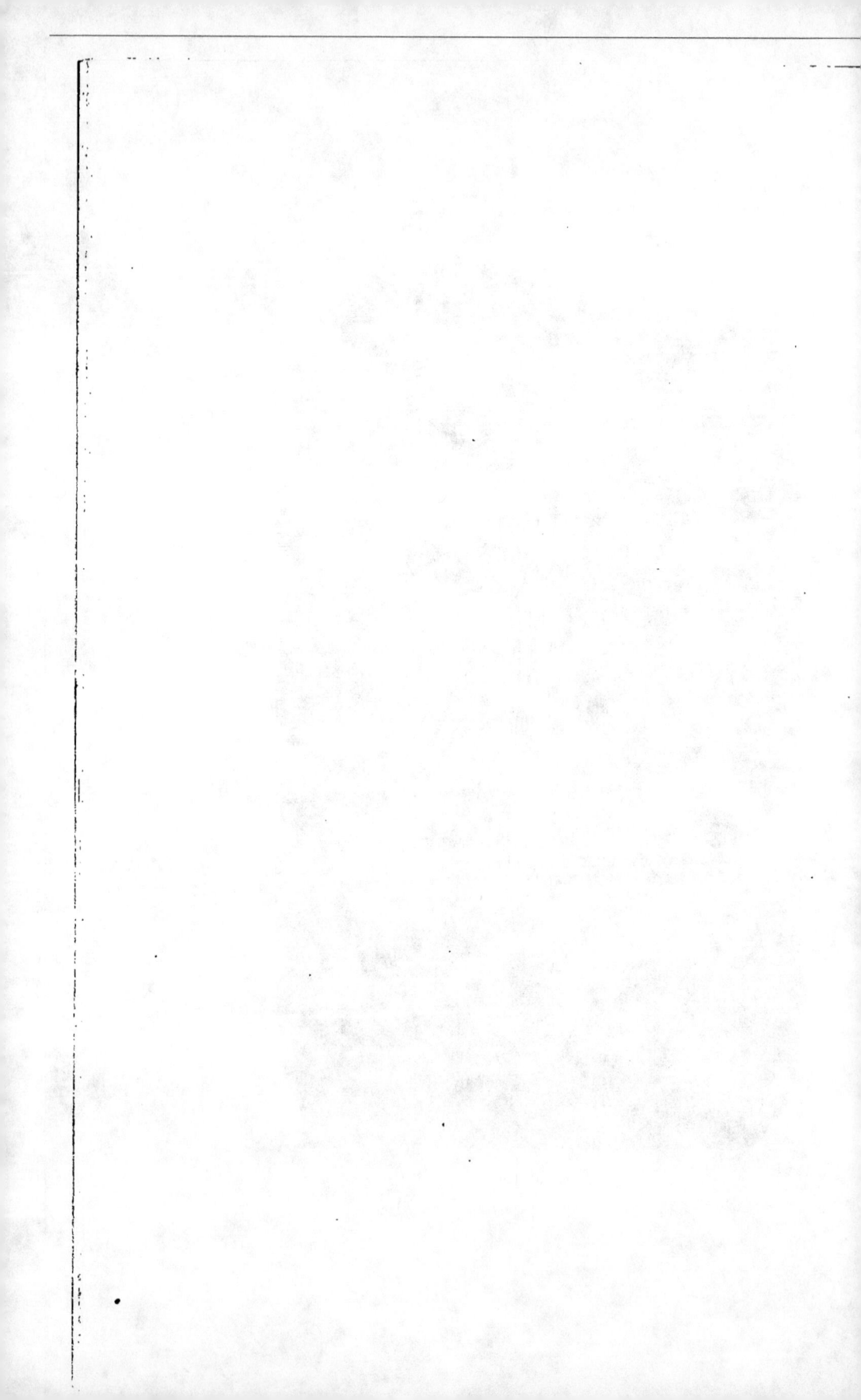

une nouvelle explosion du volcan liquide, en jetant des pierres dans le cratère.

Plusieurs explications ont été proposées pour rendre compte du jeu régulier de cette fontaine intermittente. Sir John Herschel a prétendu qu'on peut produire en petit une imitation de ces jets, en chauffant à la température de la chaleur rouge le tuyau d'une pipe, et en remplissant d'eau le fourneau de cette pipe que l'on incline de manière à faire pénétrer l'eau dans le tuyau. Au lieu de sortir paisiblement par un courant continu, l'eau s'échappe par une suite d'explosions violentes accompagnées d'un dégagement de vapeur, la vapeur formée en quelques points du tuyau chassant devant elle l'eau qui l'emprisonne. Pour appliquer cette expérience à l'interprétation des *geysers,* il suffit de supposer qu'un courant souterrain rencontre dans sa marche une fissure dans laquelle la roche soit à la température de la chaleur rouge. Dans ce cas, il y aura immédiatement formation d'une grande quantité de vapeur, et cette vapeur, en s'échappant, entraînera avec elle un certain volume d'eau jusqu'à la surface; puis, après la condensation de la vapeur, il y aura un nouveau temps de calme bientôt suivi d'une nouvelle éruption.

Lyell a émis une autre théorie qui ne manque pas de vraisemblance. Il suppose que des courants d'eau froide pénètrent par des fissures superficielles dans une cavité souterraine, en même temps qu'une certaine quantité de vapeur, aussi chaude que celle qui se dégage des laves en fusion, y pénètre par des fissures plus profondes; cette cavité communique avec le dehors par un canal plus ou moins vertical. Une partie de la vapeur, amenée des profondeurs du sol,

se liquéfie d'abord en élevant la température de l'eau
du réservoir par la chaleur latente qu'elle lui abandonne, jusqu'à ce que le réservoir soit rempli d'eau
bouillante ; alors la vapeur s'accumule sous une
énorme tension dans la partie supérieure de la cavité ;
la force élastique de la vapeur devient bientôt si considérable, qu'elle chasse toute l'eau du réservoir par
le puits vertical, sous la forme d'un jet puissant d'eau

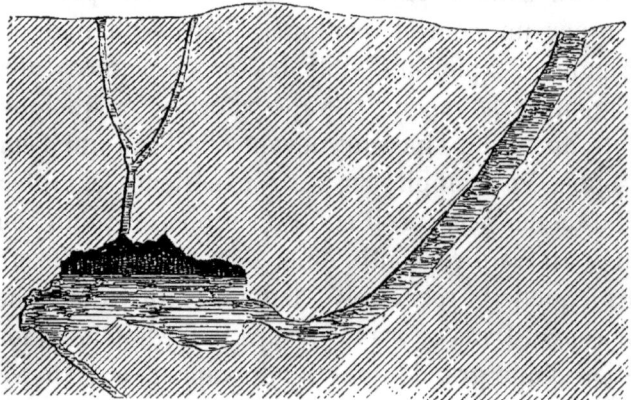

Explication des geysers.

bouillante suivie d'un jet de vapeur brûlante ; puis, la
vapeur ayant ainsi perdu son élasticité, le phénomène
d'éruption cesse pour recommencer bientôt, lorsque
les mêmes circonstances qui l'ont déterminé se re-
nouvellent dans le réservoir. La même théorie, légèrement modifiée, peut servir à expliquer par quelle
force les laves montent dans le cratère des volcans.

M. Bunsen a présenté une autre explication ingénieuse du phénomène. On sait que le point d'ébullition de l'eau varie avec la pression qu'elle supporte.

Or M. Bunsen a trouvé moyen de recueillir de l'eau du *geyser* à différentes profondeurs, et il s'est assuré que la température de cette eau est inférieure à son point particulier d'ébullition, eu égard à sa pression; ainsi, par exemple, à neuf mètres du fond, l'eau a 122 degrés de chaleur, tandis qu'à cette profondeur elle ne pourrait bouillir qu'à 124 degrés; un peu plus haut, sous une moindre colonne de liquide, l'ébullition aurait lieu à 120 degrés. Ceci établi, M. Bunsen suppose qu'une force intérieure, la vapeur qui se dégage des canaux souterrains, soulève légèrement la colonne liquide du puits, et amène l'eau à 122 degrés en un point où elle entrerait en ébullition à 120 degrés. Que se passe-t-il alors? L'eau, subitement transportée en un lieu où sa température dépasse de deux degrés le point local d'ébullition, entre aussitôt en vapeur, et soulève la colonne qui la surmonte; le même phénomène se reproduit pour les autres portions de la colonne liquide, et par les mêmes raisons. Il arrive ainsi que tout le tube peut soudainement entrer en ébullition, et l'eau être projetée entièrement au dehors en jets verticaux, suivis d'un abondant dégagement de vapeur. D'après cette théorie, le grand *geyser* cessera de jaillir, quand le tuyau d'ascension qu'il se bâtit incessamment aura atteint une certaine élévation.

Outre l'expulsion des produits aériformes et des produits liquides, les volcans présentent encore un troisième phénomène d'ordre secondaire : nous voulons parler des éruptions de boue. Les gaz qui s'échappent des orifices volcaniques, anciens ou récents, à une haute température, toujours mêlés à de la vapeur d'eau, attaquent vivement les rochers avec les-

7

quels ils sont en contact, les désagrégent, les dissolvent et les réduisent en pâte liquide, en formant de
tous ces débris des composés de toute espèce. Ce
phénomène se passe dans toutes les solfatares; et,
quand on les visite, il faut se mettre en garde non-seulement contre les émanations gazeuses, dangereuses
ou mortelles, mais encore contre le péril de choir dans
des masses de matières boueuses très-échauffées.
Ces matières, opposant un obstacle à la sortie du gaz,
sont souvent expulsées par la force élastique des vapeurs, et il se produit ainsi, non plus des éruptions
de laves brûlantes, mais des éruptions de boues
fétides. Nous avons déjà eu l'occasion de citer à ce
sujet les éruptions boueuses des volcans de Java et
de Quito.

Indépendamment de ce phénomène volcanique, on
constate en beaucoup de localités, souvent assez éloignées des volcans, des déjections semblables dues à
des dégagements abondants d'hydrogène carboné et
de vapeur d'eau : c'est ce qu'on nomme *volcans d'air,
volcans de boue,* ou *salses,* à cause de la présence du
sel dans les produits de ces éruptions.

Les matières ainsi rejetées s'accumulent en cônes,
tout comme les déjections volcaniques, et il se forme
de petits monticules ayant à leur sommet un cratère
rempli de boue, d'où les gaz se dégagent en grosses
bulles en soulevant une partie du liquide épais qu'ils
traversent. Il y a parfois, sur une petite étendue, une
grande quantité de ces cônes en activité, et quelques-
uns d'entre eux atteignent sept à huit mètres de hauteur. Quelquefois cette réunion de cônes se trouve à
la pointe ou sur les flancs d'une énorme butte argileuse d'une centaine de mètres de hauteur, évidem-

ment formée par des déjections de même nature, et dont le sommet cratériforme est occupé par un lac de boue en partie desséché. Ces volcans d'air et de boue ne sont point rares : on en cite un grand nombre dans le Modénais, en Sicile, en Crimée, en Amérique, etc.

Il nous resterait à parler des sources de bitume, de naphte et de pétrole, car ces produits dépendent aussi de l'action des forces volcaniques; mais cette étude trouvera plus naturellement sa place dans le chapitre suivant.

VIII

EFFETS INTÉRIEURS DUS AUX FORCES ÉRUPTIVES

Les roches éruptives. — Dikes. — Filons. — Gîtes métallifères.
— Effets mécaniques produits par les roches éruptives. — Effets
chimiques. — Altération des roches sédimentaires au contact
des roches d'éruption. — Terrains métamorphiques. — Sources
de pétrole. — Age relatif des roches éruptives.

Nous ne nous sommes occupé jusqu'ici que des
phénomènes extérieurs présentés par les volcans;
mais à l'intérieur de la terre il s'accomplit, par l'action des forces volcaniques, toute une série de phénomènes variés, d'une extrême importance, dont il
convient d'aborder l'étude. Dans cette étude, nous
joindrons aux trois espèces de roches volcaniques,
les trachytes, les basaltes et les laves, dont il a été
question jusqu'à présent, toute une autre famille de
roches dont l'origine ignée ne saurait être mise en
doute : nous voulons parler des granits, des por-

phyres, des serpentines et de leurs variétés. Si l'on
examine attentivement ces roches, on voit qu'elles
présentent une texture grenue et cristalline; qu'elles
ne sont jamais stratifiées comme les roches sédimentaires, qu'elles ne renferment aucun fossile, et enfin
qu'elles paraissent ou s'être épanchées en nappes
pâteuses au-dessus des autres formations, ou avoir
été injectées des profondeurs du globe à travers les
fissures de l'écorce terrestre. Un grand nombre de
faits démontrent l'état de fusion ignée de ces roches
au moment de leur apparition : nous allons en passer
quelques-uns en revue, et, par la comparaison des
phénomènes volcaniques actuels avec les phénomènes
éruptifs anciens, démontrer la continuité des mêmes
causes géologiques.

Avant d'entrer dans cette comparaison, il importe
de dire un mot de ces roches, que l'ancienne école
géologique appelait *plutoniques*, à cause de leur origine ignée, et que de nos jours on appelle *éruptives*,
à cause de leur mode de formation.

Le granit est une roche massive essentiellement
composée de trois éléments cristallins, quartz, feldspath et mica, agglomérés en masses granuleuses et
agrégés avec plus ou moins de force. Les différences
de composition, de couleur ou de proportion dans
ces trois éléments introduisent diverses variétés de
granit. Lorsque le mica prédomine, et que là roche
prend une apparence feuilletée et en quelque sorte
stratifiée, on a du *gneiss :* tantôt le gneiss paraît n'être
que du granit laminé par suite des pressions dont il a
subi l'influence, soit en coulant, soit en s'injectant
dans les autres roches; tantôt il est le produit de
l'infiltration capillaire de la pâte du granit entre les

feuillets du micaschiste. Quand le mica est remplacé par l'amphibole, on a de la *syénite*, roche très-abondante en Égypte, près de la ville de Syènes, qui lui a donné son nom : les grains verts ou presque noirs de l'amphibole, qui rehaussent la couleur rose du feldspath, font de ce minéral une roche très-recherchée pour l'ornementation architecturale. Si le mica cède la place à la chlorite, le nouveau produit s'appelle *protogine*, c'est-à-dire minéral *premier-né*, parce qu'on regardait autrefois cette roche comme la roche *primitive* par excellence, opinion dont l'inexactitude a été reconnue.

On nomme en général porphyre toute espèce de roche compacte qui, dans une pâte ordinairement feldspathique, renferme des cristaux ou des nodules d'une autre substance, et généralement des éléments du mica. Il y en a un grand nombre de variétés minéralogiques. La charmante opposition de couleurs des éléments qui les constituent, leur dureté extrême, l'admirable poli qu'elles sont susceptibles de recevoir, donnent à ces roches une importance architecturale exceptionnelle.

Les serpentines sont des talcs compactes, qui doivent au silicate de magnésie leur structure grasse et onctueuse. Il y en a des dépôts considérables en France et en Italie, et une partie importante des Alpes et des Apennins en est constituée.

Maintenant que nous connaissons, au moins sous leur forme la plus générale, les principales roches éruptives, nous allons indiquer les effets intérieurs qu'elles ont déterminés au moment de leur apparition, en les comparant à ce point de vue avec les roches volcaniques.

Nous avons vu que, lorsqu'une éruption volcanique
se produit, il arrive fréquemment que le sol se déchire en fissures, dont la bouche est à la surface, et
qui se terminent en forme de coin à une profondeur
plus ou moins grande dans le sein de la terre. Si une
coulée de lave rencontre une de ces fentes dans sa
marche, elle y pénètre et la remplit : ce remplissage
se distingue toujours très-nettement de la roche englo-
bante, soit par ses caractères minéralogiques, soit
par sa texture et sa couleur. Si la roche ainsi épanchée dans une fissure est d'une dureté considérable,
elle résiste aux intempéries des saisons ou des agents
météoriques, et pendant que la surface du terrain est
ravinée ou désagrégée, elle continue à s'élever au-
dessus du sol comme une muraille ou une digue, c'est
ce qu'on nomme des *dikes*. On en trouve un exemple
admirable dans le *Val del Bove*, immense dépression
circulaire qui s'ouvre sur les flancs de l'Etna, entourée de hautes falaises verticales que coupent des
milliers de dikes. Quelques-unes de ces dikes se composent de trachyte, d'autres de basalte bleu compacte; leur largeur varie de soixante centimètres à six
mètres et même davantage, et ils font ordinairement
saillie sur la face des falaises. Ils consistent en matériaux plus durs que les strates qu'ils traversent, et, par
suite, se trouvent moins exposés aux effets destructeurs qui décomposent les roches voisines. Quoique
les dikes soient verticaux pour la plupart, quelques-
uns cependant suivent une direction sinueuse à travers les tufs et les brèches. Le mode de formation de
ces dikes par remplissage des fissures du haut en bas
est donc très-facile à comprendre.

Les basaltes, dans tous les pays volcaniques, offrent

Val del Bove. Vue du sommet de l'Etna.

7*

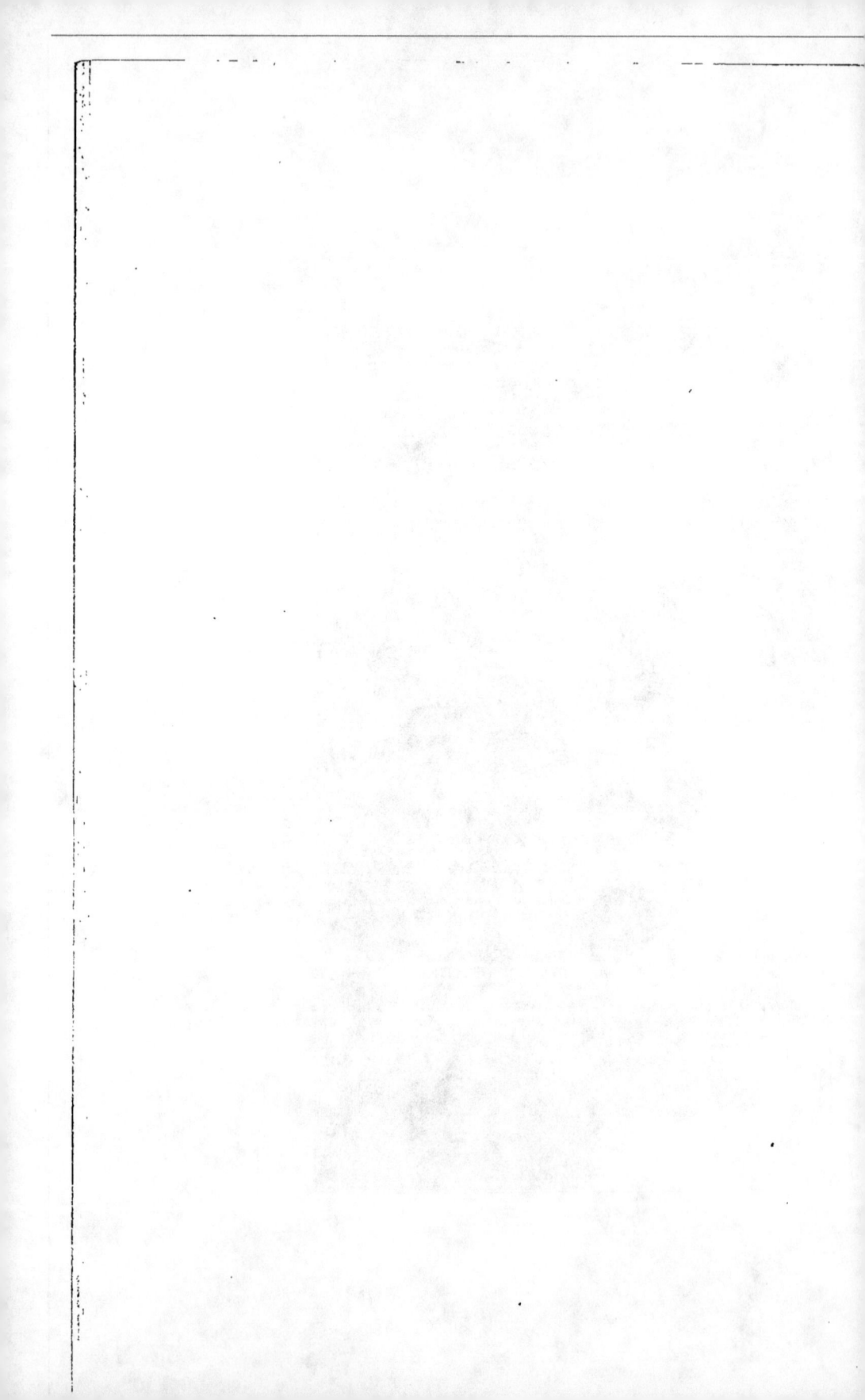

un grand nombre de phénomènes de ce genre. Lorsque
cette roche s'est épanchée à la surface du sol, elle
s'est presque toujours solidifiée en prismes verticaux ;
mais lorsqu'elle a pénétré dans des fissures, elle se
trouve généralement divisée en prismes perpendicu-
laires aux parois de la fente, qui ont joué le rôle de

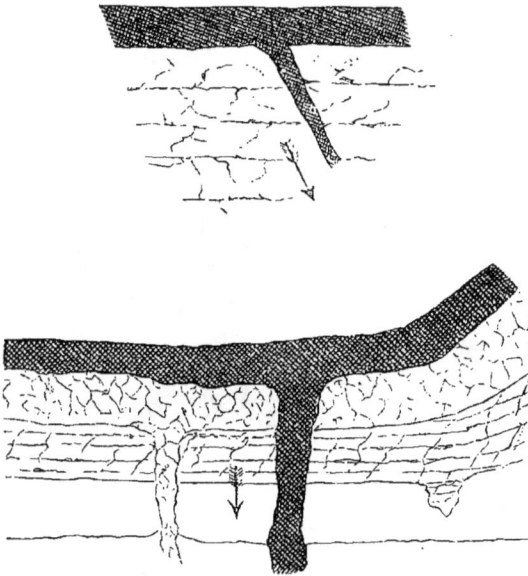

Remplissage de fissures volcaniques de haut en bas.

surfaces de refroidissement. Les trachytes et toutes
les autres roches éruptives se présentent aussi fréquemment sous la forme de dikes.

A l'inverse des dikes, les filons, au lieu de prendre
leur origine à la surface du sol, proviennent des profondeurs de la terre, se divisent et s'atténuent en
montant, envoient des ramifications à droite et à

gauche, et se perdent en coin à leur extrémité supé-

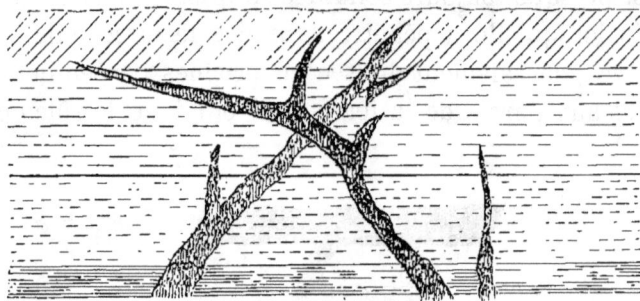

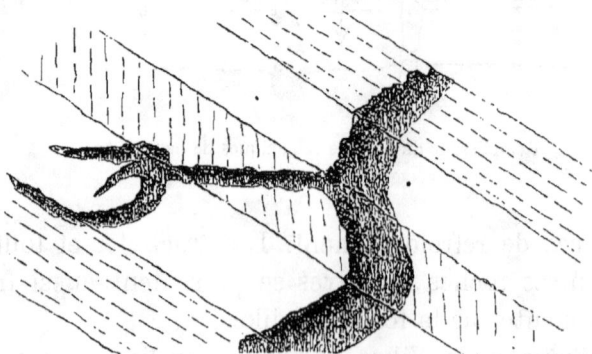

Remplissage de filons de bas en haut.

rieure. Quoiqu'on n'ait jamais pu les suivre assez loin

pour s'assurer qu'en bas ils ne se terminent pas en pointe, on n'en saurait douter; car autrement on ne s'expliquerait pas comment ils ont pu être remplis d'une matière étrangère à la roche environnante. Leur remplissage a donc eu lieu, non par voie d'épanche- ment et en vertu de la pesanteur, mais par voie d'in- jection et sous une pression considérable : quand on voit les ramifications remplies jusque dans leurs extré- mités les plus ténues, on ne saurait douter que la

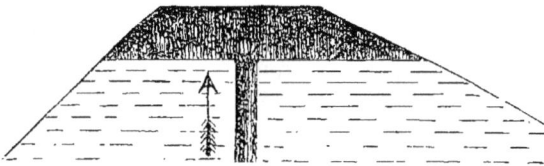

Injection et épanchement d'un filon de basalte.

matière injectée n'ait été extrêmement fluide et sou- mise à une impulsion violente.

On peut prendre une idée complète de l'origine et de la formation des filons en étudiant dans le Vivarais, près de la petite ville de Montpezat, un grand foyer d'éruption basaltique. Là, au bout d'un étroit défilé ouvert violemment, on rencontre un cirque aux parois abruptes, offrant à l'intérieur trois cônes de déjection. Le granit, qui constitue l'ossature générale de la con- trée, est fissuré et fendillé dans tous les sens, et toutes les crevasses sont pénétrées par des filons basaltiques jusque dans les plus petites fissures, ce qui prouve à la fois la fluidité du basalte et la force de la pression par laquelle il a été injecté. L'un des plus gros filons s'est même fait jour au dehors, et si l'on en suit la di-

rection, on ne tarde pas à remarquer qu'il s'est épan-
ché sous forme de nappe superficielle, et qu'il sort
évidemment du granit. Ici le granit a offert une certaine résistance à la rupture de sa masse; mais des
roches moins fortement constituées, des calcaires,
par exemple, ont été tellement fendillées par l'action
souterraine, que sur un échantillon de cabinet on
rencontre fréquemment plusieurs couches alternatives de calcaire et de basalte, et que même le basalte
semble y prédominer.

Le granit et les autres roches éruptives se compor-
tent exactement de la même manière que les basaltes.
Des centaines d'observations faites dans toutes les
contrées nous les montrent, non-seulement à la base
des autres terrains et les supportant, mais encore les
pénétrant par mille crevasses, s'injectant dans leurs
couches par mille fissures, et enfin s'épanchant en
nappes au dehors et couvrant d'un manteau massif
des formations plus anciennes. Dans cette pénétration
des roches sédimentaires par les roches éruptives, il
est arrivé fréquemment que des fragments anguleux
des premières ont été englobés dans la pâte demi-li-
quide des secondes, et ont formé une sorte de brèche.

Les filons présentent un intérêt tout particulier au
mineur, parce que c'est là qu'en général se sont déposés les métaux, au point de contact de la couche
sédimentaire et de la couche ignée, point qui, étant le
plus froid de la masse, a déterminé la sublimation des
vapeurs métalliques. Il paraît donc très-vraisemblablé
que les gîtes métallifères ont la même origine que les
filons pierreux, et proviennent, par voie d'injection, de
l'immense réservoir central. Les filons métalliques
ont d'ailleurs la plus grande analogie avec les filons

pierreux : on les voit naître ensemble, se suivre parallèlement, se couper, réagir les uns sur les autres, déterminer mutuellement des failles dans leur masse,
se substituer réciproquement les uns aux autres : on
voit, par exemple, dans les mines de Pontgibaud, en
Auvergne, les mêmes filons être tantôt métalliques
(plomb argentifère), et tantôt granitique. M. Fournet,
le savant professeur de la Faculté des sciences de

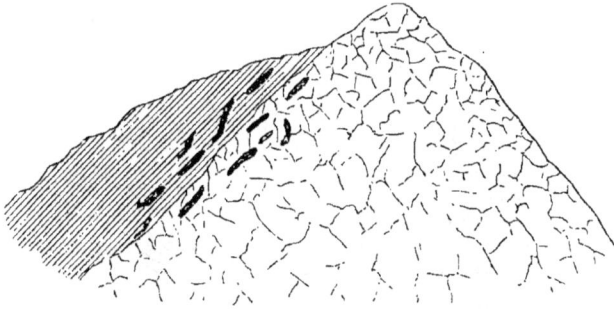

Liaison des filons métalliques et des filons pierreux.

Lyon, qui a fait une étude approfondie de cette question, a de plus remarqué que les filons suivent constamment les grandes lignes de dislocation de l'écorce
terrestre : ce fait important, qui rattache l'apparition
des gîtes métallifères à l'action ignée, peut s'observer
en Auvergne, où les principaux filons sont parallèles
à la grande faille marquée par la chaîne des Puys. C'est
de cette manière que se sont formés les amas métalliques de plomb argentifère, d'étain, de sulfure de
cuivre, de fer magnétique, dans lesquels la masse
principale consiste en granits, en porphyres, en roches
éruptives diverses au milieu desquelles sont dissémi-

nés les gîtes métallifères. Quand une fois le mineur
a entamé un filon, il doit donc le suivre avec persévérance, n'attaquer jamais la roche enveloppante, ne
point se rebuter de l'appauvrissement accidentel qu'il
rencontrera dans la matière exploitée, et creuser son
chemin dans toutes les sinuosités du filon, jusqu'à ce
qu'il soit arrivé à la pointe supérieure de la matière
injectée.

Ces injections de matière à l'état incandescent à

Plissement des couches sédimentaires.

travers les roches ne se sont pas produites, on le comprend sans peine, sans déterminer des effets mécaniques importants, dont la forme varie avec la nature
et la flexibilité des couches traversées et comprimées.
Les strates sédimentaires ne se déchirent pas toujours
sous l'effort des actions éruptives, et dans beaucoup
de cas il y a plissement ou contournement des lits sans
dislocation. Les montagnes du Jura nous en offrent de
curieux exemples : on y remarque de véritables ondulations, composées alternativement de crêtes rele-
vées et de vallées ou de dépressions. Ailleurs, les
roches schisteuses particulièrement, qui, à une certaine période de leur histoire, étaient à l'état pâteux,

ont subi des plissements intérieurs très-prononcés, comme si elles avaient été comprimées latéralement en sens inverse, et forcées de se replier sur elles-mêmes. Si la roche était plus résistante, comme dans les grès houillers traversés par des veines de charbon, le plissement s'est fait à angles brusques, dont les côtés sont ramenés les uns sur les autres comme les lames brisées d'un parquet. Les houillères de Mons, en Belgique, sont surtout très-remarquables sous ce rapport.

Plissement à angles brusques des couches sédimentaires.

Ces effets mécaniques ne sont dus qu'à l'énorme pression exercée de bas en haut ou latéralement par les matières éruptives ; la haute chaleur apportée par ces matières, et communiquée aux couches sédimentaires, a déterminé dans ces dernières des modifications chimiques du plus haut intérêt, et dont l'étude va nous expliquer l'origine d'une série extrêmement considérable de roches.

Si l'on examine attentivement l'état des roches sédimentaires en leur point de contact avec les filons

éruptifs, on ne tarde pas à y constater des altérations
singulières qui ne pénètrent pas à une très-grande profondeur dans la masse, et dont l'intensité va toujours
en décroissant à mesure qu'on s'éloigne de la roche
ignée. Ainsi, par exemple, les couches charbonneuses
sont évidemment brûlées, dépouillées de leur bitume,
transformées en coke, tout comme les houilles dans

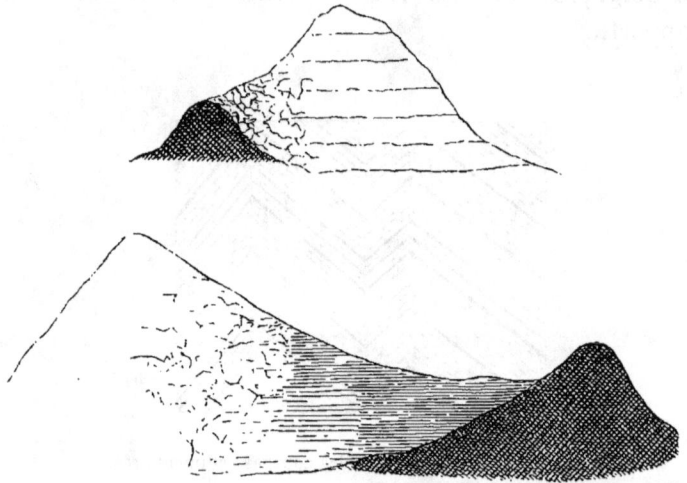

Altération des roches sédimentaires par les roches éruptives.

nos fourneaux industriels : preuve évidente qu'elles
ont subi une haute température. Des calcaires terreux,
compactes et grossiers, sont convertis en calcaires
saccharoïdes et cristallins, tout comme si les molécules, soumises à une demi-fusion par l'action d'un
feu violent, s'étaient groupées confusément sous les
lois d'une cristallisation un peu troublée; ailleurs la
masse calcaire, intimement pénétrée de magnésie,
passe à une *dolomie* véritable, qui se distingue du reste

de la roche par sa lente effervescence dans l'acide azo-
tique; en d'autres points, le calcaire devient du gypse,
comme on le voit dans certains cirques des Alpes.
Dans tous ces cas, l'acide carbonique n'a point disparu
par l'action de la chaleur, à cause de l'énorme pression qu'il supportait : ce fait ne doit point surprendre;
car sir James Hall, en soumettant à une forte chaleur
de la craie ordinaire dans un tube de fer, la trans-
forma en un beau marbre blanc sans la décomposer,
et de plus il démontra qu'il suffit de la pression d'une
colonne d'eau de six cents mètres, équivalente à celle
d'une colonne de lave de deux cents, pour empêcher
le dégagement de l'acide carbonique dans un calcaire
fortement échauffé. Notons, comme un point important, que, dans ce cas de transformation des roches
sédimentaires, les fossiles disparaissent ou ne laissent
que de légères empreintes, pendant que leur matière
organique imprègne de bitume fétide la masse environnante, fait qu'on observe fréquemment dans certains calcaires et dans certains marbres noirs. Ajoutons enfin, pour terminer cette étude des altérations
des roches sédimentaires par l'injection des roches
ignées, que les argiles ont été calcinées et durcies,
transformées en jaspes ou en schistes feuilletés, et
que les grès sont devenus des couches de quartz
grenu.

Le feuilletage des argiles compactes et leur transformation en schistes durcis n'est pas un des faits les
moins curieux au milieu de ces altérations singulières.
On ne saurait pourtant en douter lorsqu'on voit, par
exemple dans les Ardennes ou dans le Forez, les ondulations les plus bizarres et les plus capricieuses des
véritables strates traversés par la structure schisteuse

qui n'est nullement altérée par ces mouvements violents de la masse. Dans ce cas, il faut bien admettre
que d'abord une forte pression a troublé l'horizontalité
des strates et déterminé les plissements qu'on y remarque, et qu'ensuite une autre action, l'action ignée,
a provoqué par une demi-fusion le feuilletage de la
roche.

Feuilletage des argiles compactes.

Ces altérations ou plutôt ces véritables métamorphoses des roches par l'injection et l'action des matières ignées ont reçu un nom spécial : c'est ce qu'on
appelle aujourd'hui le *métamorphisme*. Nous l'avons
déjà dit, ces modifications métamorphiques ne pénètrent qu'à une faible distance des roches injectées, et
si on les suit dans la masse, on ne tarde pas à les voir
se dégrader peu à peu, et la roche modifiée passer
insensiblement à son état primitif naturel. Ce n'est
donc là en apparence qu'un phénomène accidentel et
local; mais si on poursuit l'étude de toutes les roches

où l'on remarque des altérations de même nature, on se convainc bientôt que le métamorphisme a joué un rôle considérable, et qu'il faut lui attribuer l'origine de tous les terrains dits de transition.

Cette grande et belle théorie du métamorphisme a été mise en pleine lumière par les savants travaux de Hutton, de Playfair, du docteur Mac-Culloch, de Lyell. Ces habiles observateurs ont montré, en effet, que si l'on part des grauwackes schisteuses (brèches, poudingues et grès des terrains de sédiment les plus anciens), en se dirigeant vers quelque foyer éruptif, on voit les roches sédimentaires devenir de plus en plus cristallines à mesure qu'elles approchent de la roche ignée, et se remplir de substances minérales nouvelles : on les voit ainsi passer insensiblement au micaschiste, du micaschiste au gneiss ou granit feuilleté, et de celui-ci au granit proprement dit, comme pour mieux accuser la liaison et la dépendance réciproque de tous ces terrains. Et, pour que rien ne manque à la démonstration, on aperçoit, au milieu des dépôts de micaschiste et de gneiss, des veines de schiste carburé, de graphite et d'anthracite, tout à fait semblables à celles qu'on observe un peu plus loin dans les grauwackes. De même les grès, à quelque étage qu'ils appartiennent, subissent aussi l'influence du voisinage des granits, et se remplissent, par une sorte de cémentation, de substances diverses qu'ils ne renferment point ailleurs, et qui incontestablement y sont venues après coup.

De cet ensemble de faits on est arrivé à conclure que tous les terrains désignés par l'ancienne géologie sous le nom de *terrains de transition*, les schistes ardoisiers, les grès rouges anciens, les calcaires car-

bonifères, les grès houillers, etc., doivent leur origine
à un immense métamorphisme. On nous objectera
peut-être l'étendue extrêmement considérable de ces
dépôts, et dans beaucoup de cas l'éloignement bien
constaté des roches éruptives qui en auraient provoqué la métamorphose. Cela est vrai; mais il ne faut pas
perdre de vue que la température des roches éruptives était fort élevée, et que l'action a dû s'en faire
sentir pendant une période de temps très-longue, et
se propager fort loin par rayonnement intérieur; il
faut ajouter que ces dépôts étaient beaucoup plus
rapprochés du foyer central, qu'ils n'en étaient séparés
que par une mince couche déchirée par mille fissures,
et que dès l'origine ils furent enveloppés dans un
immense manteau de matière incandescente épanchée; il faut ajouter enfin que des courants thermo-
électriques d'une incalculable puissance durent se développer dans ces masses par suite de la différence de
température, et que ces phénomènes de métamorphoses s'accomplissaient sous une énorme pression.
Des expériences de laboratoire ont démontré que le
peroxyde de fer, les oxydes de chrome, la silice, la
magnésie, la chaux, etc., deviennent volatiles sous
une pression considérable et pénètrent dans la masse
des corps qui les enveloppent : phénomène analogue
à celui de la *cémentation*, par lequel on convertit le
fer en acier. Toutes ces raisons, jointes à l'analogie,
nous permettent donc d'appliquer aux terrains de
transition le nom de terrains *métamorphiques*.

C'est à des actions métamorphiques du même genre
qu'il faut attribuer la production des bitumes, des
naphtes et des pétroles, qui se rencontrent constamment, soit dans les régions volcaniques au contact des

laves, soit dans les terrains métamorphiques au contact des roches éruptives. Dans l'un et l'autre cas, les matières charbonneuses enfermées dans le sein de la terre, soumises à une sorte de distillation par l'action de la chaleur intérieure, dégagent ces produits volatils et combustibles. Le docteur Reichenbach ayant distillé de la houille, en retira une huile qui possédait les propriétés physiques et chimiques du pétrole pur et ressemblait à de l'essence de térébenthine; il en conclut que le pétrole était l'huile de térébenthine des conifères du monde primitif, si abondante dans le terrain houiller, et distillée par quelque action ignée. Telle est l'origine des sources de pétrole, si répandues à la surface du globe. En un grand nombre de lieux, en effet, on voit s'échapper des fissures du sol des filets d'un liquide tantôt limpide et transparent comme de l'eau, tantôt noirâtre et visqueux, d'une odeur forte, pénétrante et en général peu agréable, d'une saveur âcre et brûlante, et qui jouit de la propriété de s'enflammer au contact d'un corps en ignition. Souvent une pareille source, allumée accidentellement, continue à brûler pendant des mois et même des années, jusqu'à ce qu'elle soit éteinte par des pluies abondantes. Ce liquide, plus léger que l'eau et ne pouvant s'y mêler, surnage à la surface des mares et des étangs, et donne le spectacle toujours étrange d'une eau qui semble brûler : de là les *fontaines ardentes* des anciens. Hérodote, Pline, Dion, Plutarque, nous en ont parlé avec admiration et ont signalé les sources de pétrole de l'île de Zante, de l'Égypte, de la Campanie, de la Sicile, de Modène et de plusieurs autres points où l'influence volcanique est manifeste. Ces fontaines ardentes, ce feu redoutable qui jaillissait des profondeurs du sol, avaient frappé vivement l'imagination de quelques peuples qui croyaient y voir la manifestation éclatante d'une divinité. Aussi les environs de la mer Caspienne, où ces phénomènes se manifestent sur l'échelle la plus imposante dans les *champs de feu*, ont-ils été le berceau de la religion du feu, qui compta jadis de nombreux adeptes.

De nos jours, c'est surtout l'Amérique septentrionale qui produit les pétroles en immense quantité. Les sources les plus abondantes se trouvent dans la Pensylvanie, au pied des collines boisées qui forment le premier contre-fort du versant occidental des monts Alleghanys, et sur les bords de la rivière de même nom, qui est un des affluents de l'Ohio. Par les procédés ordinaires du forage des puits artésiens, on creuse des trous de sept à quinze centimètres de diamètre, et d'une profondeur qui varie, suivant les lieux, de quinze à cent cinquante mètres ; quand on est arrivé à la couche liquide, on procède au tubage du trou de sonde, puis on y installe une pompe mue à bras ou à vapeur, suivant l'importance de la source. Ces exploitations sont devenues tellement considérables, qu'une nouvelle ville, nommée *Oil-City*, s'est créée en peu de temps sur l'emplacement des puits d'huile minérale, et que les importations de pétrole en Europe se sont élevées, en 1863, à 120,000 hectolitres. Les recherches faites au Canada ont donné des résultats non moins remarquables. Sur le golfe de Saint-Laurent, et dans les environs des lacs Erié, Huron et Ontario, on a trouvé des sources jaillissantes de pétrole, de véritables puits artésiens. En 1861, trois sources du canton d'Enniskillen fournissaient ensemble

5,800 litres en vingt-quatre heures, sans aucun symptôme de diminution prochaine. Bien loin de se ralentir, ces exploitations prennent chaque année une nouvelle importance.

Introduction violente des roches ignées dans les couches sédimentaires, soit par épanchement dans les dikes, soit par injection dans les filons; pénétration des substances métalliques par voie de sublimation, plissement et contournement des strates, métamorphose des roches de sédiment, formation de houille et de pétrole : tels sont les principaux accidents produits à l'intérieur par l'action des forces éruptives.

Ces accidents, d'après leurs divers caractères et l'âge des roches dans lesquelles ils se produisent, nous donnent un moyen de déterminer l'âge relatif des divers dépôts éruptifs. On admet généralement, sans preuves positives, que le granit *ancien* forme l'ossature principale de notre globe, la roche primitive par excellence, sur laquelle se sont déposées toutes les couches postérieures; mais quand on voit le granit et ses diverses variétés surgir à travers les roches sédimentaires et s'épancher sur elles, comment distinguer le granit ancien du granit plus récent? Il faut donc étudier chaque foyer éruptif en particulier; car les phénomènes d'éruption ont pu se renouveler à diverses périodes de l'histoire de notre globe, et déterminer pour chacun d'eux l'époque géologique de l'apparition des matières ignées : on verra ainsi que les roches réputées fort anciennes par la vieille géologie sont relativement assez modernes, puisqu'elles recouvrent jusqu'aux derniers terrains secondaires.

IX

ACTION DES AGENTS MÉTÉORIQUES

Altération des roches par les agents météoriques. — Dégradation des hauteurs. — Chutes de montagnes. — Les Diablerets. — Les avalanches. — Éboulement de la vallée de Goldau. — Reconstitution des terrains éboulés. — Le Monte-Conto. — Glissement de terrains. — Effondrement de terrains. — Envahissement progressif des talus.

Deux forces antagonistes sont sans cesse occupées à modifier le relief du globe, mais dans un sens contraire. L'une, dont nous avons étudié jusqu'ici les mouvements et l'influence, tend continuellement à chasser les matières incandescentes contenues dans le foyer central, à les accumuler au dehors sous forme de montagnes coniques ou de coulées, et à exhausser le sol. C'est la force ignée manifestée par les tremblements de terre et les éruptions volcaniques. L'autre, moins énergique en apparence, mais plus générale, abaisse les hauteurs, en entraîne les matériaux désagrégés dans les cavités extérieures de l'écorce terrestre, et marche vers un nivellement universel : c'est la force météorique, qui appelle à son service tous les météores, et surtout le mouvement incessant des eaux. Instruments de destruction et en même temps de reconstruction, ces deux énergies rivales sont en activité continuelle, et c'est à elles qu'il faut demander le secret de tous les changements qui affectent l'extérieur de la terre.

Les agents météoriques, l'air calme, les vents, les variations de la chaleur, la dilatation et la contraction qui en résultent, la sécheresse et l'humidité, l'évaporation et l'imbibition, la gelée, etc., agissent d'une manière différente, mais très-sensible, sur la plupart des substances minérales : il n'en est pas une seule qui n'offre des traces marquées d'altération, et quand, dans les escarpements fraîchement coupés par la main de l'homme, on compare l'intérieur de la roche à la superficie, on constate sans peine un état tout différent de couleur, de structure, de force et d'agrégation. La surface, entamée plus ou moins profondément par les influences atmosphériques, s'exfolie, se désagrége, se réduit en poussière, se fissure, et ouvre à tous les agents destructeurs une route plus libre vers l'intérieur de la masse. L'eau, pénétrant dans toutes les ramifications des fentes, s'insinue au cœur de la roche, s'y congèle pendant les grands froids, s'y dilate avec une irrésistible force d'expansion, détermine de nouvelles fissures plus profondes, et mine ainsi peu à peu l'ennemi qu'elle se propose de vaincre. Tant que le froid continue, toutes les parties, cimentées en quelque sorte par la glace, tiennent bon ; mais au dégel tout se divise et tombe en écailles, et ce phénomène se répète presque tous les jours dans les hautes montagnes. On y voit presque à chaque heure du jour, par suite des variations atmosphériques, des blocs plus ou moins volumineux se détacher des cimes, rouler sur les pentes en entraînant d'autres blocs, provoquer parfois de véritables avalanches de pierres, et se précipiter dans les vallées. Là les débris s'accumulent en *cônes d'éboulement*, continuent à subir les influences météorologiques, se dissolvent peu à peu, et forment de nouveaux terrains, jusqu'à ce que les torrents nés de la fonte des neiges les charrient dans les lacs ou dans la mer.

Au premier coup d'œil ces phénomènes paraissent peu importants; mais si l'on réfléchit qu'ils se reproduisent chaque jour avec constance, on sera convaincu qu'à la longue ils doivent amener des effets très-sensibles. Depuis quatre siècles, la Suisse pastorale a déjà pu constater les inconvénients économiques qu'entraîne cette dégradation quotidienne des hauteurs par tous les agents météoriques. Dans ce pays, la propriété ne saurait être constituée individuellement comme dans les plaines, et les pâturages d'été, assis sur les pentes les plus élevées des monts, ne peuvent être exploités qu'en commun, aucun particulier n'étant assez riche pour y mettre le nombre de bêtes nécessaire pour en consommer l'herbe pendant les trois mois de la belle saison. Par une longue expérience on sait que tel pâturage, par exemple, peut nourrir tant de têtes de bétail, et la propriété ne s'applique qu'au droit d'y mettre, en commun avec les coassociés, une ou plusieurs têtes. Or on constate aujourd'hui que ces pâturages, envahis sans cesse par les blocs qui éboulent des cimes voisines, ne peu-

vent plus nourrir autant d'animaux qu'ils en nourrissaient autrefois, et les parts indivises de têtes de bétail qui expriment la propriété ont dû subir une perte
proportionnelle. Il y a là, pour la Suisse, une menace d'ordre économique plus grave qu'il ne semble;
car, dans les régions alpestres à pâturages, tout le régime des exploitations pastorales repose uniquement
sur l'équilibre entre les prés à faucher, donnant le four-
rage nécessaire pour nourrir le bétail à l'étable pendant
six mois d'hiver, et les prés à pâturer, où l'on met
les troupeaux pendant la belle saison. La dégradation
des hauteurs, en diminuant la surface des seconds,
trouble cet équilibre, et porte une sérieuse atteinte à
la richesse pastorale de la Suisse.

Ces phénomènes d'éboulement ne sont pas toujours
aussi pacifiques, et de temps en temps ce ne sont plus
seulement des blocs isolés, ce sont des montagnes entières qui s'écroulent, ensevelissant sous leurs débris,
confusément entassés, des milliers d'hommes, des villages florissants, des champs fertiles, de riantes contrées. Les historiens de la Suisse ont compté quatorze
catastrophes de ce genre dans l'intervalle des quatre
cents dernières années. La plus anciennement connue
est de 563, et deux contemporains, Marius, évêque
d'Avenches, et Grégoire de Tours, en ont fait mention.
La haute montagne de Tauretunum, dans le Valais,
sur les bords du lac de Genève, s'écroula subitement,
et l'énorme accumulation des débris forma dans le
Léman, profond en cet endroit de cent soixante
mètres, un promontoire qui s'élève au-dessus des
flots. Les ravages produits par cette chute s'étendirent au loin. Les eaux du lac, violemment refoulées,
envahirent tous leurs rivages, détruisirent tous les

bourgs qui les couvraient, et inondèrent même, par-
dessus ses remparts, la ville de Genève, située à cin-
quante-six kilomètres de distance. Aussi ne voit-on
sur les bords du Léman aucun village antérieur au
VIᵉ siècle.

La chute des Diablerets, montagnes situées entre
le Valais et le canton de Vaud, nous a été racontée
avec un incident très-dramatique. Cette chaîne se hé-
rissait autrefois de cinq pics audacieux : il n'en sub-
siste plus que trois. Le 23 septembre 1714, après un
bruit souterrain qui avait duré plusieurs jours et fait
fuir d'épouvante tous les habitants du voisinage, une
de ces dents se brisa, roula en éclats énormes dans la
vallée, couvrit une lieue carrée de terrain de roches
fracassées, et transporta des blocs jusqu'à deux lieues.
En ce moment, un berger du village d'Aven travaillait
dans un chalet solitaire, bâti sur la pente de la montagne, au pied d'un rocher contre lequel vint s'arc-
bouter, en forme de voûte, un bloc détaché de la masse
écroulée. Ce rempart le sauva. La montagne passa en
roulant sur sa tête avec un bruit affreux, entassant
sur lui une colline de pierres, de bois, de terre et de
gravier. Le malheureux pâtre ne se découragea point.
Quelques fromages le nourrirent; un filet d'eau qui
suintait à travers les ruines le désaltéra. Perdu dans
les entrailles de la terre, privé de jour, sans outils, ne
sachant quelle direction suivre, il travailla à sa déli-
vrance, on pourrait presque dire à sa résurrection.
Enfin, à force de ramper parmi les décombres, de
gratter avec ses ongles, de chercher une issue, après
avoir mille fois espéré et mille fois désespéré, après
s'être perdu cent fois dans la nuit éternelle des laby-
rinthes qu'il s'était vainement frayés, il revit la lu-

mière, dont ses yeux ne pouvaient soutenir l'éclat. Il revint dans son village, pâle, exténué, couvert de lambeaux souillés, plus semblable à un spectre qu'à un homme vivant, et ses parents les plus proches hésitaient à le reconnaître. Il demanda combien de temps il avait passé dans son sépulcre, car il ne le savait pas lui-même, et il apprit qu'il y était resté trois mois !

Plus redoutables encore que les éboulements de montagnes sont les avalanches, phénomène le plus terrible et le plus grandiose de la nature alpestre. On sait en quoi elles consistent. Lorsque la neige commence à se fondre, l'eau pénétrant dans la masse et suintant à la surface des rochers, les rend glissants et détruit l'adhérence de la couche neigeuse qui les couvre : alors la masse entière glisse subitement sur ces pentes rapides, et, annonçant sa chute par un grondement sourd pareil au bruit du tonnerre, entraîne tout sur son passage, s'accumule en montagnes énormes, et se précipite dans la vallée avec un affreux ébranlement du sol. L'impétuosité des avalanches est telle, qu'on voit souvent des chalets renversés et des hommes terrassés et étouffés à une distance considérable de la place où le torrent de neige a passé. Aussi dans leurs chutes elles entraînent une multitude de blocs arrachés aux pentes de la montagne, et se creusent de vastes couloirs au milieu des roches les plus dures ; et quand les feux de l'été ont dissipé les dernières neiges des vallées, on aperçoit d'innombrables débris accumulés au pied de la montagne par ces terribles agents de destruction.

L'eau superficielle, qui est la principale cause déterminante de la chute des avalanches, provoque aussi des éboulements de montagnes, en s'infiltrant dans les couches supérieures du sol. Cet effet se produit surtout lorsque le sommet d'une montagne repose, comme il arrive fréquemment dans certains terrains, sur des lits inclinés d'argile : l'eau, arrivant jusqu'à l'argile, la détrempe et la délaie, et l'argile, sollicitée à se mouvoir dans le sens de son inclinaison par l'énorme pression qu'elle supporte, entraîne avec elle tout ce qui la surmonte. C'est ce qui est arrivé au commencement de notre siècle dans la vallée de Goldau, située non loin du lac des Quatre-Cantons, entre les lacs de Zug et de Lowerz. Cette vallée est dominée à l'est et à l'ouest par le Rossberg et le Rigi, montagnes composées de couches alternatives de poudingues très-durs et d'argile, et s'élevant, l'une à onze cents mètres, l'autre à quatorze cents mètres au-dessus de Goldau. L'été de 1806 avait été fort pluvieux, et les deux premiers jours de septembre la pluie ne cessa pas un seul instant. On remarqua de nouvelles crevasses sur le flanc du Rossberg, dans l'intérieur duquel un sourd craquement se fit entendre. Vers le pied de la montagne, le terrain semblait pressé par la couche supérieure, et lorsqu'on y enfonçait une bêche, la bêche se mouvait d'elle-même, comme agitée par une main invisible. Effrayés par ces signes, les animaux s'enfuirent; mais les hommes furent moins sages, et il en resta cinq cents occupés à leurs travaux, pendant que la montagne se disloquait sur leur tête. L'éboulement se fit vers cinq heures du soir, le 2 septembre. A ce moment, deux groupes de voyageurs, séparés par cent pas de distance, côtoyaient la base du Rigi. Les derniers voyaient leurs amis entrer dans le village de Goldau, et ils distinguaient même l'un d'eux montrant à ses

8*

compagnons la cime du Rossberg, à plus de quatre
kilomètres de distance en ligne droite, où se manifes-
tait un mouvement extraordinaire. Ils prenaient une
lunette d'approche pour observer le phénomène,
quand tout à coup des pierres traversent l'air au-dessus de leurs têtes comme des boulets de canon : un
bruit affreux se fait entendre et un nuage de poussière dérobe tout à leurs yeux. C'était la montagne qui
venait de s'écrouler sur quatre kilomètres de longueur, écrasant quatre villages, ensevelissant sous les
débris cinq cents malheureux, et remplissant la vallée
de trente à quarante mètres de décombres sur trois
cents mètres de large. Le lac de Lowerz fut en partie
comblé, et ses eaux, balayant l'île de Schwanau qui
s'élève à vingt-trois mètres au-dessus du lac, allèrent
ravager la rive méridionale. Le dommage causé par
cette catastrophe a été évalué à deux millions et
demi.

Après soixante ans, lorsqu'on parcourt ces lieux dé-
solés, lorsqu'on se promène au milieu de ces ossements gigantesques d'une Alpe abattue, on est encore
épouvanté de l'horreur de ce spectacle. Les rochers
écroulés, entassés confusément comme d'énormes
tumulus, couvrent ce champ de mort sur une lieue de
développement, et chaque pierre cache une sépulture.
Entre ces monticules dépouillés, des flaques d'une
eau croupissante, restes misérables du lac de Lowerz,
étalent un tapis de verdure qui égaie un peu l'affreuse
nudité des décombres. La végétation n'a pu encore
prendre racine sur ce sol dévasté; mais depuis longtemps déjà l'homme, toujours insoucieux du péril, a
relevé sa fragile demeure sur ces rochers mal assis et
entr'ouverts comme des tombes béantes. De même,

Une avalanche

le pâtre des Alpes rebâtit sa chaumière sur la place
qu'ont balayée les avalanches, et l'habitant du Vésuve
laisse à peine refroidir la lave du volcan pour lui con-
fier une nouvelle semence. Un petit sentier se glisse
péniblement au milieu de tous ces débris d'une montagne écroulée; il escalade ces collines mouvantes,
descend sur leurs flancs mal assurés, contourne les
mares, et se perd au fond des ravins et des fondrières.
Et si le voyageur, détournant ses regards de ce spectacle de désolation, les reporte vers le Rossberg, il ne
voit pas sans une secrète épouvante les déchirures
encore vives de la montagne, et la trace des quatre
torrents de pierres qui s'en sont détachés pour envahir Goldau.

Si maintenant nous pénétrons par la pensée dans le
sein de cet amas de décombres, qu'y voyons-nous?
Une réunion confuse d'argiles, de grès, de marnes,
de poudingues, de sables, de blocs énormes, séparés
par des interstices plus ou moins considérables. C'est
l'image la plus complète de l'incohérence, du désordre
et du chaos. Mais laissez faire le temps; laissez agir
les eaux superficielles qui s'insinuent par mille fissures dans ces profondeurs, et y portent le mouvement et l'organisation. Dans quelques siècles, cet
entassement désordonné aura pris une unité, une ho-
mogénéité remarquables. Les argiles, pétries par les
eaux, se seront disposées par lits; les sables et les
menus fragments, charriés par les courants intestins,
auront comblé toutes les cavités et formé de nouvelles couches; les eaux pluviales, dépouillant l'air
de son acide carbonique, auront rongé et dissous le
carbonate de chaux, et transporté dans toute la masse
un véritable ciment calcaire; des blocs anguleux se

seront ainsi agglutinés et auront donné naissance à
des brèches; en un mot, toute cette pâte confuse,
soumise à une nouvelle loi d'agrégation, et intérieu-
rement façonnée par les eaux, formera dans l'avenir
une masse compacte. Et si un jour une tranchée
s'ouvre au milieu de ces ruines, on sera tout surpris
d'y trouver, au lieu du chaos, un ordre nouveau introduit par le remaniment lent, mais continu, de l'ensemble.

Les exemples de ces catastrophes abondent dans
l'histoire des montagnes. Au lieu de nous lancer
dans le récit interminable de ces accidents, bornons-
nous à signaler les faits les plus caractéristiques.

En 1751, un événement de ce genre se produisit en
Savoie, près de Sallanches, sur la route de Chamounix.
Les neiges très-abondantes de l'hiver s'étant mêlées
aux eaux d'infiltration qui minaient depuis longtemps
la montagne, un éboulement se manifesta, et vingt-
cinq millions de mètres cubes de roches tombèrent
dans la vallée de l'Arve. Une immense quantité de
poussière très-fine fut le résultat de cette chute, et
cette poussière mit trois jours à se dissiper. Elle ressemblait tellement à de la fumée, que le bruit se ré-
pandit qu'un volcan s'était ouvert au milieu des Alpes.
Le roi de Piémont envoya sur les lieux, et en toute
hâte, le géologue Donati. Ce naturaliste arriva assez à
temps pour voir les rochers continuer de s'ébouler
avec un fracas terrible.

Mais nous n'avons pas raconté le plus épouvantable
de ces malheurs. On voyait encore, en 1618, dans le
comté de Chiavenna au pays des Grisons, un bourg
charmant et riche qu'on appelait Pleurs, et dont la
tradition attribuait l'établissement à des hommes de

la vallée qui, redoutant pour le village qu'ils occupaient précédemment la chute d'une montagne voisine, avaient bâti au pied du Conto des demeures
nouvelles en *pleurant* leurs pénates abandonnés.
Pleurs, délicieusement situé, était l'entrepôt des marchandises qui passaient d'Italie en Allemagne. La richesse, l'élégance, les plaisirs y régnaient. Tandis que
les habitants se divertissaient, la montagne de Conto,
déserte et sombre, semblait n'attendre qu'un signal
pour tomber sur eux et les engloutir. Vainement leurs
voisins d'Uscion, qui fréquentaient le Conto, s'apercevant qu'il se crevassait et chancelait, les en avaient
averti plusieurs fois depuis dix ans, ces avis étaient
méprisés. Enfin le dernier jour arriva. Ce fut le 30
août 1618. Après cinq jours de pluies abondantes,
le Conto, miné par les eaux, commença à s'écrouler. Les habitants de Pleurs, justement effrayés, se
précipitèrent en foule dans l'église. Pendant qu'ils
priaient, éperdus de terreur, la masse entière du
Conto, arrachée de sa base, se détache avec un fracas
qui ébranle la contrée, entraîne les forêts, les rochers,
les collines, tombe sur le bourg de Pleurs, et l'ensevelit pour jamais avec deux mille cinq cents personnes, un moment auparavant encore pleines de vie
et de joie.

Ces accidents de montagnes ne sont pas toujours
aussi redoutables, et ils se manifestent quelquefois
sous une forme plus calme et presque plaisante. Il
arrive de temps en temps que les lits d'argile, délayés
par les eaux pluviales qui s'insinuent jusqu'à eux, se
précipitent sur les vallées comme un torrent de boue.
Le village de Wæggis, assis au pied du Rigi, fut victime
d'une de ces évacuations le 15 juillet 1795. Détrempée

par les pluies de l'été et par les neiges fondues, une
masse énorme descendit des flancs du colosse, à peu
près au tiers de sa hauteur, en marchant d'un mouvement presque insensible. Un ravin l'arrête quelque
temps dans sa course; mais bientôt, comblant toutes
les cavités et franchissant toutes les hauteurs, l'avalanche de boue descend toujours plus lente, mais irrésistible, vers le bourg de Wæggis. Ce fleuve de fange
occupait une largeur de mille mètres sur douze à
quinze mètres de hauteur. Arrivée au pied des maisons, on voyait cette lave fangeuse s'accumuler, soulever peu à peu les bâtiments, les renverser sur le
flanc et en entraîner les débris dans son cours. Ces
flots de boue s'étalèrent ainsi, et formèrent une nouvelle couche puissante au-dessus des anciens terrains.

Ces glissements d'argiles, encore mal connus et
mal étudiés, ont parfois créé de grands obstacles à
nos ingénieurs dans le tracé des chemins de fer.
Lorsque dans les tranchées on attaquait ces couches
dangereuses, les argiles, ramollies par les sources
ou par les eaux d'infiltration, ne pouvaient se soutenir sous la plus faible inclinaison, et ne tardaient pas
à envahir la voie par une évacuation continuelle qu'il
était impossible de réprimer. Dans un grand nombre
de cas, on a été forcé de changer les tracés.

Ailleurs ces lits d'argile, en glissant sur leur pente
avec une certaine lenteur, entraînent avec eux les
couches supérieures du sol, sans y causer de troubles
considérables, et l'on voit ainsi descendre, sans se
séparer, un ensemble très-étendu de terrains. On en
cite une foule d'exemples curieux. En 1661, les gens
d'Hubersdorf, dans le Flumenthal, virent avec terreur
toute une forêt qui dominait leur village descendre

lentement de la montagne, et s'avancer vers eux ; mais, après avoir franchi trois kilomètres, la forêt s'arrêta sans faire de mal à personne. Le village de Pardine s'élevait sur une partie de la montagne de Perrier, près d'Issoire. Du 22 au 23 juin 1737, tout ce village glissa jusqu'au pied de la montagne, entraînant les arbres et les fermes. Une partie du mont Goïma, situé dans le pays vénitien, se détacha pendant la nuit sans fracas, et descendit doucement la pente jusqu'au fond de la vallée avec toutes les maisons qui s'y trouvaient, sans en renverser une seule. Les habitants n'avaient rien senti, et quand ils sortirent de leurs chambres, le matin, ils furent étrangement surpris de se voir transportés au pied de la montagne.

Les eaux pluviales, qui occasionnent ces singuliers phénomènes par leur infiltration dans le sol et le délaiement qu'elles y produisent, creusent quelquefois sous les terrains de véritables abîmes, et alors il y a, non plus glissement, mais effondrement. On conçoit sans peine que les eaux souterraines désagrégent les roches, entraînent les sables et les parties les plus ténues, et créent des cavités dont le vide ne peut plus soutenir les couches supérieures. Ainsi, en 1792, plusieurs maisons de la ville de Lons-le-Saunier disparurent dans le sol, et un lac qui se forma envahit une partie de la route de Lyon à Strasbourg : les eaux avaient miné le terrain, qui s'était enfoncé. Le 29 janvier 1840, le mont Cernans, dans le Jura, descendit dans la plaine qui s'étend à sa base, et une partie de la route de Dijon à Pontarlier s'effondra dans un trou de cinquante mètres de profondeur, qui s'ouvrit en même temps. Cette partie de la route, désignée sous le nom de la *Rampe de Cernans*, fut ainsi rendue

impraticable. On suppose que cette catastrophe était
due à une source qui avait tari vingt-cinq ans auparavant, et qui avait rongé le sol sous lequel elle s'était
épanchée.

Les bords de la Creuse dans le département d'Indre-
et-Loire nous offrent un phénomène analogue, et le
bourg de Barrou, depuis longtemps entamé, est me-
nacé de périr entièrement par des effondrements semblables. Une rivière souterraine, parallèle dans son
cours à la Creuse extérieure, circule dans la vallée à
une médiocre profondeur, au milieu de sables légers.
Dans sa marche elle entraîne ces sables et creuse sous
le sol de longues cavernes au-dessus desquelles le
terrain demeure suspendu pendant quelque temps.
La berge se fracture visiblement sur une longueur de
cent cinquante à trois cents mètres, et sur une largeur de trois à quatre mètres; puis tout à coup, sans
qu'un autre indice ait annoncé l'approche sinistre,
le terrain s'affaisse verticalement de huit à dix mètres
et descend au niveau de l'étiage : ce mouvement se
fait avec tant de régularité, que les maisons restent
debout, que les murs ne se disloquent pas, et que les
arbres demeurent verticaux. Mais bientôt la rivière
empiète sur ces terrains effondrés, et avec les débris
qu'elle en arrache elle reconstitue sur sa rive gauche
un nouveau terrain qui, en face de Barrou, a déjà huit
à neuf hectares de superficie. La Creuse a ainsi dé-
voré deux cents mètres de terrain sur sa rive droite,
et emporté une ligne de maisons avec l'antique église
du village.

Dans les pays de plaine, les eaux sauvages qui courent à la superficie du sol ne laissent pas que de produire aussi à la longue des effets assez sensibles. La

terre des hauts plateaux est entraînée sur les pentes et descend sur les talus qu'elle prolonge dans les vallées : depuis le commencement de l'ère chrétienne, les talus des coteaux se sont ainsi avancés de trois à quatre mètres, comme le démontrent les ruines qu'on y trouve enfouies à cette distance latérale. Par le même mécanisme les vallées se comblent insensiblement, et les débris de l'époque gallo-romaine ne se trouvent plus qu'à une profondeur d'un mètre cinquante centimètres au minimum, ce qui accuse une progression d'un millimètre par an dans l'exhaussement du sol.

L'action des agents météoriques est donc incessante. Le froid fend et divise les roches ; l'air les décompose ; les eaux sauvages les lavent et les emportent. Il s'opère ainsi un nivellement général par les seules forces de la nature. Les hauteurs s'abaissent chaque jour, les talus s'éboulent, et les vallées s'emplissent de débris qu'elles livrent aux rivières pour reconstituer de nouveaux terrains.

X

ACTION DE L'AIR ATMOSPHÉRIQUE

Altération des roches par l'air atmosphérique. — Les déserts de
sable. — Le *simoun* et les trombes de sable. — Les dunes. —
Marche envahissante des dunes. — Le bourg de Mimizan. —
Boisement des dunes. — Les landes. — Le colmatage. — Transformation du sol stérile des landes en terres fertiles par des
alluvions artificielles.

Parmi les agents destructeurs qui exercent leur influence à la surface du sol, l'air atmosphérique joue
un rôle très-effacé, mais dont il faut pourtant tenir
compte. Nous avons dit dans le chapitre précédent
que, même à l'état de calme, il ronge peu à peu la
superficie des roches. Ces dégradations se remarquent
surtout dans les escarpements calcaires, formés de
couches dont la résistance est très-variable : on y
voit les parties dont la texture est lâche se creuser
peu à peu, et les bancs plus solides rester en sur-
plomb jusqu'à ce que, minés entièrement par la cor-

rosion de l'air, ils se détachent successivement en blocs plus ou moins volumineux. Cette corrosion agit même sur des roches réputées très-dures, comme les granits et les basaltes, et quand on parcourt les pays de montagnes, on est tout étonné de marcher sur des amas de graviers provenant de la désagrégation des roches sous-jacentes. Les granits s'altèrent ainsi d'une façon singulière, en forme de gros blocs arrondis empilés les uns sur les autres dans des positions d'équilibre étonnantes : le plus léger effort suffit pour les faire osciller sur leur base, et c'est là l'origine naturelle de bien des *rocs branlants*, dans lesquels on a voulu voir des monuments druidiques. Le basalte s'exfolie en boules de la même façon, en abandonnant successivement des couches concentriques de son écorce. On rencontre des exemples nombreux de ces diverses altérations des roches par l'air atmosphérique, en Bretagne, en Auvergne, en Limousin et en Saxe, et partout les pierres ainsi façonnées ont donné naissance à quelques légendes superstitieuses.

C'est surtout dans les déserts de sable que l'air atmosphérique règne en souverain. Il existe, depuis la côte occidentale d'Afrique jusqu'au grand désert de Gobi, en Tartarie, sur une étendue de quinze mille kilomètres, une immense ceinture de régions arides, fond désolé d'une mer qui s'est retirée. De vastes plaines sablonneuses s'étendent à perte de vue, à peine accidentées par quelques reliefs et quelques ondulations du sol. Le terrain ne se compose guère que de sables mouvants, à une profondeur qui atteint parfois une centaine de mètres. Les vents alizés du nord-est qui soufflent une grande partie de l'année sur cette région, après avoir traversé les continents

d'Europe et d'Asie, ne rencontrent sur leur route
d'autre nappe liquide que la Méditerranée, dont la
surface est trop petite pour saturer de vapeurs ces
immenses masses d'air. Ces vents arrivent donc sur
la zone africaine dépouillés de presque toute humidité, et c'est ce qui explique la sécheresse et l'aridité
du désert. Il est vrai qu'il tombe beaucoup d'eau pendant la saison des pluies ; mais cette eau se perd sans
profit dans les profondeurs du sol. Tout le reste de
l'année un soleil ardent dévore ces plaines desséchées,
et en élève la température jusqu'à 70 degrés : sous
l'action incessante de ce foyer, les rocs se divisent,
le sol se pulvérise, et c'est ainsi que se sont formées
ces vastes plaines de sable incohérent.

Les vents et les ouragans peuvent se donner libre
carrière sur ce sol pulvérulent qui n'oppose aucune
résistance. Ils en labourent la surface avec impétuosité, y creusent de vastes sillons, roulent devant eux
des vagues de sable pareilles aux vagues liquides de
l'Océan, les transportent au loin, les ramènent, les
amoncellent, les dispersent et les abandonnent. L'aspect de cette mer aride se renouvelle sans cesse. Du
soir au matin, des cavités s'ouvrent, de hautes collines s'élèvent, puis s'affaissent sur elles-mêmes et se
disséminent, ou se mettent en marche vers un autre
point en roulant, et vont se reformer ailleurs. Une de
ces collines, façonnée par l'action des vents avec les
amas de sable enlevés à d'autres régions, s'étend depuis le Maroc jusqu'à la Tunisie : elle se dresse à une
hauteur considérable, comme pour attester la mobilité du sol et la puissance du vent, qui partage avec le
soleil l'empire du désert.

La marche d'une caravane au milieu de ces flots

mouvants, sous cette atmosphère de feu, est toujours
pleine de périls, même par les temps calmes ; mais
quand le terrible *simoun* éclate et balaie le désert,
les dangers s'aggravent et se multiplient. La tempête
s'annonce par un point noir qui surgit à l'horizon et
qui grandit rapidement. Le ciel se voile, et le soleil
revêt une teinte violacée, présage assuré de l'oura-
gan. Bientôt un vent embrasé parcourt avec impétuosité la surface du désert, soulève d'épais tourbillons
de poussière, et roule devant lui des colonnes de
sable. La poussière impalpable dont l'air est chargé
envahit les yeux, la bouche, les poumons du malheureux qui ne peut se garantir contre le fléau, et détermine promptement l'asphyxie. Si l'on échappe à la
mort en s'enveloppant la tête, d'autres périls me-
nacent encore. Le *simoun* est tellement brûlant, qu'il
dessèche la peau par une évaporation rapide, en-
flamme le gosier, accélère la respiration, et provoque
une soif ardente ; en même temps il flétrit toute végétation, aspire en passant la séve des arbres, tarit
momentanément les puits, et fait disparaître l'eau
renfermée dans les outres. C'est comme si la flamme
avait traversé le désert. Le voyageur, consumé par
une soif inextinguible, embrasé des ardeurs de la
fièvre, succombe souvent sous l'étreinte meurtrière
de ce vent redoutable. C'est ainsi que périt l'armée
entière de Cambyse, engagée imprudemment en plein
désert, et depuis Cambyse bien des caravanes ont
trouvé la mort dans ces solitudes ardentes. Le vent,
qui aime à bouleverser son royaume, tantôt découvre
aux yeux attristés du voyageur les ossements blanchis des victimes, tantôt les recouvre d'un linceul de
sable.

Les trombes de sable ne sont pas moins terribles que les tempêtes du *simoun*. Ce sont de hautes colonnes de matières pulvérulentes qui tournoient autour de leur axe, marchent avec vitesse, et entraînent dans leur mouvement gyratoire tout ce qu'elles rencontrent sur leur chemin. Transportées par le vent, elles envahissent les domaines de la culture, y sèment la stérilité, et ensevelissent des villes entières sous des flots de poussière : plusieurs monuments de l'Égypte ont été retrouvés intacts sous les couches de sable ainsi amoncelées.

La France connaît aussi, mais dans des proportions moins redoutables et moins imposantes, l'action des vents sur les sables. Nous voulons parler des dunes qui occupent une partie de notre littoral. Ce sont des collines de sable fin qui ont ordinairement de huit à dix mètres de hauteur, quelquefois trente, rarement davantage, et sont alignées irrégulièrement le long du rivage, sur des côtes plates et basses, et dans des directions variées comme les vents qui leur donnent naissance. Les vents qui soufflent du large poussent le sable du pied d'une butte vers le sommet, d'où il retombe en formant un talus d'éboulement toujours plus rapide que le talus antérieur. Les sables étant ainsi soumis à un remaniement continuel, qui les pousse dans le même sens, la colline s'avance dans les terres avec une puissance irrésistible. En même temps la mer rejette de nouveaux sables, les accumule en une nouvelle colline, et la livre au vent qui se charge de la transporter plus loin. Il se forme de cette façon toute une série de collines parallèles, séparées par des vallées, et alignées tout le long du littoral. Cet ensemble de dunes marche avec constance à l'assaut du pays, ensevelit sous le sable les champs, les moissons, les forêts, refoule et chasse les eaux douces devant ses bastions mouvants, obstrue les ruisseaux, comble les étangs, crée des barres à l'issue des rivières, et détruit des villages entiers, sans que les efforts de l'industrie humaine aient pu pendant longtemps opposer aucune barrière à cette marche envahissante.

Ces collines ambulantes s'étendent parallèlement au golfe de Gascogne, de Bayonne à Médoc, sur une largeur de six à sept kilomètres, et dans leur course irrésistible elles ont fait disparaître un grand nombre de villages littoraux mentionnés dans les chartes du moyen âge, et détourné l'embouchure de l'Adour de plus de cinq cents mètres. De tout un village, jadis connu sous le nom de Saint-Girons-de-l'Est, il ne reste plus aujourd'hui que deux maisons. En 1802, les dunes abîmèrent, dans les eaux refoulées par leur marche, cinq belles fermes de la commune de Saint-Julien, et aujourd'hui plusieurs bourgs seraient menacés d'une destruction totale, si l'on n'avait pris des mesures efficaces pour arrêter le fléau.

Parmi les localités que les eaux et les sables ont forcées à se déplacer plusieurs fois dans la direction de l'est, une des plus célèbres, sinon la plus célèbre de toutes, est le bourg de Mimizan. Il n'est pas un savant qui n'ait, en parlant des dunes de Gascogne, cité les observations de Thore et de Brémontier sur la rapidité des sables qui marchaient à l'assaut de ce village des landes. Le vieux port, situé près de l'embouchure actuelle de l'étang, a été graduellement comblé par les sables, ainsi que le prouvent les carcasses de navires découvertes à la suite d'une tempête

il y a une soixantaine d'années. D'après le témoignage
unanime des habitants du pays, l'ancien Mimizan, qui
existait déjà au commencement de notre ère, repo-
serait sous la dune d'Udos, belle colline aujourd'hui
boisée à laquelle un majestueux isolement, l'inclinaison régulière des pentes, et une double cime conique
donnent l'aspect remarquable d'un volcan. Recon-
struit à plus d'un kilomètre à l'est, Mimizan resta longtemps à l'abri des sables, grâce au cours d'eau qui
entoure le village au nord-ouest et qui arrêtait ainsi
la marche des sables. Toutefois une dune semi-circu-
laire, peu élevée, finit par se former dans la *lette* ou
plaine basse qui entourait Mimizan, et s'avança vers
le bourg. Plusieurs maisons disparurent sous le flot
de gravier, et le talus oriental de la dune, s'élevant
peu à peu contre le chevet de l'église, menaça d'ense-
velir l'édifice, comme il est arrivé ailleurs où l'on ne
voit plus que la pointe d'un clocher surgissant du
milieu des sables. Pour arrêter la colline mouvante, il
fallut au plus tôt recourir aux semis de pins, le grand
préservatif popularisé par Brémontier. Aujourd'hui
les sables sont fixés; mais qu'on abatte les arbres, et
l'enceinte de la dune, semblable aux parois d'un cratère prêt à dévorer le village, se rétrécira peu à peu
autour de l'église et du groupe des maisons. Dans
l'espace de quelques années, le nouveau Mimizan serait englouti comme l'ancien bourg qui dort non loin
de là sous le monticule d'Udos.

Les dunes progressent avec une vitesse fort inégale,
suivant les lieux et suivant les temps : on en a vu
s'avancer de vingt à vingt-cinq mètres par année,
d'autres de soixante-dix à quatre-vingts, et même
jusqu'à trois cents; mais il paraît y avoir des moments

d'arrêt comme des moments de charriage, sans qu'on
en connaisse la loi. D'ailleurs, toutes les dunes d'un
même rivage ne marchent pas à la fois, de sorte que
leur ensemble n'a couvert que des bandes de terrains
assez étroites depuis le commencement du phénomène (six à huit kilomètres sur les côtes de la
Guienne), et qu'en définitive on ne peut admettre
qu'un à deux mètres d'avancement moyen chaque
année. Brémontier, inspecteur des ponts et chaus-
sées, qui a étudié avec une remarquable persévérance, pendant une longue suite d'années, le mouvement des dunes dans le département des Landes, a

Marche des dunes.

estimé que Bordeaux pourrait être envahi dans deux
mille ans.

Pendant longtemps on a ignoré les moyens de fixer
le sable mobile des dunes et d'en arrêter la marche
envahissante. Brémontier est le premier qui, dans un
savant mémoire, ait appelé l'attention publique sur ce
sujet, et préconisé les semis de pins dans les sables.
Le pin, qui s'accommode volontiers de ce sol aride,
y enfonce sa racine à une certaine profondeur, et par
les mille filaments de son chevelu enlace, pour ainsi
dire, les grains de sable dans mille liens invisibles, et
en même temps le petit arbuste protége la surface
contre l'action du vent. A mesure que l'arbre croît,
les aiguilles qui constituent son feuillage tombent sur
le sol, y pourrissent, et ne tardent pas à constituer

un terreau où se développe une végétation, chétive,
il est vrai, mais précieuse pour tapisser le terrain et
l'enlever aux influences du vent. Une dune boisée
peut donc être regardée comme une dune irrévocablement fixée, du moins tant que la forêt la protégera.
Sous l'impulsion de Brémontier, des essais de semis,
d'abord timides, furent tentés par des particuliers et
réussirent très-bien. Les communes entrèrent dans
cette voie avec plus de ressources, et boisèrent des
étendues assez importantes de sables, non-seulement
improductifs, mais encore menaçants. Enfin depuis
un certain nombre d'années le gouvernement a con-
sacré des sommes considérables à l'ensemencement
des dunes. Les collines ambulantes ont été arrêtées
dans leur marche, et un capital forestier d'une grande
valeur et d'un grand avenir a été créé à peu de frais.
Le vent a été vaincu dans son effort constant pour
modifier la surface du sol.

A l'est des dunes de Gascogne, s'étend une vaste
région inculte et déserte qu'on appelle les *landes*.
C'est un territoire de sables siliceux, sous lequel se
rencontre à une médiocre profondeur un banc dur
imperméable qu'on nomme l'*alios*. Sans l'*alios*, ces
sables ne seraient pas frappés d'une stérilité presque
absolue : on pourrait y semer sans difficulté des forêts
de pins et de chênes-liéges, et le terreau qui se formerait à la longue au pied des arbres améliorerait
sensiblement le sol, et permettrait d'y tenter dans l'a-
venir des cultures plus riches et plus exigeantes. Mais
l'*alios* s'y oppose : non-seulement ce banc dur empêche les racines des grands arbres de descendre à
une certaine profondeur, mais encore, comme il est
imperméable, il arrête toutes les eaux pluviales dans

la couche supérieure du terrain ; et le sol, pénétré constamment d'humidité ou, pour mieux dire, noyé, ne
produit que de maigres bruyères, des fougères, des
genêts et de misérables ajoncs. De grands progrès ont
cependant été réalisés depuis une vingtaine d'années
dans le régime cultural des landes. Après avoir fixé
les dunes qui envahissaient le pays et chassaient devant elles les eaux douces, on a rétabli les passes et
les embouchures des étangs et des ruisseaux qui
maintenant se dégorgent dans la mer ; on a desséché les marais, abaissé le niveau des étangs, assaini
le sol par un système étendu de fossés et de canaux, transformé les landes rases en forêts, et mis
en culture les bas-fonds arrosés. Grâce à ces amélio-
rations, on a pu introduire dans les landes le seigle,
le maïs et même la vigne.

C'est déjà beaucoup, sans doute ; mais si le sol est
assaini, il n'est pas changé. Or voici qu'un ingénieur
habile et hardi, M. Duponchet, ne parle de rien moins
que de transformer radicalement le sable siliceux des
landes et d'en faire un terrain de première qualité,
en lui fournissant les deux éléments essentiels de fertilité qui lui manquent, c'est-à-dire l'argile et le calcaire. Son projet, se basant sur des principes tout
géologiques, et n'étant que l'application artificielle
des procédés de la nature pour former les riches
alluvions de nos vallées, rentre complétement dans
notre sujet.

Frappé du rôle que les torrents et les fleuves remplissent dans la production des campagnes par le
transport des alluvions, l'auteur du projet s'est demandé si l'homme ne pourrait pas imiter systéma-
tiquement la nature, et diriger par la science cette

œuvre de fertilisation qui s'accomplit maintenant au hasard. Toutes les terres d'une grande fertilité ont été, en effet, arrachées au flanc des monts à l'état de roches diverses, puis broyées les unes contre les autres dans le lit des torrents, portées dans les campagnes et réparties par les eaux courantes molécule à molécule. L'homme a déjà su tirer parti, mais bien en petit, de ces forces de la nature, et çà et là il a tenté avec succès des opérations de *colmatage :* à l'époque des crues, quelques propriétaires riverains admettent l'eau trouble des fleuves dans les champs situés au-dessous des niveaux d'inondation et la laissent se déposer graduellement sur le fond, afin de renouveler ainsi la fertilité de la terre par l'addition d'un sol vierge. Voilà précisément ce que M. Duponchel projette d'accomplir en grand, et pour cela il propose de broyer des coteaux stériles, de les réduire en terres d'alluvion d'un titre déterminé, et de les étendre en une seule couche d'épaisseur uniforme, au moyen d'un canal à pente rapide, sur tout l'espace des landes, de la pointe de Grave à la bouche de l'Adour. Voyons les traits principaux de ce gigantesque projet.

Entre les deux vallées de Bagnères-de-Bigorre et de Bagnères-de-Luchon s'ouvre la vallée d'Aure, où coule le torrent de la Neste, qui, après un cours tortueux de quatre-vingts kilomètres environ, va se jeter dans la Garonne près de Montrejeau. Ce torrent est alimenté par quelques affluents supérieurs et par plusieurs lacs, produit de la fonte des neiges et des glaciers. Un canal d'irrigation s'en détache non loin d'Arreau, chef-lieu de la vallée d'Aure, puis contourne à mi-flanc les contre-forts des hautes mon-

tagnes du Bigorre, où l'on exploite les beaux marbres
de Beyrède et de Sarrancolin, et, s'élevant graduellement au-dessus de la profonde vallée de la
Neste, finit par atteindre l'infertile plateau de Lan-
nemezan, à plusieurs centaines de mètres au-dessus
du torrent qui gronde en bas dans une étroite fissure.
Ce canal de dérivation fournit en moyenne six à sept
mètres cubes d'eau pure par seconde, et rien ne serait plus facile que d'en augmenter le débit au moyen
d'un barrage à vanne établi sur la Neste à la chute
du lac Doredom.

L'auteur du projet croit qu'on pourrait utiliser ce
canal pour la fertilisation des landes sablonneuses de
la Gascogne. Son plan serait de prolonger de douze
kilomètres le canal actuel, en lui faisant suivre la
pente du plateau jusqu'au faîte qui sépare le bassin
de la Garonne d'un autre vallon où coule le Bouès,
l'affluent le plus oriental de l'Adour. La colline qui
forme en cet endroit la barrière de séparation entre
les deux bassins, consiste en un long rempart d'argile
ayant une hauteur d'environ quatre-vingts mètres
et sept à huit cents mètres d'épaisseur. C'est là le
coteau que l'ingénieur propose de renverser pour en
répartir les débris à la surface des landes. Il serait
facile de désagréger ces terrains par les moyens ordinaires, ou mieux par le procédé californien, pour lequel la démolition des couches argileuses n'est qu'un
jeu. Si l'on dirige adroitement vers la base de la colline plusieurs jets d'eau provenant d'un canal d'amenée, il n'est pas douteux que d'énormes masses de
terre s'écrouleront dans la vallée et se réuniront à la
masse liquide glissant en une longue chute du haut
de la colline. Tous ces détritus argileux sont les ma-

tériaux qui doivent se mélanger au sable des landes pour contribuer à sa transformation en sol végétal.

Au pied de la colline attaquée commencerait le grand canal des alluvions. Incessamment poussées par le courant, les terres entraînées se délaieraient peu à peu et se transformeraient en limon. Le canal de colmatage, abandonnant bientôt le cours du Bouès, suivrait, dans la direction du nord-ouest et par une pente moyenne de deux mètres sur mille, la ligne de faîte qui sépare les affluents de la Garonne de ceux de l'Adour. Il arriverait ainsi jusque dans les grandes landes à cent trente mètres d'altitude. C'est là que devraient commencer les canaux secondaires, se dirigeant avec une pente de trois quarts de mètre par kilomètre vers les divers points du littoral, et se subdivisant eux-mêmes en fossés et en rigoles de colmatage, semblables à un réseau d'artères et de vaisseaux chargés de répartir la terre vivante sur le sol aride des landes.

Si le canal de colmatage ne roulait dans ses eaux troubles que des argiles parfaitement pures, ces alluvions ne constitueraient point de sol normal avec le sable des landes; heureusement elles contiennent une quantité notable de substances calcaires, et d'ailleurs on trouve en maint endroit des plateaux du Gers des couches de marnes excellentes qu'il serait facile de faire ébouler dans le canal et de mêler aux argiles de la grande artère de colmatage. Si cela ne suffisait pas pour doter les alluvions d'une portion suffisante de calcaire, on pourrait emprunter directement cette substance aux marbres de la chaîne pyrénéenne dans la vallée d'Aure. Des blocs de marbre, arrachés des pentes supérieures, seraient précipités dans un *canal*

broyeur de trente kilomètres de parcours et de huit
à dix mètres de pente par kilomètre. Là les fragments
calcaires, entre-choqués et heurtés avec violence par
le courant contre les murailles des bords et le pavé
quartzeux, finiraient par être broyés complétement,
et c'est réduits à l'état de boue qu'ils atteindraient
la vallée du Bouès et se mélangeraient aux alluvions
argileuses transportées par le canal de colmatage.

D'après le projet qui nous occupe, ce canal pourrait
déverser chaque année à la surface des landes deux
cents millions de mètres cubes d'eau contenant vingt
millions de mètres cubes de limon, soit un dixième
de la masse totale. Cette vase argileuse et calcaire
serait répandue sur le sol sablonneux, de manière à
former une couche unie de dix centimètres d'épaisseur. Mêlée par la charrue au sol quartzeux dans la
proportion d'un quart ou d'un cinquième, le limon
apporté du plateau sous-pyrénéen constituerait une
terre labourable d'excellente qualité, et les terres dé-
solées du Médoc, du Born et du Marensin devien-
draient un des jardins de la France. Grâce aux apports
constants du canal de la Neste, vingt mille hectares
de la surface des landes pourraient être ainsi changés
tous les ans en campagnes d'une extrême fertilité. En
moins de soixante années, pourvu que les propriétaires du sol aient le bon sens de se prêter à cette
transformation au fur et à mesure de l'épuisement de
leurs forêts de pins, le million d'hectares de terrains
pauvres ou complétement stériles qui se trouvent au
sud-ouest de la France auraient été ajoutés à notre
domaine agricole. M. Duponchel estime les frais de
premier établissement des canaux de trituration et
de colmatage à onze millions, et les frais d'entretien

annuel à onze cent mille francs. Si le devis de l'ingénieur n'est pas erroné, l'incalculable accroissement de richesses opéré dans les landes serait acheté au prix de six à sept centimes par mètre cube d'alluvions, de soixante à soixante-dix francs par hectare de terre amélioré et transformé.

Il ne nous appartient pas de discuter ici les chiffres présentés dans le projet de M. Duponchel; mais nous devons dire que ses idées sont entièrement conformes aux faits géologiques de même ordre que nous voyons s'accomplir en une foule de points sous nos yeux. En somme, ces canaux de colmatage et de trituration des roches ne sont que l'imitation judicieuse des canaux naturels qui déversent dans nos vallées tous les débris arrachés aux montagnes, et y constituent des terrains d'une extrême fertilité.

XI

INFLUENCE DE L'HOMME SUR LA NATURE

Dévastation de certaines contrées. — Dénudation des terrains par
le déboisement. — Modifications dans le régime des rivières. —
Trouble dans les climats. — Destruction irréparable des grands
végétaux. — Extinction de plusieurs espèces animales. — Multiplication des organismes microscopiques. — Nouveauté du
phénomène de la phosphorescence de la mer. — Travaux répa-
rateurs de l'homme.

Les agents météoriques, dans le rôle de destruction qu'ils jouent à la surface du sol, rencontrent un
collaborateur assidu et infatigable comme eux : c'est
l'homme. Pétri d'argile et fils de la terre, l'homme en
tire sa substance; mais trop souvent, fils ingrat et
imprudent, il épuise le sein nourricier de sa mère.
Campé comme un voyageur de passage, le barbare
pille la terre; il l'exploite avec avidité et violence sans
lui rendre en culture et en soins les richesses qu'il
lui ravit; il finit même par dévaster la contrée qui lui
sert de demeure et par la rendre inhabitable. Tout au
moins il appauvrit le sol, enlaidit la nature et trouble
les climats.

La surface de la terre offre de nombreux exemples
de dévastations complètes. En maints endroits l'homme
a transformé sa patrie en un désert, et l'herbe ne croît
plus, selon le mot d'Attila, où il a posé ses pas. Diverses contrées de l'Orient, qui découlaient autrefois
de lait et de miel, et qui nourrissaient jadis une population très-considérable, sont devenues presque entièrement stériles, et sont habitées par de misérables
tribus vivant de pillage et d'agriculture rudimentaire.
Lorsque la puissance de Rome succomba sous l'attaque des barbares, l'Italie et la Sicile, épuisées par
le travail inintelligent des esclaves, étaient partiellement changées en solitudes, et de nos jours encore,
après deux mille ans de jachère, de vastes espaces
que les Étrusques et les Sicules avaient mis en culture sont des landes inutiles ou d'insalubres maremmes, royaume éternel de la fièvre. Par des causes
semblables à celles qui ont entraîné l'appauvrissement et la ruine de l'empire romain, le nouveau
monde lui-même a perdu de notables parties de son
territoire agricole : telles plantations des Carolines et
de l'Alabama qui furent conquises sur la forêt vierge
il y a moins de cinquante ans, ont cessé totalement
de produire, et sont aujourd'hui le domaine des bêtes
fauves.

Le déboisement est la principale cause de cette dévastation du sol et des modifications physiques qui
en sont la conséquence immédiate. Des propriétaires
trop avides abattent presque toutes les forêts qui re-
couvraient le flanc des montagnes, et par suite l'eau,
que retenaient autrefois les racines et qui pénétrait
lentement la terre, a cessé son œuvre de fertilisation
pour commencer une œuvre de destruction. C'est ce

qu'on observe surtout dans les Alpes françaises. Là les eaux de pluie et de neige enlèvent graduellement la mince couche de terre végétale qui recouvrait les pentes, et la portent dans la mer sous forme de limons inutiles : les rochers se décharnent, les montagnes se dénudent; des talus de débris, de vastes champs de pierres encombrent les vallées au détriment des cultures. De profonds ravins, sans cesse labourés par les eaux, se creusent peu à peu dans les escarpements, et finissent par découper la crête de la montagne en cimes distinctes qui s'effondrent rapidement. Le désert commence, et l'on ne voit pas une seule broussaille verdoyante dans un espace de plusieurs lieues d'étendue : chaque année, la zone dévastée s'accroît en largeur, et la population disparaît de ce sol appauvri qui ne peut plus la nourrir. Tel est le triste aspect de la région comprise entre le massif du mont Thabor et des Alpes de Nice, aspect qui contraste durement avec celui des plaines si populeuses et si riches du Piémont.

Dans les plaines, les effets du déboisement se font plus longtemps attendre; mais ils ne sont pas moins inévitables. La surface terrestre, dépouillée des arbres qui en faisaient l'ornement, est non-seulement enlaidie, mais elle s'appauvrit fatalement. Les déboisements troublent l'harmonie des fonctions météorologiques et rendent l'écoulement des eaux plus inégal. La pluie, au lieu d'être retenue par l'immense surface des feuilles et de tomber goutte à goutte sur le sol pour s'infiltrer lentement dans le tissu spongieux des feuilles mortes et du chevelu des racines, coule rapidement en ruisseaux temporaires; au lieu de gagner les réservoirs souterrains d'où elle s'épanchait en sources fertilisantes, elle se rend sans entraves et sans profit dans les rivières. Tandis que le terrain se dessèche et se ravine en amont, l'humidité s'accroît en aval ; les crues se changent en inondations, et les fleuves gonflés sortent de leurs lits pour dévaster les campagnes qu'ils devaient fertiliser. Ces désastres seraient atténués en grande partie par le maintien des forêts existantes ou par le reboisement. D'autres travaux augmentent encore la part de responsabilité de l'homme dans les malheurs qui le frappent. Les digues longitudinales, établies pour maintenir les rivières dans leur lit, sont doublement fâcheuses : si elles résistent aux efforts des eaux, elles laissent entraîner sans profit dans la mer les riches limons dont les crues sont le véhicule ordinaire ; si, au contraire, elles se rompent, il en résulte trop souvent d'incalculables désastres. Enfin il n'est pas jusqu'au drainage lui-même qui n'exerce une action sensible sur le tarissement des sources et sur le régime des fleuves. Entrepris sur une grande échelle, ces travaux entraînent des effets comparables à ceux du déboisement, et le sol, purgé promptement jusque dans ses profondeurs de toute l'eau qu'il a reçue, envoie aux rivières des ruisseaux auparavant inconnus. En Angleterre et en Écosse, des cours d'eau qui ne débordaient point autrefois sont devenus redoutables par leurs inondations depuis le drainage systématique des campagnes voisines.

Les travaux de l'homme ne troublent pas seulement l'économie des rivières, ils dérangent aussi l'harmonie des climats. Il est certain que la destruction des forêts et la mise en culture de vastes étendues, ont pour conséquence des modifications appré-

ciables dans les diverses saisons. Par ce fait seul que
le pionnier défriche un sol vierge, il change le réseau
des lignes de température qui passent à travers la
contrée. Dans plusieurs districts de la Suède dont les
forêts ont été récemment abattues, les printemps de
la période actuelle commenceraient, selon quelques
naturalistes, environ quinze jours plus tard que ceux
du siècle dernier. Aux États-Unis, les défrichements
considérables des versants alléghaniens semblent avoir
eu pour résultat de rendre la température plus incon-
stante, et de faire empiéter l'automne sur l'hiver et
l'hiver sur le printemps. D'après quelques auteurs,
le *mistral*, ce vent terrible qui descend des Cévennes
pour désoler la Provence, serait un fléau de création
humaine, et soufflerait seulement depuis que les forêts des montagnes voisines ont disparu. Enfin le régime des pluies aurait lui-même été modifié par les
travaux de l'homme. Pendant le siècle qui s'est écoulé
de 1764 à 1863, la chute annuelle d'eau de pluie s'est
élevée à l'observatoire de Milan de 90 à 106 millimètres : il est probable que cet accroissement graduel est dû aux irrigations pratiquées sur une si
grande échelle en Lombardie et à l'évaporation très-
active qui en est la conséquence.

D'après un grand nombre de traits épars dans les
écrits de Grégoire de Tours, on peut conjecturer
qu'au vi⁰ siècle, dans les provinces centrales de la
France et particulièrement en Touraine, le climat
était extrêmement pluvieux; les hivers étaient généralement assez doux et d'une température uniforme,
et caractérisés plutôt par l'abondance des pluies que
par la rigueur du froid; à un hiver humide succédait
un printemps brumeux, tiède et précoce, et les brouil-

lards épais qui couvraient le sol protégeaient contre la gelée les plantes délicates, et surtout la vigne, qui ne craignait pas à cette époque de descendre des coteaux et de se hasarder dans nos vallées ; enfin les étés étaient chauds et secs, et se prolongeaient quelquefois jusqu'au mois de décembre. Sans aucun doute, c'est au déboisement qu'il faut attribuer les modifications introduites dans notre climat.

L'action de l'homme s'est aussi fait sentir dans la flore de notre planète. Les colosses végétaux de nos forêts deviennent de plus en plus rares, et quand ils tombent, ils ne sont point remplacés. Aux États-Unis et au Canada, les grands arbres qui firent l'étonnement des premiers colons ont été abattus pour la plupart, et récemment encore les pionniers californiens ont renversé, pour les débiter en planches, ces gigantesques séquoias qui se dressaient à cent vingt et jusqu'à cent quarante mètres de hauteur : perte irréparable peut-être, car la nature a besoin de plusieurs siècles pour produire ces géants du monde végétal, et l'homme est trop pressé de jouir pour attendre. Partout l'extension du domaine agricole et les mille besoins de l'industrie et de la navigation ont eu pour conséquence de réduire aussi le nombre des arbres de moyenne grandeur. En revanche, les plantes herbacées se multiplient outre mesure, et couvrent des espaces de plus en plus vastes dans tous les pays du monde.

La faune a été encore plus maltraitée que la flore. Il est probable que la disparition du mammouth de Sibérie, du grand cerf d'Irlande et de plusieurs autres grands animaux, est due à l'acharnement des chasseurs. De nos jours le buffle, l'aurochs, le lion, le

rhinocéros, l'éléphant, l'hippopotame, reculent incessamment devant l'homme, et tôt ou tard ils dispa-
raîtront à leur tour; les baleines franches, pourchas-
sées avec fureur jusque dans les glaces polaires, ne
trouveront plus une mer pour se réfugier; les phoques
sont chaque année massacrés par milliers; les requins
eux-mêmes diminuent en nombre avec les poissons
qu'ils poursuivaient; les rivières et les mers se dé-
peuplent chaque jour de poissons. Parmi les oiseaux,
quelques espèces aussi ont complétement disparu,
et parmi elles on cite l'*alca impennis* des îles Feroë,
le dronte ou dolo de l'île Maurice, le solitaire de la
Réunion, l'æpyornis de Madagascar, et les dinornis
de la Nouvelle-Zélande. Sans sortir de France, on sait
combien le nombre des oiseaux de chasse diminue
avec rapidité par suite de la tuerie annuelle qui en
est faite.

Ne nous étonnons donc point de trouver les ossements de l'homme primitif enfouis dans le limon
diluvien des cavernes avec les ossements d'animaux
aujourd'hui éteints, l'*ursus spelœus*, le *bos tichorinus*,
l'*elephas primigenius*, etc. Ces espèces auront été
anéanties, soit par la main de l'homme primitif lui-
même, soit par la dent d'espèces ennemies armées
d'une manière plus formidable, soit plutôt par des
modifications assez profondes dans les circonstances
climatériques. On admet, en effet, que chaque espèce,
soit animale, soit végétale, est dans une dépendance
intime, par rapport à certaines conditions physiques,
de la surface de la terre; or ces conditions sont dans
un état de fluctuation lente, mais continue, soit par
suite des grands phénomènes ignés et aqueux qui s'accomplissent à la surface du globe, soit par suite des

travaux de l'activité humaine. Il en résulte que certaines espèces doivent s'éteindre dans le cours des siècles, parce que, pour employer une belle expression de Buffon, « le temps combat contre elles ».

En même temps que certaines races disparaissent ou diminuent, d'autres races se multiplient au point de devenir de véritables fléaux. Délivrées, grâce à l'activité inopportune de l'homme, des oiseaux qui leur faisaient la guerre, les tribus d'insectes, fourmis, termites, sauterelles, chenilles, etc., s'accroissent et pullulent d'une manière extraordinaire, et prennent une importance nouvelle dont il faut tenir compte dans la géographie physique. De même les cétacés et les poissons qui ont disparu sont remplacés par des myriades de méduses, de mollusques, de zoophytes et d'infusoires.

A ce sujet, le savant naturaliste anglais Marsh, à qui nous avons emprunté les principaux traits de ce chapitre, fait une curieuse observation dans son ouvrage sur *l'Homme et la Nature.*

D'après lui, le phénomène si remarquable de la phosphorescence des eaux marines serait de nos jours plus fréquent et plus beau qu'il ne l'était à l'époque grecque et romaine. Autrement ne serait-il pas incompréhensible, en effet, que les anciens n'eussent pas cru dignes d'une mention ces admirables nappes de lumière jaune ou verdâtre qui, durant les nuits, frémissent sur la mer, ces fusées d'éclairs qui jaillissent de la crête des vagues, ces tourbillons d'étincelles que la proue des vaisseaux soulève en plongeant, et ces ondes flamboyantes qui glissent des deux côtés du navire pour s'unir en longs remous derrière le gouvernail et transformer le sillage en un fleuve de feu ? C'est là certainement, dit M. Reclus en analysant l'ouvrage de Marsh, l'un des plus beaux spectacles de la grande mer, et cependant les Grecs ne disent point l'avoir contemplé sur les vagues de leur magnifique Archipel. Homère, qui parle souvent des « mille voix » de la mer Égée, n'en signale point les mille lueurs. De même les poëtes qui firent naître Vénus de l'écume des flots, et peuplèrent « les demeures humides » de tant de nymphes et de divinités, n'ont point décrit les nappes d'or fluides sur lesquelles se laissent bercer mollement pendant les nuits les déesses resplendissantes de la mer. C'est qu'évidemment ils n'avaient pas connaissance de ce merveilleux phénomène, qui sans aucun doute eût excité leur verve et donné naissance à quelque divinité nouvelle. Pas plus que les poëtes, les savants de l'antiquité n'ont décrit le phénomène, en apparence si extraordinaire, de l'éclat phosphorescent des eaux. Dans l'ensemble volumineux des ouvrages légués au monde moderne par le monde ancien, on ne trouve que deux phrases se rapportant d'une manière indirecte à cet ordre de faits merveilleux. Élien le compilateur parle de la lueur émise par les algues des plages, et Pline l'encyclopédiste nous apprend que le corps d'une espèce de méduse jette un certain éclat lorsqu'on le frotte contre un morceau de bois.

C'est là qu'en était la science avant les premières observations d'Améric Vespuce sur la phosphorescence des mers tropicales. Depuis cette époque, il n'est probablement pas un seul voyageur qui n'ait remarqué les gerbes de lumière jaillissant la nuit autour de son navire, non-seulement dans la mer des Antilles, mais également sur les côtes atlantiques de

l'Europe, près des banquises glacées de l'Océan po-
laire, et même dans la Méditerranée. Ainsi que l'ont
établi les recherches des naturalistes, cette lumière
provient d'innombrables animalcules, les uns vivants,
les autres en décomposition. Or la destruction des
cétacés, des grands poissons et des autres monstres
de la mer ayant pour résultat nécessaire d'accroître
en proportion le pullulement des organismes microscopiques, il s'ensuivrait que la phosphorescence des
eaux marines s'est accrue en même temps que le
nombre des infusoires. Si l'hypothèse ingénieuse de
M. Marsh est une vérité, nous jouissons aujourd'hui
d'un spectacle magnifique qu'il n'a pas été donné aux
anciens de contempler. Il faut l'avouer, c'est une faible
compensation aux ravages accomplis par les pêcheurs.

L'action de l'homme joue donc, dans la modification
du relief de notre globe et de ses conditions physiques, un rôle beaucoup plus important qu'on ne le
soupçonne au premier abord. Dévastation du sol par
épuisement, dégradation des hauteurs par le déboisement, pluies plus fréquentes et plus dévastatrices,
inondations plus considérables, trouble des climats,
modifications sensibles dans les saisons, disparition
des grandes espèces de végétaux, extinction de certaines races animales, multiplication des organismes
microscopiques : voilà le bilan des travaux de l'homme
sur la terre. Nous préparons donc aux lointaines générations de l'avenir un monde un peu différent de
celui que nous contemplons, et plus différent encore
de celui qu'ont vu nos pères de l'antiquité. Une transformation, insensible pour nos yeux, s'opère chaque
jour à notre insu, et c'est ainsi sans doute que se sont
opérées les transformations géologiques dont nous

constatons le développement dans les couches du globe.

Mais si l'homme a détruit, et préparé par ses œuvres irréfléchies des conséquences lointaines qu'il ne prévoyait pas, aujourd'hui, mieux instruit des lois de la nature, il s'applique à réparer ses fautes, à lutter contre les forces de la nature qu'il a déchaînées lui-même, à rétablir l'équilibre un moment troublé, à profiter des grands faits géologiques qui s'accomplissent sous ses yeux, et à transformer dans le sens de l'utile et du beau de vastes étendues de territoire.

Ce sont les Hollandais qui ont précédé tous les autres peuples dans cette voie de réparation, et ils l'ont fait avec le courage le plus persévérant et le plus audacieux. Habitants d'un limon apporté par le Rhin molécule à molécule, et déposé au niveau des basses mers, ils ont entrepris d'immenses travaux pour conquérir ce terrain à demi submergé et assurer leur conquête contre les irruptions de la mer et des fleuves. Au moyen âge, les habitants du littoral reculaient chaque année devant les flots envahissants de la mer du Nord et la chaîne des dunes; comme s'ils eussent voulu hâter leur ruine, ils coupaient les forêts qui leur servaient de rempart contre les sables, et par une imprudente exploitation transformaient les tourbières en mares et en étangs. Aussi, sous l'effort irrésistible des grandes tempêtes, des cantons de plusieurs milliers d'hectares disparaissaient en un seul jour sous les eaux avec leurs villages et leurs cultures. Enfin les Hollandais, sentant le sol s'enfoncer graduellement sous leurs pieds, prirent des mesures de défense pour résister énergiquement aux envahissements de la mer. Pendant les derniers siècles l'his-

toire agricole des Pays-Bas est le récit d'un combat
sans trêve entre l'homme et l'Océan, et dans ce combat c'est l'homme qui a remporté la victoire. Exerçant
sur la pression des flots une surveillance attentive de
tous les instants, il a consolidé le littoral au moyen
de levées, de murailles et de plantations, puis il s'est
emparé des laisses de mer par une série de jetées et
de digues, et de progrès en progrès il a fini par reprendre une partie considérable du sol jadis enlevé
à ses ancêtres. Sa dernière grande conquête a été
de pomper, pour le déverser dans la mer, le lac de
Harlem tout entier, qui ne contenait pas moins de
724 millions de mètres cubes d'eau, et maintenant,
dans sa noble audace, il rêve d'assécher le Zuyderzée,
un golfe de 500,000 hectares, que les tempêtes de la
mer du Nord ont mis dix siècles à creuser.

Dans tous les pays civilisés, de grands travaux ont
été entrepris pour réparer les ruines accumulées par
les forces destructives de la nature et lutter contre
les puissances géologiques. En France, les *watterin-
gues* de la Flandre ont été conquises sur l'Océan, et
l'on a su fixer par des plantations la chaîne des dunes
mobiles qui, sur un développement en longueur de
deux cents kilomètres, marchait à l'assaut des landes
de Gascogne. En Angleterre, on a transformé en cultures une grande partie du golfe de Wash, et la baie
de Portland tout entière est devenue un port aux
eaux tranquilles. Le désert lui-même a vu s'accomplir
des merveilles au milieu de ses sables brûlants, et,
sous la direction de nos ingénieurs, depuis 1856 qua-
rante-six puits artésiens ont été forés sur la lisière
septentrionale du Sahara, et sont devenus le centre
d'autant d'oasis fertiles.

Ces œuvres utiles, qui constituent de véritables révolutions géologiques et géographiques, et qui changent l'aspect de la terre sur des espaces d'une grande
étendue, ont en outre, pour la plupart, l'avantage considérable de modifier heureusement les climats lo-
caux. Mais l'homme ne se contente point aujourd'hui
d'exercer une influence indirecte sur la salubrité de
son domaine, et dans un grand nombre de contrées
il se propose, comme but immédiat à son travail, l'as-
sainissement du territoire. C'est ainsi qu'en Toscane
la vallée jadis presque inhabitable de la Chiana, où
l'hirondelle même n'osait s'aventurer, a été complétement délivrée des miasmes paludéens par la
rectification d'une pente indécise, couverte de mares
et de lagunes. De même les maremmes de l'ancienne
Étrurie sont devenues beaucoup moins dangereuses
à la santé des habitants depuis que les ingénieurs
toscans ont comblé les marécages du littoral, et pris
soin d'empêcher le mélange des eaux douces et des
eaux salées qui s'opérait à l'embouchure des rivières,
mélange qui était la cause principale des émanations
fiévreuses. Les Marais-Pontins eux-mêmes ont commencé à s'assainir, et il est permis d'entrevoir l'é-
poque où cette région déshéritée sera une des plus
fertiles et des plus salubres de l'Italie.

Ce sont là sans doute de grandes choses; mais
combien les œuvres les plus belles de l'homme pâlis-
sent devant celles de la nature! Nous venons de voir
en action, dans les deux chapitres précédents, les
agents destructeurs par excellence : il nous reste à
étudier l'agent reconstructeur, c'est-à-dire l'eau cou-
rante, et à voir les œuvres vraiment colossales qu'il
accomplit par un travail continu à la surface du globe.

XII

LES SOURCES

Le phénomène des sources a toujours attiré l'attention, et dans tous les temps on a imaginé mille
hypothèses et mille systèmes pour expliquer l'écoulement au dehors des cours d'eau souterrains. Les anciens, et les modernes jusqu'au xviiiᵉ siècle, nous
ont laissé à ce sujet les théories les plus étranges et
les plus contraires aux lois de la physique.

Platon, dans le *Phédon*, dit que tous les fleuves
vont se rendre dans une vaste cavité qui traverse
toute la terre et qu'on nomme le Tartare, d'où sortent toutes les eaux qui forment en différents lieux
les mers, les lacs, les rivières et les fontaines, pour

retourner ensuite au Tartare par une sorte de circulation ininterrompue. Aristote pense que le froid, qui
règne toujours dans les cavernes de la terre, condense l'air et le résout en eau, et que cette eau en-
gendre les fleuves et les fontaines, et qu'en outre il y
a sous terre des lacs inépuisables, d'où jaillissent les
sources. Sénèque, celui de tous les anciens qui a
parlé le plus au long sur l'origine des fontaines,
se range à l'opinion d'Aristote. Pline le Naturaliste,
sans s'arrêter à s'expliquer comment les eaux se trouvent dans les montagnes, tâche d'assigner les causes
qui les élèvent jusqu'au sommet : ces causes sont le
vent qui les pousse en haut, et le poids de la terre
qui, agissant sur l'eau, la fait monter.

Les modernes n'ont guère été plus heureux dans
leurs explications. Sans prendre la peine d'analyser
ici leurs diverses opinions, qui dérivent toutes plus
ou moins de celle d'Aristote, nous nous bornerons à
faire connaître celle de Descartes. Le grand philosophe croit que les fontaines tirent leur origine de la
mer, dont les eaux pénètrent, par des conduits souterrains, jusqu'au-dessous des montagnes, d'où la
chaleur terrestre les élevant en vapeurs vers les sommets, elles y vont remplir les sources des rivières.
Voici comment il le prouve. Au commencement du
monde, dit-il, la terre ayant été rompue et disloquée,
il y resta de nombreuses et larges ouvertures par lesquelles il retourne toujours autant d'eau de la mer
vers le pied des montagnes qu'il en sort par les
sources de ces mêmes montagnes; les particules d'eau
douce, étant déliées et flexibles, peuvent seules se
vaporiser et s'élever, tandis que les molécules salines,
roides et dures, ne peuvent être changées en vapeur,

ni passer par les conduits obliques de la terre, ni monter, et c'est ce qui fait que les eaux de la mer entrent salées dans la terre et en sortent douces.

Nous n'entreprendrons pas la tâche facile de réfuter ces systèmes, où la rêverie prédomine et où l'expérience ne tient aucune place. Ils sont tellement invraisemblables et tellement opposés aux lois les plus élémentaires de l'équilibre des liquides, que nos lecteurs en auront aperçu la fausseté du premier coup d'œil. Les philosophes et les naturalistes avaient bien remarqué que toutes les eaux se rendent dans la mer sans la faire déborder, sans même en élever le niveau, et ils en avaient conclu avec raison que la mer doit renvoyer une partie de ses eaux dans les terres pour y produire les sources. D'accord sur ce point fondamental, ils ont imaginé divers systèmes pour expliquer la distribution universelle et l'ascension des eaux, et ils n'ont pas même entrevu le grand phénomène de l'évaporation qui est l'origine première des fontaines.

Bernard Palissy est le premier qui ait émis des idées justes à ce sujet et soupçonné la véritable origine des eaux de sources. « La cause, dit l'immortel potier de terre, pourquoi il y a plus de rivières et fontaines procédantes des montagnes, que non pas du surplus de la terre, n'est autre chose sinon que les roches ès montagnes retiennent les eaux des pluies comme feroit un vaisseau d'airain; et lesdites eaux tombant sur lesdites montagnes, au travers des terres et fentes, descendent toujours et n'ont aucun arrêt, jusqu'à ce qu'elles aient trouvé quelque lieu formé de pierres ou roches, bien contigu et bien condensé; et lors elles se reposent sur un fond tel, et ayant trouvé

quelque canal ou autre ouverture, elles sortent en
fontaines ou en ruisseaux et fleuves, selon que l'ouverture et les réceptacles sont grands. »

Telle est, en effet, la véritable théorie des sources.
Quand l'air saturé de vapeurs aqueuses, poussé par
le vent, monte le long des flancs d'une montagne, il
se dilate et se refroidit, et ne tarde pas à se changer
en nuage ou brouillard à une certaine hauteur. En
s'élevant davantage, il ne peut plus conserver la
quantité de vapeur dont il était saturé au début, et,
cette vapeur se condensant par le refroidissement, le
nuage se résout en pluie ou en neige selon la température. L'abaissement de température de l'air et la
condensation qui en est la conséquence immédiate,
sont dus à la raréfaction que l'air subit dans ces
hautes régions : une élévation de quelques centaines
de mètres suffit pour entraîner un refroidissement de
plusieurs degrés. Il en résulte d'immenses masses de
neige qui sont le produit de la condensation des vapeurs contenues dans les énormes volumes d'air qui
viennent frapper les montagnes. Les chaînes de montagnes sont donc comme de véritables filets tendus
dans les airs pour dépouiller les vents des vapeurs
invisibles qu'ils charrient. C'est ainsi que chez nous
le vent d'ouest, après s'être saturé d'humidité sur
l'Océan, traverse la France, où il se résout généralement en pluie, et va dans les Alpes alimenter, par la
condensation des dernières vapeurs dont il est encore
chargé, les sources du Rhône et du Rhin. Après avoir
franchi ces hauts sommets, il est presque sec et il ne
représente point un vent pluvieux pour les plaines de
la Lombardie et de la Bavière. L'arête qui détermine
les deux versants de la chaîne détermine aussi deux

climats différents, et quand on escalade sous la pluie les pentes du Saint-Gothard ou du Simplon, on voit avec étonnement le mauvais temps cesser au col de la montagne, et la sérénité renaître quelques pas plus loin sur la pente opposée.

Ainsi tombée sur les hauteurs, l'eau s'infiltre dans le sol à travers les couches poreuses des terrains meubles superficiels, qu'elle imbibe pour les besoins de la végétation. Arrivée au-dessous de cette première couche, elle continue à descendre, grâce aux fissures du sol ou à la perméabilité des terrains, et elle descend jusqu'à ce qu'elle rencontre un banc dur et compacte qui ne se laisse pas pénétrer, ou un lit imperméable qui lui oppose un obstacle infranchissable. Là commence la seconde phase de la marche souterraine des eaux : les couches imperméables qui, comme la plupart des couches de l'écorce terrestre, sont affectées d'une pente plus ou moins rapide vers un point quelconque de l'horizon, entraînent dans cette direction les eaux qu'elles ont arrêtées au passage, et ne tardent pas à les recueillir dans une sorte de vallon souterrain, où viennent converger de divers côtés toutes les eaux d'infiltration. Il se forme ainsi, à une profondeur plus ou moins considérable, une manière de petit ruisseau, qui dans sa marche se grossit de divers affluents créés de la même façon. Ce cours d'eau s'achemine souterrainement avec une certaine vitesse, et, en entraînant les grains de sable ou les particules pierreuses qui lui offrent le moins de résistance, il se creuse un véritable canal. Enfin, quand la couche qui porte ce ruisseau invisible vient aboutir à la surface du sol en un point inférieur, l'eau s'échappe en fontaine.

Le courant intérieur devenu extérieur commence une troisième phase, qui s'accomplit généralement à la surface de la terre. Les sources donnent naissance aux ruisseaux, qui, réunis, forment les rivières et les fleuves, et se rendent dans la mer, réceptacle universel de toutes les eaux. Là s'opère, par l'évaporation, une quatrième évolution. L'atmosphère, en raison de sa sécheresse et de sa température, enlève chaque jour une mince couche d'eau à la surface de la mer, et c'est cette eau vaporisée qui plus tard donne naissance aux pluies. Ainsi s'accomplit, entre la mer, l'atmosphère et la terre, la circulation incessante des eaux et des vapeurs. Merveilleuse hydraulique, qui révèle d'une manière éclatante la sagesse du Créateur!

On a calculé que l'évaporation annuelle représente le travail de quatre-vingts millions de millions d'hommes. En supposant que la population du globe s'élève à huit cents millions, la force employée par la nature dans la formation des nuages sera égale à cent mille fois le travail dont l'espèce humaine tout entière est capable. Ajoutez que, dans ce prodigieux développement de force mécanique, l'opération de la nature est continue, invisible et silencieuse!

Après avoir posé les principes généraux de la création des sources, nous allons faire connaître les principes particuliers qui permettent de reconnaître la présence souterraine des eaux. Nous empruntons cette partie de notre travail à M. l'abbé Paramelle, qui a fait une étude très-approfondie, très-intelligente et très-heureuse de cette question. On sait que le savant abbé est le premier qui ait fait de l'*hydroscopie*, c'est-à-dire de l'art de découvrir les sources, une science véritable et une profession sérieuse.

Les innombrables filets et veines d'eau qui courent souterrainement sur les couches imperméables, dit M. Paramelle, ne marchent pas au hasard. Ils se partagent sous terre de la même manière que les eaux pluviales à la surface, en sorte que le faîte extérieur indique et suit assez exactement la ligne qui sépare la marche des eaux souterraines. Chacun des deux versants conduit toutes les petites veines d'eau qui peuvent s'y former dans le vallon vers lequel il est incliné, et là se réunit un filet de quelque importance. Aussi c'est presque toujours au fond des vallons et à leur thalweg qu'on voit les sources sortir de terre, et lorsqu'il n'y en a point d'apparentes, elles y sont cachées et coulent sous le terrain de transport. On peut donc affirmer, en thèse générale, que dans chaque vallée, vallon, gorge et pli de terrain, il y a un cours d'eau apparent ou caché. L'un et l'autre sont soutenus par une couche imperméable. Celui qui connaît bien les lois qui président aux cours d'eau apparents peut connaître et suivre pas à pas un cours d'eau caché ; car ils obéissent aux mêmes lois et se conduisent de la même manière. D'après cela, le volume d'une source est donc en rapport direct avec l'étendue du bassin hydrographique extérieur dont elle est l'écoulement.

Le cours d'eau souterrain prend toujours son point de départ au sommet d'un vallon, tantôt dans une plage élevée, sèche, peu déprimée et peu inclinée, tantôt dans une gorge profondément creusée en forme de cirque. A partir du fond du pli de terrain ou du centre du cirque, le thalweg commence à se dessiner, la pente du centre du vallon se radoucit, et la source, qui a déjà un certain volume, suit toujours le thalweg

10*

du vallon et marche en ligne à peu près droite. De
distance en distance, elle reçoit d'autres filets plus ou
moins considérables, qui lui sont amenés par les vallons secondaires, et vers l'embouchure desquels elle
s'infléchit pour les aller recevoir. Plus l'affluent qu'elle
reçoit est important, plus elle se détourne de sa
droite ligne.

En quel point de la ligne faut-il ouvrir une source?
L'abbé Paramelle conseille quatre points, comme
étant ceux où le cours d'eau est à une moindre profondeur : 1° le point central du premier pli de terrain
où se réunissent sur la plage élevée tous les filets
qui forment son commencement; 2° le centre du cirque qui lui sert quelquefois de point de départ; 3° le
bas de chaque pente du thalweg extérieur, quand il
est coupé de plateaux et de rampes ; 4° enfin l'approche de son embouchure, c'est-à-dire l'extrémité inférieure du vallon. Partout ailleurs la source est plus
profonde, la culture et les eaux sauvages déposant sur
le sol un encombrement de terres de transport dont
l'épaisseur va en augmentant à mesure qu'on s'éloigne
de l'origine du thalweg.

C'est en appliquant ces principes que l'abbé Paramelle a doté la France d'une multitude de fontaines.
En exposant ses idées dans son livre sur *l'Art de
découvrir les sources,* il a raconté lui-même d'une manière touchante l'origine et les progrès de sa théorie.

Nommé en 1818 desservant de la petite paroisse de
Saint-Jean-Lespinasse dans le diocèse de Cahors,
l'excellent curé fut ému des souffrances d'une partie
de ses paroissiens pendant les sécheresses de l'été,
par suite du manque d'eau potable. Le département
du Lot appartient, en effet, aux terrains granitiques

dans sa région orientale, aux terrains calcaires dans sa région occidentale et méridionale, et la ligne de démarcation passe précisément à travers Saint-Jean-Lespinasse. La première région offre des sources à chaque pas et est surabondamment arrosée ; la seconde, au contraire, est extrêmement aride, manque généralement de ruisseaux, de fontaines et même de puits, et les malheureux habitants sont obligés d'aller journellement quérir à plusieurs lieues de distance l'eau nécessaire à eux et à leurs bestiaux. Touché de ces souffrances, et frappé du contraste que présentaient les deux moitiés de sa paroisse et les deux régions du département du Lot, l'abbé Paramelle se demanda ce que devenaient les eaux pluviales tombées sur la partie calcaire. Il passa neuf années à parcourir les plateaux et les vallons, à étudier toutes les sources, et à examiner curieusement toutes les circonstances au milieu desquelles elles se produisent. Une grande persévérance aidée d'une sagacité admirable lui fit enfin découvrir la loi mystérieuse qu'il cherchait.

L'expérience seule pouvait prononcer sur le mérite de la théorie de M. Paramelle. En 1827 le savant hydroscope présenta un exposé de ses idées au conseil général du Lot, et demanda que le département voulût bien faire la moitié des frais des tentatives. Le conseil vota six cents francs destinés à concourir aux premiers essais, et M. Paramelle, se mettant résolûment à l'œuvre, obtint bientôt des succès prodigieux. On ne l'avait d'abord accueilli qu'avec une défiance marquée, et huit communes seulement l'avaient appelé la première année, et encore, sur ces huit communes, y en eut-il trois qui refusèrent de faire les

sondages nécessaires. Mais quand le curé de Saint-
Jean eut découvert l'énorme source de Rocamadour,
qui, au dire des habitants, « fournirait assez d'eau
pour tout le département, » l'enthousiasme fut à son
comble, et le conseil général vota *dix francs* pour
chaque source découverte! D'après un certificat offi-
ciel délivré en 1843 par la préfecture de Cahors,
M. Paramelle avait alors indiqué dans le département
du Lot trois cent trente-huit sources, et sur ce
nombre trois cent cinq avaient donné des eaux salubres et abondantes, à la profondeur annoncée, ou
même à des profondeurs moindres. L'habile hydroscope ne se contenta pas de gratifier son département
de ces découvertes importantes; il parcourut toute la
France, et pendant vingt-cinq années d'explorations,
il indiqua dix mille deux cent soixante-quinze fontaines, et presque toujours avec un succès étonnant.
N'est-ce pas là un immense service rendu au pays?

La théorie de l'abbé Paramelle s'applique particulièrement aux sources superficielles, c'est-à-dire aux
courants d'eau qui coulent souterrainement à une
médiocre profondeur. En effet, le relief actuel du sol
a été déterminé par le dernier grand cataclysme qui
en a bouleversé la surface; sur ce relief primitif est
venue se déposer, sans en altérer la configuration
générale, une couche meuble appartenant aux terrains tertiaires, souvent imperméable, et toujours
recouverte d'une couche perméable de terrains de
transport. Il est donc vrai de dire, avec M. Paramelle,
que les conditions hydrographiques extérieures représentent sincèrement les conditions hydrographiques
intérieures, que tout pli de terrain renferme un cours
d'eau apparent ou caché, et que le courant souterrain

circule à une médiocre profondeur au-dessous des
terrains de transport, soutenu par la couche imperméable qui couvre d'un léger manteau les terrains
plus anciens, et qui en épouse et en accuse tout le
relief. Mais si l'on voulait appliquer cette théorie à
des sources plus profondes et à tous les terrains in-
distinctement, on risquerait de se tromper; car il
arrive fréquemment que les couches intérieures du
globe ont une inclinaison toute différente de celle des
couches extérieures, et par conséquent entraînent les
eaux souterraines dans une direction inverse de celle
qui est marquée par le relief du sol.

Quoi qu'il en soit de cette critique, l'abbé Paramelle a fait faire un très-grand pas à l'hydroscopie, et
l'a introduite dans le domaine de la science positive.
Mais aujourd'hui, en dehors de ces principes, une
connaissance plus exacte et plus complète des lois
hydrologiques et de la nature des terrains, permet
d'affirmer qu'à tel ou tel étage de la série des terrains doit circuler un courant dont le volume est nécessairement en rapport avec l'étendue de la surface
extérieure qui l'alimente. Il se rencontre, en effet, de
distance en distance, dans l'échelle géologique, des
bancs durs compactes, ou bien des lits marneux
ou argileux qui retiennent les eaux : une connaissance intime et approfondie de la nature géologique
d'une contrée permet donc d'y soupçonner et d'y
rechercher les cours d'eau souterrains. Quelques
exemples éclairciront notre pensée.

Les terrains miocènes (étage tertiaire) du bassin
de Paris se composent des sables et des grès de Fontainebleau, surmontés de la dernière formation lacustre (travertin supérieur) qui recouvre tous les

plateaux de la Beauce. Le travertin supérieur est complétement déboisé ; les cours d'eau y sont rares et sans crues, et de nombreuses vallées sèches qui le sillonnent en démontrent l'extrême perméabilité. Mais toutes les eaux qui s'infiltrent à travers ce calcaire sont arrêtées par les sables argileux de Fontainebleau ; il existe donc une belle nappe d'eau, et par suite une belle région de sources, au-dessus de cette dernière formation. Par conséquent, le géologue qui a reconnu la présence de ces sables argileux à une médiocre profondeur peut y indiquer un puits avec assurance, et si la nappe aquifère est coupée quelque part par un vallon sur lequel elle vient affleurer, on peut y rechercher une source avec espoir de succès. Ces mêmes terrains occupent une partie de la Touraine. Comme en Beauce, les calcaires lacustres sont secs et perméables, et absorbent toutes les eaux pluviales ; mais ces eaux sont arrêtées un peu plus bas par l'argile de la molasse, et comme les couches du terrain, inclinées du nord au sud, sont coupées par la profonde vallée de l'Indre, il existe une très-belle région de sources depuis Loches jusqu'à Montbazon (Indre-et-Loire).

Autre exemple. La craie proprement dite est un terrain des plus perméables. Dans les vastes plaines de la Champagne, on remarque de nombreuses vallées sèches cultivées jusqu'au fond, sans qu'on y trouve la trace du passage des eaux pluviales, excepté dans les orages violents. La plupart du temps, les eaux sauvages disparaissent dans le fond des vallées ; quelquefois cependant elles atteignent les ruisseaux alimentés par des sources, et en blanchissent pendant quelques heures les eaux limpides. Généralement il n'existe point de ponceaux sur les thalwegs des vallées, et quand il y en a, leur débouché mouillé n'est que de quelques centièmes de mètre carré par kilomètre carré de versants. Ce qui démontre encore la perméabilité de ce terrain, c'est le faible débit relatif des rivières qui en sortent. M. Dausse a démontré qu'il tombe, année moyenne, sur le bassin de la Seine en amont de Paris (bassin dont la superficie est de quarante-trois mille cent kilomètres carrés), vingt-huit milliards de mètres cubes d'eau, et qu'il ne passe sous les ponts de Paris que huit milliards environ de mètres cubes, c'est-à-dire les vingt-huit centièmes seulement de l'eau tombée. Sans doute l'évaporation et la végétation emportent une partie de cette eau; mais ces deux causes réunies ne sauraient rendre compte de cette perte de soixante-douze centièmes. Que devient donc le reste des eaux pluviales? Il faut admettre nécessairement qu'elles disparaissent dans la craie dont les couches plongent les unes sous les autres en s'inclinant vers Paris. Mais elles sont interceptées par la couche argileuse de grès verts, et là elles forment une masse continue au-dessous de la Champagne.

Toute dépression de terrain assez profonde pour affleurer ou entamer le niveau de cette nappe en fait jaillir des sources plus ou moins abondantes, et crée un courant. Souvent il suffit de pratiquer dans le sol des vallons secs des tranchées de quelques mètres, pour que l'eau apparaisse et s'épanche, comme une source nouvelle, si on lui ménage quelque issue. Le camp de Châlons a été alimenté par ce procédé fort simple. Le canal de Saint-Quentin l'est, en grande partie, par les sources qu'on a rencontrées en perçant dans la craie le grand souterrain du point de partage. On a retrouvé récemment, à un mètre quatre-vingt-dix centimètres au-dessous de leur niveau habituel, des sources de la Somme picarde qui étaient taries en amont de Saint-Quentin. Plus près de la Somme-Soude, en exécutant le canal de la Marne à l'Aisne, on a atteint la nappe d'eau de la craie, et constaté qu'on aurait pu alimenter le point de partage au moyen de cette nappe, en se tenant à un ou deux mètres plus bas que le projet adopté.

C'est cette vaste nappe que M. l'ingénieur en chef Belgrand a proposé d'atteindre pour en amener le produit à Paris. Pour se procurer des eaux aussi pures qu'abondantes dans les vallées de la Somme et de la Soude, il n'est pas nécessaire, dit-il, de recueillir les sources apparentes qui alimentent ces petites rivières au-dessus et au-dessous de leur confluent; il est plus sûr et plus expédient de creuser, à quelque distance, des tranchées ou des tunnels jusqu'au sein de la nappe qui s'étend sous le pays entier, et de susciter artificiellement, par ce drainage énergique, des sources nouvelles que les têtes de l'aqueduc de dérivation recevront sans peine et amèneront à Paris. On voit que la science hydrologique, grâce à la géologie, a fait un grand pas depuis l'abbé Paramelle.

Nous terminerons ce chapitre en indiquant, d'après Bernard Palissy, un moyen facile et assuré de créer une source artificielle.

Puisque nous savons qu'une fontaine n'est que l'écoulement d'une nappe d'eau souterraine retenue sur une couche imperméable, il suffira de reproduire ces conditions. Pour cela, il faut choisir un terrain facilement perméable qui soit légèrement en pente, et le disposer de la manière suivante. A la partie supérieure on creuse à un mètre de profondeur un fossé qui affecte un peu la forme d'un V très-ouvert, c'est-à-dire dont les deux branches forment entre elles un angle très-obtus, la pointe étant dirigée vers la pente; ce fossé est tapissé, au fond, d'une couche de terre glaise imperméable. Un second fossé, creusé parallèlement au premier et en dessous, est tapissé de la même façon, et la terre en est rejetée dans le premier. Le terrain tout entier doit être ainsi défoncé, garni de glaise, puis recouvert.

On comprend sans peine le mécanisme de cette disposition. Toutes les eaux pluviales traversent la couche supérieure perméable, s'arrêtent à la couche de glaise et y forment une nappe liquide qui s'écoule lentement en suivant les pentes et se rend au bas du terrain vers le milieu. Là un mur imperméable lui fait obstacle, et une ouverture qui y est pratiquée établit un écoulement permanent de la nappe souterraine. La fontaine artificielle est créée.

Quel peut être le volume de cette source? A Paris, il tombe en moyenne soixante centimètres de pluie chaque année, ce qui, pour un hectare, représente six mille mètres cubes d'eau. En supposant qu'un bon tiers soit enlevé par l'évaporation et la végétation, et qu'il ne parvienne que trois mille six cents mètres cubes environ à la couche imperméable, on obtiendra un écoulement de dix mètres cubes par jour, c'est-à-dire cinq cents litres par heure. Sur cette donnée, on peut établir à l'avance le nombre d'hectares qu'il faudrait traiter de cette manière pour un volume d'eau déterminé. Le succès de cette opération est assuré; car après tout elle n'est qu'un vaste drainage exécuté au moyen d'une couche de terre argileuse.

XIII

LES PUITS ARTÉSIENS

Canaux souterrains des nappes liquides. — La rivière souterraine de Tours. — Lacs souterrains. — Oiseaux et poissons de ces lacs. — Pertes de rivières. — Abîmes et gouffres. — Force ascensionnelle des eaux artésiennes. — Sources d'eau douce dans la mer. — Profondeur, volume et température des sources artésiennes. — Les puits de feu. — Couches absorbantes.

En forant verticalement le sol, dans certaines localités, jusqu'à des profondeurs suffisantes, on atteint des nappes d'eau souterraines qui remontent à la surface le long du canal que la sonde leur a ouvert; ces eaux forment souvent des jets abondants et élevés. C'est ce qu'on nomme des puits *artésiens*. Ils sont ainsi appelés du nom d'une province de France, l'Artois, où l'on paraît s'être le plus spécialement occupé de la recherche des eaux souterraines, et où la plus ancienne fontaine de ce genre fut creusée à Lilliers (Pas-de-Calais), dans un couvent de chartreux, en 1126. Il ne faut pas se dissimuler toutefois que ces puits étaient parfaitement connus des anciens, et qu'ils savaient les construire.

Olympiodore, qui florissait à Alexandrie vers le milieu du vi^e siècle, rapporte que lorsqu'on a creusé des puits dans l'oasis, à deux cents, à trois cents, et quelquefois jusqu'à cinq cents aunes de profondeur, ces puits lancent par leurs orifices des rivières d'eau dont les agriculteurs profitent pour arroser les campagnes. Des tuyaux de plomb qu'on a trouvés dans les ruines antiques de la ville de Modène, et qui communiquaient avec des puits de vingt à vingt-cinq mètres de profondeur, permettent aussi de soupçonner que les Romains connaissaient la force jaillissante de certaines nappes liquides. Enfin il paraît que les habitants du Sahara sont initiés depuis longtemps à la pratique des fontaines artésiennes; car Shaw, qui voyagea en Barbarie en 1727, raconte que les villages les plus enfoncés dans le désert vont chercher des sources ascendantes à deux cents brasses de profondeur.

D'où proviennent ces sources? Nous avons déjà établi, dans le chapitre précédent, que les eaux pluviales, s'infiltrant à travers les couches poreuses ou perméables de l'écorce terrestre, descendent jusqu'à une certaine profondeur où elles sont arrêtées par des lits imperméables, et que là elles forment une ou plusieurs nappes liquides à divers étages, d'un volume plus ou moins considérable. En circulant, ces eaux désagrégent peu à peu les sables au milieu desquels elles cheminent, les entraînent dans leur cours, et se creusent ainsi un canal souterrain rempli d'une véritable rivière. Quel autre nom donner, par exemple, au réservoir où sans relâche, je veux dire en toute saison, s'alimente la fontaine de Vaucluse? A sa sortie des rochers qui lui ont livré passage, cette source forme une rivière importante, la Sorgue, qui n'est évidemment que l'écoulement d'une rivière souterraine. Quand elle est le moins abondante, son produit se monte encore, d'après des jaugeages exécutés avec précision, à quatre cent quarante-quatre mètres cubes d'eau par minute. A l'époque des plus fortes crues, elle fournit, dans le même temps, une quantité de liquide trois fois plus considérable qu'à l'étiage, ou mille trois cent trente mètres cubes. Dans son état moyen, l'observation donne huit cent quatre-vingt-dix mètres cubes par minute, c'est-à-dire treize cent mille mètres cubes par jour, et quatre cent soixante-huit millions de mètres cubes en une année. Ce dernier nombre, pour le dire en passant, est à peu près égal à la quantité totale de pluie qui, dans cette région de la France, tombe chaque année, sur une étendue de trente lieues carrées. Pour expliquer cet énorme volume d'eau, on a été jusqu'à prétendre qu'il y a une communication par des conduits souterrains entre la Durance et le réservoir de Vaucluse : après tout, cela n'aurait rien que de très-vraisemblable.

Il existe, en effet, au sein des massifs minéralogiques stratifiés, des intervalles vides compris entre certaines couches imperméables, et qui sont comme le lit des nappes liquides courantes. La sonde les a souvent rencontrés dans le forage des puits artésiens. A Paris, on creusait un puits près de la barrière de Fontainebleau. Comme d'habitude, les progrès de ce travail étaient lents; mais voilà que tout à coup la sonde échappe des mains des ouvriers, et s'enfonce

brusquement de plus de sept mètres. Sans la mani-
velle placée transversalement dans l'œil de la première tige et qui ne put passer par l'étroit orifice du
puits, la chute se fût probablement continuée encore.
Lorsqu'on essaya de retirer la sonde, il devint évident qu'elle était comme suspendue; que sa pointe
inférieure ne reposait pas sur un terrain solide; qu'un
fort courant, enfin, la poussait latéralement et la
faisait osciller. Le jaillissement rapide des eaux de ce
courant inférieur ne permit pas de pousser les observations plus loin.

A la gare Saint-Ouen, MM. Flachat reconnurent
que la troisième des cinq nappes liquides ascendantes, échelonnées de trente-six mètres à soixante-
six mètres de profondeur, dont leur opération fit
découvrir l'existence, coule dans une cavité de près
d'un demi-mètre de hauteur. La sonde, en effet, y
tomba de trente-cinq centimètres. Le courant doit y
être très-fort; car il imprimait à la sonde un mouvement oscillatoire très-sensible. Ce double résultat
(l'existence et la force du courant) peut se déduire
aussi avec certitude d'un autre fait curieux : quand
la tarière, chargée des débris des couches qu'elle
avait attaquées, devait, en remontant, passer à la
hauteur de la troisième nappe liquide, il n'était pas
nécessaire de la ramener jusqu'à la surface pour la
nettoyer; car, à la hauteur en question, tous ces débris étaient emportés. Les nappes stagnantes, comme
de raison, ne produisaient rien de pareil.

Mais voici une preuve plus démonstrative encore
que toutes celles qu'on vient de lire, de l'existence
d'une rivière souterraine sous la ville de Tours.
En 1830, un puits artésien fut foré sur la place de

la Cathédrale par M. Degousée ; l'on y rencontra trois nappes ascendantes, l'une à quatre-vingt-quinze mètres de profondeur, l'autre à cent douze mètres, et la dernière à cent vingt-cinq mètres. Le 30 janvier 1831, le tuyau vertical de la fontaine jaillissante ayant été raccourci d'environ quatre mètres, le produit en liquide devint aussitôt plus grand. L'augmentation fut d'environ un tiers ; mais l'eau, auparavant très-limpide, ayant reçu un accroissement subit de vitesse, se troubla. Pendant plusieurs heures, elle amena, de la profondeur de cent neuf mètres, des débris de végétaux, « parmi lesquels, dit le savant naturaliste Dujardin, des rameaux d'épines, longs de quelques centimètres, noircis par leur séjour dans l'eau, des tiges et des racines encore blanches de plantes marécageuses, des graines de plusieurs espèces dans un état de conservation qui ne permettait pas de supposer qu'elles eussent séjourné plus de trois à quatre mois dans l'eau. Parmi ces graines, on remarquait surtout celles d'un *caille-lait* qui croît dans les marais ; on y trouvait enfin des coquilles d'eau douce et terrestres. Tous ces débris ressemblaient à ceux que les petites rivières et les ruisseaux laissent sur leurs rives après un débordement. » Ces faits établissent invinciblement que les eaux de la troisième nappe souterraine de Tours ne résultent pas, du moins en totalité, d'une filtration à travers les couches de sable. Pour qu'elles puissent entraîner des coquilles, des morceaux de bois, il faut qu'elles se meuvent librement dans de véritables canaux.

Les phénomènes de la célèbre fontaine de Nîmes nous apportent une nouvelle preuve à l'appui de

l'existence des rivières souterraines. Dans les grandes
sécheresses, le produit de cette fontaine se réduit
quelquefois à mille trois cent trente litres par minute;
mais qu'il pleuve fortement dans le nord-ouest de la
ville, jusqu'à dix à douze kilomètres de distance, et
très-promptement, dit M. Valz, une crue de la fontaine se manifeste; et à son faible débit de mille trois
cent trente litres par minute en succède un de dix
mille litres, et, malgré cette énorme augmentation de
volume, la température de l'eau ne varie presque pas.
Ces faits ne démontrent-ils pas non-seulement la
dépendance étroite qui existe entre les sources et les
pluies, mais encore l'existence de canaux souterrains
longs de dix kilomètres : une simple infiltration, en
effet, quelque perméabilité, d'ailleurs, qu'on voulût
attribuer au terrain, ne saurait rendre compte de
pareils phénomènes. La fontaine de Nîmes est donc
alimentée par une ou plusieurs rivières souterraines.

Les nappes liquides, comme nous l'avons déjà fait
remarquer, sont échelonnées à divers étages. Les travaux entrepris pour chercher la houille, près de
Saint-Nicolas d'Aliermont, à quelque distance de
Dieppe, y ont fait reconnaître sept grandes nappes
d'eau très-abondantes, toutes douées d'une force
ascensionnelle très-grande. En voici les positions res-
pectives :

1re nappe, de 25 à 30 mètres de profondeur.
2e   —   à 100 mètres.
3e   —   de 175 à 180 mètres.
4e   —   de 210 à 215 mètres.
5e   —   à 250 mètres.
6e   —   à 287 mètres.
7e   —   à 333 mètres.

Il y a non-seulement des nappes d'eau, il y a encore de véritables lacs souterrains, habités et peuplés comme les lacs extérieurs. L'exemple le plus frappant qu'on en puisse citer est celui du lac de Zirknitz, en Carniole. Ce lac a environ dix kilomètres de long sur cinq de large. Vers le milieu de l'été, si la saison est sèche, son niveau baisse rapidement, et en peu de semaines il est complétement à sec. Alors on aperçoit distinctement les ouvertures par lesquelles les eaux se sont retirées sous le sol, ici verticalement, ailleurs dans une direction latérale vers les cavernes dont se trouvent criblées les montagnes environnantes. Immédiatement après la retraite des eaux, toute l'étendue du bassin qu'elles couvraient est mise en culture, et au bout d'une couple de mois les paysans fauchent du foin ou moissonnent du millet et du seigle là où quelque temps auparavant ils pêchaient des tanches et des brochets. Vers la fin de l'automne, après les pluies de cette saison, les eaux reviennent par les mêmes canaux naturels qui leur avaient ouvert un passage au moment de leur disparition; et si quelquefois, pendant l'automne, il survient une abondante pluie d'orage sur les montagnes dont Zirknitz est entouré, le lac souterrain déborde, et va, pendant plusieurs heures, couvrir de ses eaux le bassin desséché du lac extérieur.

Ce qu'il y a de plus singulier, c'est que par ces ouvertures sortent, avec les eaux, des poissons plus ou moins gros et des canards. Au témoignage de Valvasor, de John Russe (1820-1822), et de Girolamo Agapito (1824), ces canards, au moment où le flux liquide les fait, pour ainsi dire, jaillir à la surface de la terre, nagent bien. Ils sont complétement aveugles et presque entièrement nus. La faculté de voir leur vient

11

en peu de temps ; mais ce n'est guère qu'au bout de deux à trois semaines que leurs plumes, toutes noires excepté sur la tête, ont assez poussé pour qu'ils puissent s'envoler. Valvasor visita le lac de Zirknitz en 1687. Il y prit lui-même un grand nombre de ces oiseaux, et vit les paysans pêcher des anguilles qui pesaient plus d'un kilo, des tanches de trois kilos, et enfin des brochets de dix et même de vingt kilos.

Pour quelques-uns de nos lecteurs, ces canards sembleront arriver en droite ligne d'Amérique ; aussi éprouvons-nous le besoin de placer notre récit sous la protection du nom du grand Arago, à qui nous empruntons ces étranges et curieux détails.

La Carniole n'est pas le seul pays où l'on signale des lacs souterrains peuplés de poissons, et la France elle-même possède, quoique sur une plus petite échelle, des lacs de Zirknitz. D'après les *Mémoires de l'Académie des sciences* de 1741, près de Sablé, en Anjou, au milieu d'une espèce de lande, s'ouvre un gouffre, la *Fontaine sans fond,* de sept à huit mètres de diamètre, dont on n'a pu déterminer la profondeur. Cet abîme déborde quelquefois, et alors il en sort une quantité prodigieuse de poissons et surtout de brochets truités d'une espèce particulière. « Il y a lieu de croire, disait à ce sujet le secrétaire perpétuel de l'Académie, que tout ce terrain est comme la voûte d'un lac situé au-dessous. » A l'autre extrémité de la France, dans le département de la Haute-Saône, près de Vesoul, un entonnoir naturel, appelé *Frais-Puits,* présente des phénomènes du même genre, et quand il déborde à la suite de longues pluies, il vomit des brochets et d'autres poissons. En 1557, la ville de Vesoul, assiégée, fut délivrée grâce à un débordement dc cette source, qui en six heures inonda toute la campagne et emporta les travaux des assiégeants. De ces faits on peut conclure que les lacs souterrains ne sont pas un simple accident, mais un phénomène régulier dont l'existence est liée à la nature du sol et à sa constitution géologique.

La lente infiltration des eaux pluviales à travers les couches du sol ne suffirait pas à rendre compte de pareils volumes d'eau, et il faut bien admettre que des rivières tout entières s'engouffrent dans des cavités souterraines. Ces *pertes* avaient vivement attiré l'attention des anciens. Ainsi, Pline citait déjà parmi les cours d'eau qui disparaissaient sous terre : l'Alphée, du Péloponèse ; le Tigre, de la Mésopotamie ; le Trimavus, du territoire d'Aquilée ; et même le Nil, etc. Mais bornons-nous à des exemples plus voisins de nous, plus constatés, plus étudiés. — La Guadiana se perd dans un pays plat, au milieu d'une immense prairie. Voilà pourquoi les Espagnols, quand on leur parle avec éloge de quelque grand pont de France ou d'Angleterre, répliquent qu'il en existe un en Estramadure sur lequel cent mille bêtes à cornes peuvent paître à la fois. — La Meuse se perd à Bazoilles, et renaît à Noncourt, après un cours souterrain d'un myriamètre. Il ne paraît pas que cette perte soit très-ancienne : le lit primitif, quoique cultivé, dit M. Héricart de Thury, se voit encore très-distinctement au-dessus du lit souterrain. — La Drôme, en Normandie, se perd complétement au milieu d'une prairie, dans un trou de dix à douze mètres de diamètre, connu des habitants sous le nom de *Fosse de Soucy ;* mais elle n'arrive jamais à ce gouffre que très-affaiblie. D'autres trous situés dans la même prairie, quoique

moins remarqués, *boivent* (c'est l'expression locale)
la plus grande partie de ses eaux. Ces entonnoirs ont
reçu dans le pays le nom de *bétoirs*, et ils sont com-
muns dans toutes les rivières de la même région : à
son arrivée au bétoir qui amène sa disparition totale,
le cours d'eau se trouve déjà réduit à un simple filet.

Il serait facile de multiplier ces citations, même en
se bornant aux rivières qui disparaissent complète-
ment. Que serait-ce donc si des jaugeages bien exécutés avaient fait connaître tous les cas dans lesquels
il n'y a que perte partielle? La Loire paraît être dans
ce cas au-dessus d'Orléans, et l'énorme source du
Loiret n'est probablement que l'écoulement d'une
partie de la Loire par un canal souterrain.

Maintenant que nous connaissons la source inépui-
sable où s'alimentent les puits artésiens, on se demandera peut-être quelle est la force qui soulève les
eaux souterraines et les fait jaillir à la surface du
globe. Nous avons dit plus haut que les eaux artésiennes circulent dans de véritables canaux fermés,
compris entre deux couches imperméables, et dont
le point de départ se trouve, à une certaine distance,
à un niveau supérieur : or les tuyaux du trou de
sonde, en se mettant en communication avec ces canaux, reçoivent les eaux de la nappe liquide, et ces
eaux, grâce à la pression hydrostatique qui s'exerce
sur elles au point où elles sont recueillies, montent
dans le tuyau du puits à une hauteur déterminée par
la pression qu'elles supportent. Théoriquement, l'eau
devrait remonter à une hauteur correspondante à
celle du sommet de la colonne liquide souterraine,
pour rétablir l'équilibre des pressions au fond du trou
de sonde; mais elle demeure un peu plus bas : cette dif-

férence tient à des frottements, à la résistance de l'air,
et aux courants opposés des molécules liquides ascendantes et descendantes. Un puits artésien ressemble
donc parfaitement à ces appareils que l'on dispose souvent pour obtenir de petits jets d'eau dans les jardins.

On nous objectera peut-être qu'un grand nombre
de fontaines artésiennes jaillissent au milieu d'immenses plaines, et que la plus insignifiante colline
ne se montre d'aucun côté. Où donc trouver, dira-
t-on, ces colonnes hydrostatiques dont la pression doit
ramener les eaux souterraines au niveau de leurs
points les plus élevés? Je réponds, avec M. Arago,

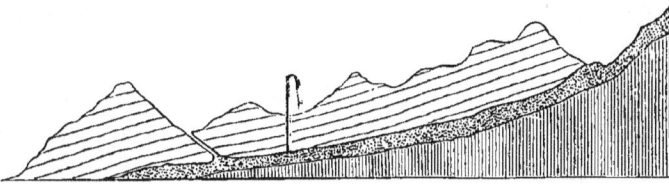

Ascension des eaux artésiennes.

qu'il faut les chercher, si c'est nécessaire, au delà de
la portée de la vue, sur des collines ou des montagnes
situées à cinquante, à cent, à deux cents kilomètres
de distance et même au delà. L'existence de pareils
canaux est démontrée par plusieurs faits extrêmement
curieux. Il y a, au fond de l'Océan, des sources d'eau
douce qui jaillissent verticalement jusqu'à la surface.
Un des plus beaux exemples de ces sources est celui
du golfe de la Spezzia, sur les côtes de Toscane. L'eau
s'élance au-dessus de la mer, en formant un mamelon
de plus de vingt mètres de diamètre sur trois à quatre
décimètres de hauteur; on voit, à son centre, un
grand nombre de jets verticaux tellement impétueux,
qu'un bateau ne s'arrête que difficilement au milieu

de cette proéminence liquide, distante de cinquante mètres de la terre. Spallanzani put en sonder la profondeur : le plomb toucha le fond à quinze mètres. M. de Humboldt a aussi observé une source d'eau douce dans la baie de Jagua, sur la côte méridionale de Cuba. A deux à trois lieues de la terre, dit-il, des sources d'eau douce sortent du milieu de l'eau salée. Leur éruption se fait avec tant de force, que l'approche de ce lieu fameux est dangereux pour les petites embarcations, à cause des lames qui sont très-larges et se croisent en clapotant. Les navires côtiers approchent quelquefois de ces sources pour y puiser de l'eau, qui est d'autant plus douce qu'on la puise à une plus grande profondeur. Mais voici qui est encore plus remarquable. Il y a peu d'années, disait M. Arago en 1834, un vaisseau anglais sur lequel M. Buchanan était embarqué trouva, par un calme plat, dans les mers de l'Inde, une abondante source d'eau douce, à environ cent soixante kilomètres du point de la côte le plus voisin. L'eau de toutes ces sources vient évidemment de terre par des canaux naturels situés au-dessous du lit de la mer, et dans le dernier cas, voilà un canal et un cours d'eau souterrain de quarante lieues de développement. De pareils faits jettent une grande lumière sur la marche cachée des eaux artésiennes.

Ces canaux à sources artésiennes se rencontrent, comme on le comprend facilement, à divers étages dans la série des terrains ; car, pour les créer, il suffit d'une couche perméable ou plutôt d'une couche désagrégée, située entre deux couches imperméables, et prenant son point de départ à un niveau supérieur. En France, c'est principalement dans l'étage du grès

vert, qui constitue la base de la grande formation
crétacée, qu'on rencontre les nappes jaillissantes.
L'étude du grès vert est donc fort importante pour le
sondeur. Si, en effet, on fore un puits dans le voisinage des points où le grès vert affleure à la surface
du sol et boit les eaux pluviales et les eaux des ruisseaux, il y a beaucoup de chances pour rencontrer la
nappe liquide à une médiocre profondeur, et à peu de
frais. C'est ce qui arrive dans l'Artois ; c'est ce qui
arrive aussi dans la partie méridionale du département d'Indre-et-Loire, où les terrains du groupe crétacé inférieur se montrent dans le lit de la Creuse, et
où plusieurs puits viennent d'être creusés avec un
plein succès. Mais si, au contraire, on s'éloigne de
l'étroite bande que le grès vert forme en France autour du bassin dans lequel il s'est déposé, les couches
s'enfonçant et plongeant sous les autres, il faudra
descendre à une plus grande profondeur pour trouver
et ramener les eaux artésiennes.

Quelques-uns de ces puits ont atteint une profondeur remarquable. Les Chinois vont chercher les
eaux salées souterraines, dans la province de Kiating-
Fou, à 584 mètres, par des trous de sonde fort étroits ;
mais, comme l'eau n'y jaillit pas, on ne peut pas ranger
ces trous dans la catégorie des puits artésiens proprement dits. En exécutant ces travaux pour la recherche des sources salées, les Chinois ont cependant
rencontré de véritables sources artésiennes, et, ce qui
est beaucoup plus curieux, des puits de feu, par l'orifice desquels il se dégage en abondance du gaz hydrogène pur ou du gaz hydrogène carboné semblable à
notre gaz à éclairage. Il y a beaucoup de puits de cette
espèce en Chine. Le gaz qui se dégageait de celui que

M. Imbert, missionnaire français, visita en 1830, était
conduit par de longs tuyaux sous plus de trois cents
chaudières où on l'enflammait pour amener l'évaporation des eaux salines. Des rues, des halles, des
ateliers étaient aussi éclairés par le même gaz conduit
sur place à l'aide de tubes de bambou.

La septième nappe d'eau trouvée près de Saint-
Nicolas d'Aliermont était à la profondeur de 333
mètres; elle remonta jusqu'à la surface; mais comme
on cherchait du charbon de terre, les travaux furent
abandonnés. La fontaine de Chewick, dans le parc du
duc de Northumberland, jaillit à la hauteur de plus
d'un mètre au-dessus du sol, et vient de la profondeur
de 189 mètres. Le puits foré, d'un produit si remarquable, situé à la caserne de Guise à Tours, est alimenté par une nappe d'eau que M. Degousée est allé
chercher à 133 mètres; les eaux du puits d'une ancienne manufacture de soie dans la même ville viennent de 140 mètres. Enfin le puits artésien de Grenelle
à Paris est descendu jusqu'à 548 mètres, et celui de
Passy, jusqu'à 570 mètres.

La température de ces eaux varie naturellement
avec la profondeur d'où elles jaillissent, et c'est là
une des preuves apportées à l'appui de la théorie du
feu central. A Paris, dont la température moyenne à
la surface du sol est de $+ 10°$, 6 centigrades, la température de la fontaine jaillissante de la gare de Saint-
Ouen (66 mètres de profondeur) est de $+ 12°$, 9;
celle du puits de Grenelle, de 27°, 7; et celle du puits
de Passy, de 28°. A Tours, où la température moyenne
est de $+ 11°$ 5, les eaux qui viennent de 140 mètres de
profondeur ont 17, 5. C'est donc un accroissement de
chaleur d'environ un degré par trente mètres.

Le volume d'eau fourni par les fontaines artésiennes est très-remarquable. Le puits de la caserne de Guise à Tours a donné, dans l'origine, 1,110 litres d'eau par minute à deux mètres de hauteur au-dessus du sol. Le puits de Lillers (Pas-de-Calais) vomit 700 litres dans le même espace de temps; celui de Rivesaltes, 800 litres, et celui de Merton, en Surrey (Angleterre), 900 litres. Le puits de Grenelle fournit 1,100 mètres cubes à la hauteur de 33 mètres; et au niveau du sol, 1,840 mètres cubes par vingt-quatre heures. Le volume des eaux artésiennes est souvent assez abondant pour mettre en mouvement des moulins ou d'autres machines. Ainsi à Tours, dans une manufacture de soie, la source versait 1,100 litres par minute dans les augets d'une roue de sept mètres de diamètre, qui faisait mouvoir tous les métiers de la manufacture. Mais, pour obtenir un débit constant, il est nécessaire de tuber soigneusement les puits : sans cette précaution, l'eau, en montant dans le trou de sonde, en ronge la surface, et les matériaux, en tombant au fond, pourraient obstruer la nappe ascendante. Il est prudent aussi de ne pas multiplier les sondages sur la même nappe dans un rayon trop rapproché; car les puits voisins, s'alimentant à la même source, peuvent se nuire réciproquement.

De même qu'il y a des couches imperméables où s'arrêtent les eaux souterraines, il y a aussi des couches poreuses qui les absorbent facilement, et où l'homme a imaginé de rejeter, pour s'en débarrasser, les eaux qui le gênaient. Ce sont en quelque sorte des fontaines artésiennes *négatives*. On en cite plusieurs exemples curieux. La plaine des Paluns, près de Marseille, était un grand bassin marécageux. Il paraissait

impossible de le dessécher à l'aide de canaux superficiels. Le roi René y fit alors creuser un grand nombre
de trous ou puisards, nommés en provençal *embugs*
(entonnoirs). Ces trous jetèrent et jettent encore
aujourd'hui, dans des couches perméables situées à
une certaine profondeur, des eaux qui rendaient toute
la contrée improductive. On assure que ce sont les
eaux absorbées aux *embugs* des Paluns qui, après
un cours souterrain, forment les sources jaillissantes
du port de Mion, près de Cassis.

Un fabricant de fécule de pommes de terre de Ville-
taneuse, près de Saint-Denis, s'est débarrassé, dans
l'hiver de 1832-1833, à l'aide d'un puits foré, ouvert
dans des couches terreuses absorbantes, de 80,000 litres par jour d'une eau sale, dont la puanteur excitait
les plaintes du voisinage. Les entrepreneurs de la
voirie de Bondy se débarrassent par le même procédé,
toutes les vingt-quatre heures, de cent mètres cubes
d'eau qui gênaient leurs travaux.

M. Mulot a tiré un ingénieux parti des propriétés
absorbantes de certaines couches, pour débarrasser
les rues de Saint-Denis des eaux qui, en hiver, se
gelaient dans les canaux extérieurs et nuisaient à la
circulation. Autour du tube qui amène les eaux artésiennes au dehors, il a placé un autre tube beaucoup
plus grand, et c'est dans l'espace annulaire compris
entre ces deux tubes qu'il rejette les eaux inutiles ou
nuisibles pendant l'hiver : ces eaux sont promptement
absorbées par la couche où on les conduit, et peut-
être vont-elles plus loin alimenter quelque source
artésienne. N'est-ce pas là un merveilleux système
hydraulique, et cette canalisation intérieure du globe
n'est-elle pas digne de toute notre admiration?

XIV

SÉDIMENTS DES SOURCES

Eaux calcaires. — L'hydrotimètre. — Sources calcaires des terrains volcaniques. — Tufs et travertins modernes d'Italie. —
Forme oolithique de certains sédiments. — Origine du calcaire.
— Creusement des cavernes naturelles. — Description de quelques cavernes. — Cavernes à ossements. — Sources siliceuses,
gypseuses et salées. — Volume des sédiments entraînés par les
sources.

Après avoir étudié l'action destructive des agents
météoriques et la circulation souterraine des eaux,
nous allons aborder maintenant toute une série de
phénomènes variés, dans lesquels l'eau nous apparaî-
tra comme un agent de reconstruction très-important.
Partout, en effet, l'eau refait, l'eau reconstitue de
nouveaux terrains, et si en certains points elle détruit,
c'est pour rétablir ailleurs.

Le premier phénomène qui attirera notre attention est celui que présentent les eaux fortement im-
prégnées de matière calcaire dissoute, en raison de
l'application que les faits actuels peuvent trouver

dans l'interprétation des phénomènes anciens. On
sait que presque toutes les eaux courantes renferment
en dissolution une certaine quantité de carbonate de
chaux, produit de l'action exercée sur les calcaires
par les eaux pluviales chargées de l'acide carbonique
qu'elles empruntent à l'air atmosphérique. La présence du carbonate de chaux est rendue sensible par
le test des coquilles et par le tégument des crustacés
qui vivent dans les eaux. On a remarqué que les écre-
visses et les homards abondent dans les eaux en contact avec du carbonate de chaux, tandis qu'ils sont
très-rares dans les mers ou dans les ruisseaux des
régions granitiques.

Toutes les fontaines qui sourdent des terrains calcaires sont généralement assez riches en carbonate de
chaux, qui provient, comme nous venons de le dire,
d'une dissolution opérée par les eaux légèrement
acides. La quantité de ce sel est quelquefois assez
considérable pour rendre l'eau impropre aux usages
domestiques. Afin de s'assurer de la pureté de l'eau,
on se sert aujourd'hui d'un appareil très-simple
nommé *hydrotimètre* (mesure de la valeur de l'eau),
dont voici la base. L'eau pure peut dissoudre et faire
mousser le savon, à raison d'un décigramme par litre,
ou d'un hectogramme par mètre cube; mais si elle
contient un sel à base terreuse, le savon est détruit et
remplacé par un précipité insoluble. Voici ce qui se
passe dans cette double décomposition : l'acide carbonique du carbonate de chaux s'empare de la soude du
savon pour former un carbonate de soude qui demeure en dissolution dans l'eau, et l'acide gras du
savon se marie parallèlement avec la chaux pour
former un stéarate ou un margarate de chaux, qui se

précipite en grumeaux insolubles. C'est sur cette propriété qu'est basé l'hydrotimètre. Cet appareil se compose de deux pièces principales : un flacon gradué pour mesurer le volume de l'eau, et une burette tubulaire, également graduée, contenant la liqueur savonneuse, dont on verse plus ou moins dans le flacon, selon la quantité de sels terreux à décomposer, avant d'obtenir la mousse indicative de l'excès de savon. Le volume d'eau étant supposé constamment d'un mètre cube, chaque degré de la burette tubulaire qui se vide pour l'expérience indique la neutralisation d'un hectogramme de savon, et par suite la présence d'un hectogramme de sels terreux.

L'emploi de l'hydrotimètre a fait reconnaître que presque toutes les eaux employées pour les besoins domestiques ou pour l'industrie sont plus ou moins chargées de carbonate de chaux. Ainsi l'eau du puits artésien de Grenelle·marque 9 à 10 degrés à l'hydrotimètre ; celle de la Seine à Paris, de 17 à 20 degrés ; et celle de Belleville, 155 degrés. C'est-à-dire qu'avant d'obtenir le mélange d'eau et de savon produisant la mousse, qui est nécessaire au blanchissage, et qu'on n'obtient qu'après le précipité des sels de chaux, il faut d'abord faire fondre et neutraliser, dans un mètre cube d'eau de Grenelle, de neuf à dix hectogrammes de savon ; dans une quantité égale d'eau de Seine, un kilogramme sept hectogrammes ou deux kilogrammes ; et qu'enfin un mètre cube d'eau de Belleville absorberait, avant de pouvoir servir au blanchissage, l'énorme quantité de quinze kilogrammes cinq hectogrammes de savon. On voit par ces chiffres combien la question de la pureté des eaux est importante pour l'industrie. Voilà pourquoi, pour le savonnage, on préfère l'eau de pluie à l'eau de rivière, et celle-ci à l'eau de source.

Jusqu'à quel degré de l'hydrotimètre l'eau contenant des carbonates de chaux peut-elle être considérée comme bonne? Au-dessus de quels degrés devient-elle médiocre ou mauvaise? Pour résoudre cette question, M. Belgrand a fait un très-grand nombre d'expériences sur des ruisseaux et des rivières, dont l'eau a été essayée à leurs sources, et ensuite à divers points de leur cours. Il en est résulté que l'eau qui, au point de départ, marque 18 degrés ou moins à l'hydrotimètre, ne perd, dans sa marche, aucune partie des sels calcaires qu'elle contient; que si, au contraire, l'indication hydrotimétrique de la source dépasse 18 degrés, l'eau abandonne à ses rives, aux canaux qu'elle parcourt, aux conduits qui la distribuent, aux roues qu'elle met en mouvement, et jusqu'aux plantes qui vivent dans ses bassins, une certaine quantité des carbonates de chaux dont elle est chargée au-dessus de cette limite. Entre 18 et 20 degrés, les dépôts sont presque insensibles. Au-dessus de 21 degrés, ils deviennent considérables, l'incrustation des conduits est rapide, et diminue bientôt notablement la capacité intérieure des tuyaux de fonte d'un petit diamètre. Ce dépôt de carbonate de chaux est dû, d'abord à l'évaporation des eaux, puis au dégagement, à l'air libre, de l'acide carbonique qui tenait ce sel en dissolution.

Si le carbonate de chaux est déjà abondant dans les eaux des terrains calcaires, il l'est bien davantage dans les sources qui sortent des régions volcaniques, même quand ces régions n'offrent plus depuis longtemps aucun signe d'activité extérieure. Nous savons que l'acide carbonique s'exhale à flots de tous les terrains volcaniques anciens ou récents, en s'échappant par les fissures dont le sol est déchiré ; dans son trajet à travers les diverses couches, il rencontre de la chaux à différents états de combinaison, et s'en empare pour former avec elle du carbonate de chaux qui ne tarde pas à se dissoudre dans les eaux souterraines, grâce à un excès d'acide, grâce aussi à la pression qui s'exerce à ces profondeurs. Mais aussitôt que les sources arrivent à la surface du sol, la pression diminue, l'excès d'acide carbonique se dégage et le carbonate de chaux se dépose.

Les sources calcaires de l'Auvergne sont bien connues, et l'on cite particulièrement celles de Saint-Allyre, à Clermont ; de Chaluzet, près de Pontgibaud, et de Saint-Nectaire. La première, située à la base septentrionale de la colline sur laquelle Clermont est bâtie, sort du pépérin volcanique qui repose sur le granit, et par ses incrustations elle a formé une butte de travertin ou calcaire concrétionné blanc : cette butte, dont la longueur est de soixante-quinze mètres, a cinq mètres de haut et six de large, soit un volume de deux mille deux cent cinquante mètres cubes. En pulvérisant les eaux de Saint-Allyre et de Saint-Nectaire, c'est-à-dire en les divisant par des chutes, et en en favorisant l'évaporation, on parvient à faire déposer une couche plus ou moins considérable d'un calcaire blanc-jaunâtre, à pâte fine semi-cristalline, sur des moules en plâtre, des fruits, des branches d'arbustes, des nids d'oiseaux, et sur une multitude d'autres objets. Par ces incrustations on obtient des camées assez fins, des fruits *pétrifiés,* etc. etc.

Si nous passons du district volcanique de la France

à celui qui borde la ligne des Apennins en Italie, nous
y trouverons une foule de sources calcaires incrus-
tantes : elles sont si nombreuses en Toscane, que
sur plusieurs points elles ont recouvert le sol d'une
épaisse couche de tuf ou de travertin. Ailleurs on
observe sur les pentes des collines de véritables coulées de matière calcaire blanche, qui descendent à la
manière des courants de laves, et s'arrêtent brusquement quand elles rencontrent un cours d'eau : ce sont
autant de déjections de sources calcaires, dont quelques-unes fonctionnent encore, tandis que d'autres
se sont cachées sous leurs propres dépôts ou ont
changé de position. La vallée où coule l'Elsa, petit
affluent de l'Arno, est très-remarquable sous ce rapport.

La montagne de San-Vignone, en Toscane, à peu
de distance de Radicofani, sur la grande route de
Sienne à Rome, nous offre un exemple fort intéressant
de la précipitation rapide du carbonate de chaux par
une source thermale. La source jaillit près de la cime
d'une colline rocheuse de trente mètres de hauteur,
et sort d'une argile schisteuse mêlée de serpentine.
La précipitation s'opère d'une manière si rapide aux
abords de la source, qu'il en résulte chaque année
une couche de travertin solide, de quinze centimètres
d'épaisseur, dans un canal destiné à amener les eaux
à l'établissement des bains, quoique ce canal ait une
inclinaison de trente degrés. Là où l'eau coule plus
lentement, le précipité calcaire est plus compacte;
ailleurs, sous l'influence de diverses causes, le travertin affecte une structure cellulaire ou mame-
lonnée. Il s'est ainsi formé une coulée de près d'un
kilomètre de longueur, inclinée sur la pente de la

colline sous un angle de six degrés environ, et dont l'épaisseur, composée de strates parfaitement parallèles, mesure plus de soixante mètres. Cette coulée se termine brusquement au bord de la rivière, qui la mine constamment, et dont les eaux, fortement chargées d'acide carbonique, dissolvent le sel de chaux à mesure qu'il pénètre dans le lit du torrent. Ce travertin est exploité de temps immémorial, et fournit une excellente pierre à bâtir.

Dans le voisinage de San-Vignone se dresse une autre colline, celle de San-Filippo, qui, comme la précédente, se rattache au mont Amiata, éminence située à cinq kilomètres de distance, et composée en grande partie de produits volcaniques. On y compte trois sources chaudes, qui précipitent du sulfate de magnésie ainsi que du carbonate et du sulfate de chaux. Le dépôt qui s'est formé a deux kilomètres de longueur, sur cinq cents mètres de large, et soixante-quinze mètres d'épaisseur. On a établi dans les bains de San-Filippo une fabrique de médaillons en relief. Ce qui rend le calcaire de ces sources très-remarquable pour le géologue, c'est la structure sphéroïdale qu'il affecte. Un petit fragment de sable, de bois ou de coquille se recouvre d'abord d'une mince pellicule de carbonate de chaux, et s'il voyage dans le liquide, par suite de l'agitation de l'eau, il se recouvre successivement d'une série de couches concentriques tellement minces, qu'on en peut compter une soixantaine dans l'épaisseur de deux à trois centimètres : il en résulte des nodules oolithiques tout à fait semblables à ceux qui constituent presque entièrement certaines couches de la formation jurassique.

Ce ne sont pas là les seules sources curieuses de l'Italie qui précipitent des dépôts calcaires. On peut encore citer les *Bulicami* de Viterbe, où l'on observe un monticule de six mètres de haut et de cinq cents mètres de pourtour, entièrement formé de travertin concrétionnaire déposé par minces feuillets : à l'inspection de ce monticule il est facile de voir qu'une source incrustante jaillissait autrefois du sommet et se répandait sur tout le mamelon. Dans la campagne de Rome, entre Rome et Tivoli, le lac de la Solfatare, qui émet constamment un courant d'eau tiède de 26°, présente des phénomènes analogues. La charmante cascade de Tivoli, alimentée par les eaux de l'Anio, donne aussi naissance à des aiguilles calcaires, à des nodules concrétionnés, et à des couches de travertin de cent vingt à cent cinquante mètres d'épaisseur. Le précipice qui s'ouvre au-dessous des temples de Vesta et de la Sibylle, laisse apercevoir sur ses flancs des sphéroïdes qui n'ont pas moins de deux mètres à deux mètres cinquante centimètres de diamètre.

Ces dépôts nous amènent naturellement à demander quelle est l'origine des énormes masses calcaires qui constituent, sur plusieurs centaines de mètres de puissance, les terrains jurassiques et crétacés, et à chercher cette origine dans l'action de nombreuses sources pareilles à celles dont nous venons de parler.

Il est certain que l'acide carbonique, soit libre, soit dissous dans l'eau, exerce une corrosion très-énergique à la surface des roches. On le remarque parfaitement sur les granits de l'Auvergne, dont la décomposition ou, si l'on veut, la *maladie,* pour emprunter l'expression de Dolomieu, est due principalement à cette influence. Or, à toutes les époques géologiques, et particulièrement dans les accidents volcaniques, le dégagement de ce gaz a été extrêmement abondant. L'acide carbonique, en se combinant avec la chaux qu'il rencontrait, soit dans le noyau central oxydé du globe, soit dans les roches épanchées par des fissures à la surface, a constitué les énormes masses calcaires qui composent aujourd'hui en grande partie l'ossature des continents. On peut donc regarder le carbonate de chaux en quelque sorte comme un produit sédimentaire dû dans l'origine à une action ignée. Lorsque l'énergie volcanique s'exerçait à travers une enveloppe beaucoup plus mince, lorsque les mille fissures de l'écorce terrestre établissaient une communication incessante entre le noyau central et le dehors, ce n'était pas seulement du granit liquéfié qui s'épanchait par ces fissures, c'étaient encore des eaux bouillantes, tenant en dissolution du bicarbonate de chaux, mêlé quelquefois à du bicarbonate de magnésie. De véritables torrents calcaires se déchargeaient ainsi de l'intérieur du globe, et comme les mers occupaient alors une grande partie des continents actuels, ces torrents se mêlaient aux eaux marines, s'y dissolvaient en partie, et se déposaient au fond en couches puissantes. Telle est la véritable origine du carbonate de chaux si abondamment répandu dans la nature.

Les torrents d'eaux acides qui s'épanchaient par les fissures de l'écorce du globe ont produit un autre phénomène très-curieux, dont nous devons dire un mot : nous voulons parler des grottes et des cavernes naturelles. Ces eaux, attaquant le carbonate de chaux, l'ont dissous dans ses parties les moins résistantes, et ont ainsi creusé dans l'épaisseur des terrains cal-

caires d'immenses cavités plus ou moins longues, plus
ou moins irrégulières, et communiquant souvent les
unes avec les autres, soit par des étranglements,
soit par des ressauts, suivant le degré de résistance
de la roche attaquée. Ce qui démontre bien que telle
est l'origine de ces grottes, c'est que dans la plupart
des cas on y trouve encore les anciennes fissures et
même les torrents souterrains dont l'acidité a dissous
le carbonate de chaux ; on remarque aussi que les
minéraux qui ne sont pas rongés par l'acide carbonique, les silex, par exemple, sont demeurés intacts
et font saillie à la surface de la roche attaquée. Cet
épanchement d'eaux acides paraît s'être produit à la
fin de la période jurassique et avant le dépôt du terrain crétacé. Les cavernes naturelles, en effet, sont
extrêmement rares dans cette dernière formation,
tandis qu'elles sont très-communes dans les terrains
jurassiques : l'abbé Paramelle nous apprend qu'on
n'en compte pas moins de deux cent cinquante-cinq
dans le seul département du Lot, où le calcaire jurassique forme la principale partie du sol.

Quelques descriptions et quelques exemples sont
nécessaires pour bien faire apprécier le caractère de
ces accidents géologiques, et le rôle que les eaux ont
joué dans la création des grottes.

La caverne d'Adelsberg, en Carniole, dans laquelle
la rivière Poick s'engouffre, et où ses eaux se perdent
et renaissent à plusieurs reprises, a déjà été visitée
par les curieux dans une étendue de plus de dix kilomètres. Un grand lac qui ne pourrait être traversé
qu'en bateau, a empêché jusqu'ici de pousser l'explo-
ration plus loin. S'il faut en croire les récits des derniers voyageurs, plusieurs des nombreux comparti-

ments dont cette caverne se composent surpassent en longueur, en largeur et en élévation les plus grandes cathédrales.

En Saxe, le grotte de Wimalborg communique avec la caverne de Cresfeld, qui en est éloignée de plusieurs lieues. Ces cavités sont ouvertes dans le gypse : les formations gypseuses présentent aussi, de même que le calcaire jurassique, des enfilades de grottes liées entre elles par des couloirs plus ou moins étranglés, et qui embrassent quelquefois des espaces immenses.

La France offre une merveille du même genre dans sa célèbre *grotte des Demoiselles*, située près de Ganges, dans le département de l'Hérault. On y descend par une sorte de puits, et l'on pénètre dans le vestibule par une fissure assez étroite. Le spectacle commence dès les premiers pas. Des stalactites énormes dressent leurs blanches et capricieuses silhouettes ; les parois du rocher sont tapissées d'un albâtre blanc comme la neige, moucheté çà et là de cristaux transparents comme des glaçons, et reflétant toutes les couleurs du spectre solaire sous les rayons des torches. Dans un compartiment nommé la salle du *Manteau royal*, une immense draperie de pierre, artistement jetée sur un portemanteau de rocher, pend d'une saillie de la voûte, et étale ses plis harmonieux et ondoyants comme le velours ou le satin. Ailleurs, les *Grandes-Orgues* nous montrent des piliers d'albâtre hauts comme des clochers, dressés sous une coupole hardie, tapissée d'aiguilles blanches. Les feux de Bengale qu'on allume sous cette voûte féerique jettent sur tous ces cristaux mille reflets étranges. Cette voûte, mesurée par plusieurs explorateurs, n'a pas moins de cent mètres d'élévation.

Mais ces merveilles ne sont rien auprès de celles que nous offre l'Amérique. M. de Humboldt a visité en Colombie la caverne de Guacharo. Cette caverne a pour entrée une voûte de vingt-quatre mètres de hauteur sur vingt-six de large, percée dans la face à pic d'un immense rocher de calcaire jurassique. Le jour y pénètre à larges flots jusqu'à une certaine profondeur, à tel point qu'à une distance de quarante mètres de l'ouverture le célèbre voyageur trouva un bosquet de bananiers, aux larges feuilles, qui atteignaient une élévation de six mètres. La caverne conserve toutes les dimensions de la voûte d'entrée et une direction constante, dans une longueur de quatre cent soixante-douze mètres, et à cette profondeur le soleil éclaire de ses rayons les flancs de la grotte, tout tapissés de brillantes stalactites d'albâtre. M. de Humboldt pénétra jusqu'à huit cent vingt mètres de l'ouverture; mais là, la frayeur superstitieuse de ses guides indiens le força de s'arrêter. Une rivière de dix mètres de large parcourt cette caverne dans toute son étendue, en y formant une cascade vers le milieu.

La caverne du Mammouth, ouverte dans les calcaires qui bordent la rivière Verte, dans le Kentucky (Amérique du Nord), à cent kilomètres de Louisville, est la plus remarquable et la plus vaste de toutes. On y descend par un escalier de soixante marches, et l'on trouve alors la première salle, large et haute d'une vingtaine de mètres, et longue de près d'un kilomètre. Au bout de cette galerie, on entre dans la rotonde, d'où rayonnent de nombreux couloirs dans tous les sens. Un de ces couloirs conduit à l'*Église*, nef immense, où les concrétions calcaires dessinent des colonnes, des draperies, des autels, des stalles et même une chaire grossière où plus d'une fois un ministre protestant est venu prêcher. Une salle voisine, nommée la *Chambre des revenants*, a servi autrefois de cimetière aux tribus indiennes, et on y a découvert une quantité considérable de momies : aujourd'hui, changeant de destination, ce lieu funèbre sert de buvette et de salon de conversation et de lecture aux nombreux touristes qui visitent la caverne du Mammouth et aux malades qui viennent respirer l'air tiède et salpêtré de ses profondeurs. On y trouve, à près de cinq kilomètres de l'entrée, les journaux du jour de l'Union, et des rafraîchissements y sont servis par les femmes des guides. De là, il faut descendre plusieurs échelles, traverser un torrent souterrain sur un pont chancelant, et s'engager, en rampant, dans une étroite galerie, traversée par une fissure dont on n'a pu atteindre le fond, et qui ne mesure pas moins de trois cents mètres de profondeur. On arrive ainsi sous l'immense dôme du Mammouth, dont la coupole audacieuse, jetée à cent trente mètres d'élévation, se perd dans des ténèbres épaisses que ne peuvent dissiper les lumières des torches. Un sentier qui circule en rampant sur les flancs de la paroi conduit au sommet du dôme, noire coupole semée de cristaux étincelants. Un peu plus loin on rencontre le Styx, rivière souterraine sur laquelle on s'embarque pour une navigation d'une demi-heure. On pénètre ainsi jusqu'à une distance de quatre lieues dans les entrailles de la terre, et il faut dix heures pour l'aller et le retour, sans qu'on puisse se flatter d'avoir visité tous les dédales de ces catacombes.

Toutes les grottes naturelles présentent, sauf les proportions et l'étendue, à peu près les mêmes ca-

ractères. Partout c'est une suite de salles spacieuses
et d'étranglements, de gouffres sans fond, de fissures
qui descendent à une profondeur inconnue, de rivières
souterraines, de dômes immenses tapissés de concrétions calcaires et soutenus par de hautes colonnes
d'albâtre.

Ces cavernes, qui excitent à bon droit la curiosité
et l'étonnement du voyageur, ont évidemment servi
d'habitation aux hommes primitifs. Si l'on perce la
croûte de stalagmites qui en recouvre ordinairement
le sol, on y rencontre fréquemment des débris de
l'industrie humaine, des poteries grossières, des instruments à peine dégrossis, des cendres, et des
ossements humains associés à des ossements d'animaux éteints : le tout est empâté dans un limon rougeâtre apporté par les eaux et mêlé de cailloux
roulés. Depuis le commencement de ce siècle, ces cavernes ont appelé l'attention des géologues, à cause
de la multitude innombrable de débris fossiles qu'elles
renferment, et qui ont été préservés de la destruction
par la couche de stalagmites. Ainsi la caverne de
Kirkdale, dans le Yorkshire, explorée par le géologue anglais Buckland, donna les os de plus de trois
cents hyènes; celle de Baumann, dans le Harz, fournit des débris d'ours, de tigres et de hyènes en grande
quantité; celle de Gailenreuth, en Bavière, est toute
jonchée d'ossements d'*ursus spœleus*. Aujourd'hui,
ce ne sont plus seulement les restes des animaux
fossiles qu'on cherche dans les limons des cavernes,
c'est surtout l'homme qui est l'objet principal des
explorations depuis quelques années. Ces études jet-
teront sans doute une lumière nouvelle sur les races
qui ont peuplé primitivement l'Europe, sur leurs mi-

grations, sur le développement de leur civilisation et sur leur industrie : elles éclaireront aussi un point obscur de l'histoire géologique du globe et en même temps de l'histoire de l'humanité, s'il est bien démontré, comme on l'affirme, que l'homme est contemporain d'un certain nombre de races animales aujourd'hui éteintes.

Nous n'avons parlé jusqu'ici que des sources à sédiments calcaires, parce que ce sont de beaucoup les plus communes et les plus importantes. Il en est cependant quelques autres d'un caractère différent que nous ne pouvons passer sous silence.

Plusieurs sources tiennent une grande quantité de silice en solution et la déposent sous forme gélatineuse; mais il est nécessaire pour cela que l'eau ait une température très-élevée. Les *geysers* d'Islande, dont nous avons parlé précédemment, nous fournissent un exemple remarquable de cette précipitation. Les réservoirs circulaires dans lesquels retombe le jet brûlant sont revêtus à l'intérieur d'une variété d'opale, et leurs bords sont couverts de concrétions siliceuses. La silice se retrouve encore dans les sources thermales d'Ischia, dans celles du Mont-Dore, et dans celles de l'île Saint-Michel (Açores). Ce sont sans doute des sources thermales siliceuses qui fournissent à la mer une partie de la matière empruntée par certaines espèces de coraux, d'éponges et d'infusoires, pour construire leurs habitations siliceuses. La décomposition du feldspath doit aussi contribuer à donner aux eaux courantes et à la mer une proportion notable de silice. Quand ce minéral est désagrégé, le résidu ne contient qu'une petite quantité de la silice qui y existait originairement, le reste ayant été dissous et entraîné par l'eau.

D'un grand nombre de sources il se dégage de l'acide sulfurique et de l'hydrogène sulfuré : il s'ensuit que de vastes dépôts de gypse ou sulfate de chaux peuvent se former en certains points. Toutefois les précipités gypseux qu'on observe aujourd'hui sont limités à un petit nombre de sources.

Toutes les eaux contiennent du fer en solution ; mais quelques-unes sont assez riches de ce métal pour colorer les roches et les herbes au milieu desquelles elles circulent, et même pour lier et cimenter le sable et le gravier, de manière à en faire des roches solides. Un grand nombre d'anciens grès et d'anciens conglomérats, colorés de nuances plus ou moins vives, n'ont pas d'autre origine. Enfin il y a des sources tellement salées, qu'elles fournissent jusqu'à un quart de leur poids en sel : on peut citer particulièrement les sources du Cheshire et de Norwich en Angleterre ; elles proviennent toutes de certaines couches marneuses très-riches en principes salins, et, en circulant à travers les argiles, elles peuvent reconstituer aujourd'hui des roches tout à fait analogues aux roches anciennes.

Toutes les sources minérales, de quelque nature qu'elles soient, entraînent au dehors une quantité considérable de matières en dissolution, et dont le volume étonne lorsqu'on essaie de le mesurer. D'après Ramsay et Lyell, les eaux thermales de Bath, qui sont loin d'être remarquables par la proportion d'éléments minéraux qu'elles contiennent, emportent annuellement hors de la terre une quantité de sulfates de chaux et de soude, de chlorures de sodium et de magnésium, dont la masse cubique ne serait pas

moindre de 423 mètres. On a aussi calculé qu'une
seule des sources de Louèche, la source du Saint-
Laurent, entraîne chaque année quatre millions de
kilogrammes de gypse, soit environ 1,620 mètres
cubes : c'est assez pour abaisser de plus de seize
décimètres en un siècle une couche de gypse d'un
kilomètre carré; mais il ne s'agit là que d'une seule
source et d'un siècle seulement. Si l'on pense aux
milliers de fontaines minérales qui jaillissent du sol
et à l'immensité des temps pendant lesquels l'eau
s'est écoulée, on pourra se faire une idée des transformations causées par les nappes jaillissantes. A la
longue, pendant le cours des siècles, des couches
entières, charriées par l'eau qui les dissout, finissent
par disparaître, et, sous une forme plus ou moins
altérée chimiquement, sont arrachées des profondeurs pour être distribuées à la surface du sol et en
modifier le relief.

XV

COMBLEMENT DES LACS

Trituration des débris rocheux par les torrents. — Fonctions géologiques des lacs. — Mode de formation des deltas lacustres.
— Causes de la consistance des dépôts. — Comblement graduel
des lacs. — Les lacs étagés des hautes vallées. — Action érosive
des eaux courantes. — Rétrogradation des chutes du Niagara.

Les débris de toutes sortes que nous avons vu arra-
cher aux montagnes par les agents météoriques ne
demeurent pas longtemps dans les hautes vallées :
bientôt réduits en menus fragments par le jeu constant des mêmes forces, ils sont saisis par une autre
force, celle des eaux courantes dans les torrents, qui
est chargée, par les lois providentielles qui gouvernent
le monde, de les pulvériser et de les charrier sur les
points inférieurs des vallées pour y former de nouveaux terrains.

Si nos lecteurs ont quelquefois parcouru les hautes
montagnes, ils ont dû être frappés de la pente rapide
des vallées et de la violence impétueuse des torrents
qui les traversent. Dans ce premier trajet de leur

course, les fleuves descendent à grand bruit du
sommet des monts, s'abaissent en quelques lieues
de plusieurs centaines de mètres, et entraînent avec
fureur toutes les épaves qu'ils rencontrent. Ainsi le
Rhin antérieur sort du petit lac Toma, placé à 2,350
mètres au-dessus de la mer, s'unit au Rhin du milieu,
qui vient du lac Dim, à 2,150 mètres d'altitude, et tous
les deux mêlent leurs eaux à Reichenau (600 mètres),
au Rhin postérieur, issu du glacier du Rheinwald, à
1,870 mètres de hauteur. Dans cette première partie
de leur course, ces trois ruisseaux, en se précipitant
du sommet des Alpes, ont donc descendu une pente
effroyable, qui varie de 1,300 à 1,700 mètres sur une
petite longueur. Après Reichenau, le Rhin conserve
encore les allures torrentielles; mais il ne descend
plus que de 200 mètres jusqu'à son entrée dans le lac
de Constance, sur un parcours d'environ quatre-
vingts kilomètres. Presque tous les autres cours d'eau
des montagnes ont le même caractère à leur origine.

On comprend, par ces seuls chiffres, quelle doit
être la puissance de ces forces. Les blocs les plus
durs, entre-choqués et heurtés avec violence contre
le fond et les berges rocheuses des torrents, ne tardent pas à se briser et à se pulvériser. C'est un fait
important que l'observateur peut constater facilement. A l'issue des premiers cirques de la montagne,
d'énormes blocs, parfois du volume de dix à quinze
mètres cubes, parsèment le lit et les berges du cours
d'eau, et, si l'on prête l'oreille, on les entend se
frapper bruyamment les uns contre les autres au milieu des tourbillons qui les roulent; aussi à chaque
détour de la vallée les débris charriés par le courant
diminuent-ils de volume. Poussés par les eaux, les

rochers s'arrondissent et se brisent; ils sont rapidement transformés en galets, puis en sables fins et en
limons impalpables, et ils disparaissent enfin dans
cette trituration incessante. Les granits résistent plus
longtemps à cause de leur dureté; mais les calcaires
sont promptement broyés et réduits à l'état de vase.
Tel est le rôle assigné aux torrents par la Providence :
ce ne sont que d'irrésistibles véhicules, destinés à
transporter et à briser tous les fragments arrachés
aux montagnes.

Si ces allures impétueuses et violentes devaient se
poursuivre longtemps, les torrents ne seraient que
des ravageurs; mais par bonheur ils ne tardent pas à
rencontrer de grands et profonds lacs placés au pied
des montagnes. Les lacs ne sont pas seulement une
beauté pittoresque du premier ordre, et des voies
faciles de communication ouvertes entre des points
éloignés, avantage inappréciable dans des contrées
où le relief du sol crée à la viabilité des obstacles
parfois insurmontables : ils ont une autre fonction à
remplir, une fonction géologique, c'est de pourvoir
à la régularisation du régime des eaux et d'arrêter au
passage les débris charriés par les torrents. Arrivés
dans les lacs, les torrents, en effet, disparaissent un
moment pour se transformer; au milieu de ces bassins immenses, la fougue primitive de leur jeunesse
orageuse s'amortit, la force d'impulsion qui les pré-
cipitait s'annihile, et de ces réservoirs modérateurs
ils sortent calmes, rangés, et avec le caractère pai-
sible d'un cours d'eau navigable, ou tout au moins
flottable. Les lacs jouent donc un rôle important, en
supprimant les allures torrentielles des rivières.

En même temps qu'ils s'amortissent dans les lacs,

les torrents se dépouillent de toutes les matières qu'ils avaient transportées jusque-là en vertu de la vitesse de leur marche, et en sortent parfaitement limpides. Il se forme donc, à leur entrée dans ces vastes bassins, un véritable delta, bas, marécageux, insalubre. Peu à peu ces marais deviennent des prairies, puis des terres labourables d'une merveilleuse fécondité, et c'est ainsi que, par l'arrêt subit des torrents, les rochers inaccessibles des hauteurs viennent se mettre à la disposition de l'homme, et augmenter le fond des vallées au détriment des sommets. Cet effet est fort remarquable à la partie supérieure du lac de Constance, au point où le Rhin fait son entrée, au bout du lac Majeur, entre Bellinzona et Magadino; dans l'Oberland bernois, où la vaste plaine d'Interlaken, entre les lacs de Brienz et de Thun, à la hauteur de la vallée de Lauterbrunnen, doit son origine aux apports des deux Lütschines; et dans une foule d'autres points. Ce résultat est tellement général, qu'en naviguant sur un lac, toutes les fois qu'on remarque un promontoire bas qui s'avance dans les eaux, sans être justifié par la saillie de quelque colline voisine, on peut être assuré à l'avance de la présence encore invisible de quelque torrent : nous l'avons constaté mille fois sur le lac de Genève, où abondent les ruisseaux latéraux. C'est ce qui fait que des villes importantes, Constance, Zurich, Lucerne, Genève, etc., en Suisse; Côme et Peschiera, en Italie, etc., se sont établies à la partie inférieure des lacs, où elles trouvent des eaux limpides et un sol stable, au lieu de s'établir à la partie supérieure, où elles n'auraient eu que des eaux troubles et un terrain mobile et marécageux.

Essayons de nous représenter plus exactement le mode de formation de ces deltas lacustres, et pénétrons par la pensée et par l'observation, autant qu'il nous sera possible, dans les couches qui s'accumulent ainsi de bas en haut. A l'époque de la fonte des neiges, c'est-à-dire pendant les mois les plus chauds de l'année, depuis mai jusqu'en août, les rivières de montagnes acquièrent leur maximum de volume et de vitesse, et par conséquent de puissance : c'est le moment où elles transportent des blocs roulés plus ou moins volumineux, des galets, des graviers, des sables, avec des débris de végétaux et du bois flotté, le tout noyé dans un limon léger ; si la fonte des neiges a des proportions plus considérables, soit à cause des fortes chaleurs d'un printemps précoce, soit à cause de l'abondance des pluies tièdes, le torrent sera plus impétueux et les fragments charriés seront plus pesants. Il se formera ainsi au fond du lac une première couche de débris de toute nature qui se rangeront dans leur ordre de gravité, les plus lourds au fond, les plus légers en dessus, et dont l'abondance et le volume seront en rapport direct avec la force du torrent. Mais pendant la froide saison, le fleuve, réduit à son minimum de volume et de vitesse, ne charriera plus que des eaux troublées par de fins limons tenus en suspension dans le liquide, et par conséquent le dépôt sera peu épais et composé de particules ténues. On aura de cette manière une alternance de dépôts grossiers et de dépôts fins, dont le nombre augmentera avec celui des saisons et avec celui des crues et des calmes de la rivière. Au milieu de ces strates seront intercalés des arbres entiers, des fragments de bois, des ossements d'animaux ter-

12*

restres, des coquilles et des poissons d'eau douce, et
sans doute aussi des débris de l'industrie humaine.

Nous venons d'expliquer, d'après les phénomènes
qui s'accomplissent sous nos yeux, quelle doit être,
de bas en haut, la constitution des dépôts formés à la
naissance des lacs; mais la constitution de ces mêmes
dépôts *en long* ne doit plus être la même. Il est évident, en effet, que la force du courant s'atténue
à mesure que le torrent pénètre dans le lac, et que
sa puissance de transport s'atténue exactement dans
la même proportion, pour devenir entièrement nulle
au point précis où les eaux fluviales ont perdu tout
mouvement propre, et partagent la limpidité générale
des eaux lacustres. Il suit de là que les plus gros
blocs tombent au fond à leur entrée dans le lac, et
que les fragments moins volumineux, entraînés un
peu plus loin, doivent se déposer graduellement suivant leur poids, au fur et à mesure que les eaux
calmées perdent la vitesse nécessaire pour les charrier; les limons seuls et les particules les plus fines
parviennent à l'extrémité de la couche. En vertu de
la même loi, les dépôts sont plus épais et plus considérables à la tête du lac, et vont en s'inclinant, tantôt
avec une pente insensible et presque horizontale,
tantôt avec une pente brusque et rapide, suivant
l'énergie du courant producteur. C'est ce qu'on peut
observer parfaitement dans le lac de Genève. Après
de nombreux sondages exécutés dans toutes les parties du lac, M. de la Bèche a reconnu que la région
centrale a une profondeur à peu près uniforme de
120 à 160 brasses; mais cette profondeur diminue à
mesure qu'on approche du delta, et la diminution
commence à être très-sensible à une distance de trois

kilomètres de l'embouchure du Rhône ; une ligne tirée de Saint-Gingolph à Vevey donne une profondeur moyenne de 180 mètres, et à partir de ce point jusqu'au fleuve on trouve du limon fluviatile sur le fond : les nouvelles couches déposées chaque année s'étalent donc sur une pente dont la longueur est de trois kilomètres, et par conséquent elles doivent être presque horizontales. Il n'en est pas de même des dépôts apportés par le torrent de Ripaille : les matières charriées ne sont pas entraînées à plus de 800 mètres du rivage, et les lits doivent en être fortement inclinés.

L'action du transport classe et groupe les matériaux en raison de la pesanteur ; mais diverses causes interviennent pour unir et cimenter les parties incohérentes et leur donner une certaine consistance. Le carbonate de chaux dissous dans les eaux reprend sa liberté quand l'acide carbonique se dégage ; il s'infiltre entre les blocs, s'insinue dans les interstices, lie les matières isolées, et joue le rôle d'un véritable ciment calcaire. Les oxydes de fer en dissolution, la silice, remplissent la même fonction. Au bout d'un laps de temps plus ou moins considérable, les couches ne sont donc plus formées de fragments épars et mobiles, mais de lits d'argiles comprimées, de conglomérats granitiques ou calcaires, de brèches et de poudingues, de grès ferrugineux ou siliceux, etc. En même temps les animaux et les végétaux enfouis se décomposent, et si cette décomposition s'opère lentement en présence de carbonate de chaux ou de silice à l'état naissant, il en peut résulter des fossiles, par la substitution graduelle d'une molécule inorganique à chaque molécule organique.

C'est ainsi sans aucun doute que se sont constitués

et que s'accroissent chaque année tous les deltas lacustres. La progression de ces dépôts varie naturellement avec l'importance des fleuves qui les apportent.
Celui que forme le Rhône à son entrée dans le Léman
est un des plus remarquables. Une ville ancienne,
que l'on nomme aujourd'hui Port-Valais (le *Portus
Valesiæ* des Romains), et qui était jadis située sur
le bord de l'eau à l'extrémité supérieure du lac, se
trouve actuellement à près de trois kilomètres dans
l'intérieur des terres : cet espace s'est comblé en huit
à dix siècles environ. Le reste du delta consiste en
une plaine d'alluvion très-unie, de dix kilomètres de
longueur, peu élevée au-dessus du niveau du Rhône,
et encore tout imprégnée de ses eaux. D'après ce que
nous avons dit plus haut sur la profondeur du lac en
face de Vevey, à la pointe des limons amenés par le
fleuve, l'épaisseur de cette masse accumulée depuis
le commencement du phénomène est d'au moins 180
mètres.

Comme on le voit, le Léman, de même que tous
les lacs, est en train de se combler et de se convertir
en une vaste plaine unie de terre sèche, traversée
par un fleuve torrentiel; mais il s'écoulera encore
bien des siècles avant que ce résultat soit atteint. Les
éléments nous manquent pour apprécier, même d'une
manière très-large, la durée qui serait nécessaire
pour opérer ce comblement. Il faudrait, après avoir
cubé la capacité du lac de Genève, déterminer l'apport annuel du Rhône, et y ajouter la masse de sable
et de cailloux qui s'accumule aussi sous forme de
deltas plus petits à l'embouchure des nombreux torrents des deux rives : calcul délicat, et qui entraîne de
grosses incertitudes. Pour plus de facilité, admettons

que le lac s'est comblé d'un kilomètre de long en trois
siècles, sur cinq kilomètres de large et cent quatre-
vingts mètres de profondeur, le reste du Léman ayant
une largeur et une profondeur doubles sur une longueur
de soixante kilomètres : d'après ces bases, il ne faudrait
pas moins de sept cent vingt siècles ou soixante-douze
milliers d'années pour combler cet immense bassin.
Voilà des chiffres effrayants, il faut l'avouer ; mais
quand on considère les bassins anciens qui se sont
ainsi comblés, il est nécessaire d'admettre des périodes de temps considérables, même quand on donne
une énergie plus grande aux causes actuelles.

Le comblement du Léman ne paraît pas avoir commencé avec l'époque géologique moderne, et ce bassin
a évidemment été protégé dans l'origine contre l'envahissement des deltas par des lacs placés à un niveau supérieur, et qui ont absorbé à leur profit tous
les matériaux charriés par les torrents. Si, en effet,
on examine attentivement la vallée du Rhône depuis
Saint-Maurice jusqu'à Sion et même plus haut, on est
tout étonné d'y rencontrer une plaine unie, souvent
marécageuse, médiocrement inclinée, et ne présentant point le caractère abrupt ordinaire aux vallées
alpestres : on dirait le fond d'un ancien lac, vidé par
quelque cataclysme dans un lac inférieur, après avoir
été en partie comblé par les détritus des montagnes
voisines. Cette hypothèse acquiert une évidence remarquable, quand on remarque de quelle manière le Valais
se trouve fermé à sa pointe inférieure. A Saint-Maurice,
les deux montagnes qui bordent le fleuve à l'est et à
l'ouest se rapprochent tellement, qu'elles laissent à
peine un étroit passage aux eaux du Rhône, et qu'avant
l'établissement de la route militaire du Simplon, il n'y

avait qu'un sentier resserré taillé par la main de
l'homme dans la base des rochers escarpés, et défendu
par une porte fortifiée. Tout indique que ces deux
montagnes, qui se dressent de chaque côté comme
deux forts inexpugnables, et qui prolongent jusque
dans les eaux du Rhône leurs inaccessibles bastions,
ont été autrefois unies et formaient un barrage élevé.
A cette époque reculée, le Valais présentait donc
l'aspect d'une vaste et profonde nappe d'eau ; encadrée
de toutes parts entre des montagnes à pic, pénétrant
dans toutes leurs gorges, comme le lac des Quatre-
Cantons, et se déversant dans le Léman par une
haute cascade.

Plusieurs vallées des affluents du Rhône supérieur
présentent absolument le même caractère. Si, par
exemple, on remonte la vallée de la Dranse, qui dé-
bouche dans le Valais près de Martigny, on trouve
une succession de bassins étagés les uns au-dessus
des autres, et renfermant chacun une vaste étendue
de terrains d'alluvion unis, et séparés des bassins
voisins, en amont et en aval, par deux gorges rocheuses qui, dans l'origine, servaient évidemment de
barrière à un lac. Le torrent a comblé successivement
tous ces lacs, et a partiellement détruit les barrages
qui les séparaient, comme il continue à les détruire
encore.

Dans les régions montagneuses, un grand nombre
de vallées fournissent des preuves semblables de la
destruction d'une suite de lacs étagés, occasionnée
par le remblai des bassins et par la rupture de leurs
barrières. Le Léman lui-même paraît avoir été dans
ces conditions. Des indices recueillis sur ses rivages
à une grande élévation permettent d'affirmer que

dans l'origine ce lac était entièrement fermé, d'une part à Saint-Maurice, en amont, d'autre part, en aval, au passage de l'Écluse, et qu'alors les eaux couvraient une superficie immense, et atteignaient les sommets des premiers contre-forts des montagnes voisines.

Deux causes ont été assignées par les géologues pour expliquer la rupture de ces barrages et l'ouverture des pertuis, et par suite l'épuisement total ou du moins l'abaissement notable des lacs. Les uns ont attribué cet effet à la simple érosion des eaux. Il est certain, et nous l'avons établi précédemment, que les eaux courantes rongent et minent les roches peu à peu, et tendent constamment à rendre les déclivités plus uniformes et à niveler les terrains. Nous en trouvons un exemple remarquable dans les grands lacs de l'Amérique septentrionale. On sait que le lac Érié communique avec le lac Ontario par un étroit canal, long de cinquante kilomètres et large de deux à trois cents mètres, en moyenne, où coule le Niagara. Ce canal est entièrement formé de calcaire dur très-résistant, disposé en couches horizontales, et creusé en forme de tranchée par l'action continue du courant. Mais là où l'action érosive de l'eau se montre davantage, c'est aux célèbres chutes, larges de deux cents mètres et hautes de cinquante, qu'Ampère a décrites d'un seul mot en disant : « C'est une mer qui tombe ! » Cette mer, par son passage incessant, corrode le barrage, en entraîne des blocs, et fait ainsi rétrograder la chute de plus d'un mètre par an. Une étude attentive des lieux a amené à penser que la chute du Niagara se trouvait autrefois à Queenstown, onze kilomètres plus bas, et qu'elle s'en est graduel-

lement éloignée par l'érosion du rocher, en creusant
son canal de plus en plus profondément. Si l'on
admet que la rétrogradation s'effectue à raison d'un
mètre trente à quarante centimètres par an, on trouve
que l'effet d'érosion a commencé il y a huit mille ans
environ, date qui ne s'éloigne pas de beaucoup de
celle assignée par la Bible au commencement de l'ère
géologique actuelle, caractérisée par l'apparition de
l'homme à la surface de la terre. Ce magnifique
exemple de l'excavation progressive d'un canal profond dans une roche dure, nous explique très-bien
comment les barrages qui séparaient les lacs étagés
de la Suisse ont pu être brisés par les eaux.

D'autres géologues, sans nier cette puissance des
eaux courantes, ont trouvé une autre explication du
même phénomène dans l'existence bien constatée des
immenses glaciers qui ont autrefois couvert toute la
Suisse. Le glacier, en marchant entre les hautes murailles qui l'enfermaient, usait, polissait, brisait les
roches par son irrésistible mouvement, et renversait
devant lui les obstacles qui s'opposaient à sa progression. Ainsi ont pu être détruits, pendant la période
glaciaire, les barrages qui séparaient les bassins des
lacs. Puis, quand les glaciers se fondirent (ce qui
semble avoir eu lieu presque subitement), la débâcle
entraîna les derniers débris qui obstruaient les gorges
des montagnes et en ouvrit les pertuis. C'est ainsi que
les lacs se vidèrent jusqu'au fond, ou du moins que
le niveau des eaux s'abaissa notablement. C'est ainsi
qu'un jour se videra le lac Érié, quand la chute du
Niagara, à force de rétrograder, aura rongé les quarante kilomètres qui l'en séparent encore, ce qui,
d'après la progression actuelle, n'arrivera guère avant

Chutes du Niagara.

trente mille ans. Mais il est plus probable que le lac
Érié (il n'a que dix-huit à vingt mètres de profondeur
moyenne) sera entièrement comblé et converti en
terre ferme avant que la chute ait reculé jusqu'à ses
bords.

En faisant cette étude de géologie contemporaine,
et en observant la formation actuelle des deltas lacustres, nous avons fait une véritable étude de géologie ancienne. Il existe, en effet, dans la France
centrale des bassins aujourd'hui comblés, remplis
d'argiles, de marnes calcaires, de travertins, de limons
d'origine lacustre. Ce sont évidemment d'anciens lacs
remplis jusqu'au bord par l'apport des fleuves et
des torrents du voisinage ou par l'action des sources
calcaires, et les terrains qui les ont comblés ont la
plus frappante analogie avec ceux qui sont actuellement en voie de formation dans tous les lacs de l'univers, et dont une partie est déjà émergée à la naissance
des bassins. Sans doute il a fallu une longue suite de
siècles pour amener ce comblement des lacs; mais
nous parlons de la période tertiaire, antérieure à
l'apparition de l'homme, et rien ne s'oppose à ce que
nous prenions tout le temps nécessaire à la production
des phénomènes géologiques. Dans l'étude de la terre
avant l'homme et dans l'histoire de sa formation, tout
nous parle de myriades d'années.

XVI

LES ATTERRISSEMENTS

Alluvions fluviatiles des vallées. — Exhaussement du lit des
fleuves. — Deltas méditerranéens. — Barres. — Deltas du
Rhône, du Pô et du Nil. — Comblement de la mer Adriatique.
— Deltas océaniques. — Delta du Gange. — Évaluation du
volume des débris charriés par les fleuves. — Fertilité des deltas. — Les chronomètres naturels. — Les estuaires. — Action
de la mer sur ses côtes.

Si nous poursuivons l'étude des eaux courantes
au-dessous des lacs, nous trouverons d'autres phénomènes géologiques non moins dignes d'intérêt. En
sortant de ces vastes réservoirs, les fleuves sont d'une
limpidité admirable et complétement dépouillés de
toutes les matières qu'ils tenaient en suspension; mais
ils ne tardent pas à recevoir des affluents troubles qui
leur apportent une foule d'autres détritus. Ces débris
ne sont pas tous charriés jusqu'à la mer, et la vallée
elle-même devient pour une grande partie d'entre eux
une seconde étape où ils s'arrêtent pour former des
terrains d'alluvion. Ce sont en général les blocs les

plus volumineux, les galets, les graviers, les sables,
qui s'échelonnent ainsi suivant leur poids dans toute
la longueur du parcours, stationnant quand les eaux
n'ont plus la vitesse nécessaire pour les transporter,
reprenant leur marche pour un temps quand une
inondation donne au fleuve une plus grande puissance
d'entraînement. Tous les dépôts d'alluvion qui comblent le fond des vallées au-dessus des roches anciennes se sont formés de cette façon; mais ces dépôts
sont essentiellement mobiles, et il leur arrive fréquemment d'être remaniés ou détruits par les eaux
qui leur ont donné naissance. Par ce transport incessant de matériaux dont une partie reste en arrière, le
lit des fleuves s'exhausse avec plus ou moins de rapidité, et menace les riverains d'inondations de plus en
plus fréquentes, surtout lorsque la vallée est peu inclinée et que le cours d'eau n'a qu'une médiocre vitesse. Cet exhaussement du lit des rivières n'est nulle
part plus apparent que dans le Pô, dont il a constamment fallu surélever les digues pour empêcher ses
divagations dans les plaines de la Lombardie : aussi
ce fleuve est-il maintenant plus haut que les maisons
qu'on avait jadis construites sur ses bords.

Mais c'est surtout à l'embouchure des fleuves qu'il
faut étudier leurs atterrissements. A mesure qu'ils
approchent de la mer, tous les cours d'eau ralentis-
sent leur marche, et cette diminution de vitesse les
force à déposer toutes les matières qu'ils avaient
transportées jusque-là : c'est surtout pendant le calme
amené par la marée montante que s'effectue ce dépôt.
Quelquefois il ne se forme qu'une simple *barre* trans-
versale, dangereuse pour la navigation, et sur laquelle
souvent il ne peut passer que de petits vaisseaux;

mais dans la plupart des cas il se crée des terrains nouveaux, bas et marécageux, à demi envahis par la mer, et qui, obstruant le canal qui les a apportés, forcent le fleuve à se frayer une ou plusieurs autres issues. Ces atterrissements prennent le nom de *deltas*, à cause de la forme triangulaire qu'ils affectent.

Parmi les fleuves français, la Seine, la Loire et la Gironde ne présentent que des *barres*, mais le Rhône a un véritable delta marin bien caractérisé. Après être sorti du lac de Genève avec une légère teinte d'un bleu admirable, ce fleuve est de nouveau troublé par les eaux souillées de l'Arve, qui descendent des sommets du mont Blanc, et lui en apportent les débris granitiques; il reçoit ensuite une foule d'affluents venant des Alpes du Dauphiné et des montagnes volcaniques de l'Ardèche, affluents chargés de matières terreuses; et lorsque enfin il entre dans la Méditerranée, il y introduit un sédiment blanchâtre qui rend le courant perceptible jusqu'à la distance de dix à onze kilomètres. Les altérations que ce delta a subies depuis les temps historiques sont très-considérables et très-curieuses à constater. La description qu'en a donnée Strabon ne concorde plus, il s'en faut de beaucoup, avec l'état actuel des lieux, et il est évident que la base du delta, occupée au premier siècle par la mer ou par des marais impraticables, s'est convertie en terre ferme. Le continent ne cesse d'empiéter sur la Méditerranée, et la profondeur de la mer augmente graduellement de deux brasses à quarante, à partir de la côte jusqu'au point où l'eau douce trouble ne se montre plus. Il est parfaitement établi qu'une très-grande partie du dépôt récent formé dans le delta du Rhône consiste en roche solide, et

non en matière incohérente, et sans cesse on en extrait
des masses importantes d'une roche arénacée, cimen-
tée de matière calcaire, et toute pétrie de coquilles
brisées appartenant aux espèces actuelles. Le calcaire
provient sans aucun doute de celui qu'y versent à
l'état de solution une multitude de sources.

La mer Adriatique offre l'ensemble des circonstances les plus favorables pour la création d'un delta
et l'augmentation rapide du continent : un golfe qui
pénètre profondément dans la terre ferme, une mer
sans marées et sans courants, et une multitude de
fleuves et de torrents qui descendent des Alpes et des
Apennins, en charriant des masses de débris. C'est
surtout au fond du golfe, là où débouchent le Pô,
l'Adige, la Brenta, la Piave, le Tagliamento, l'Isonzo,
etc., que l'accroissement est le plus sensible. Depuis
Trieste jusqu'à Ravenne, sur un développement en
longueur de cent soixante kilomètres, les côtes ont
empiété sur l'Adriatique, depuis les vingt derniers
siècles, d'une bande qui mesure de trois à trente
kilomètres en largeur. L'endiguement des grands
fleuves, en empêchant les *troubles* de se déverser sur
les campagnes voisines, et en les rejetant forcément à
la mer, contribue singulièrement à aggraver cet état
de choses. La ville antique d'Adria, qui avait donné
son nom au golfe, et qui, au temps d'Auguste, était
un port de mer, est maintenant à plus de huit lieues
dans les terres. Ravenne aussi était jadis un port, et
maintenant elle se trouve à deux lieues du rivage. Les
bains chauds de Monte-Falcone, qui, du temps des
Romains, étaient dans une île et séparés du continent
par un détroit de deux kilomètres de large, sont
aujourd'hui rattachés à la terre ferme, et le détroit

est converti en une plaine couverte de pâturages. Les sondages exécutés dans l'Adriatique nous indiquent qu'aux environs de Venise la profondeur n'est que de douze brasses; elle descend à vingt-deux brasses entre la côte dalmate et les bouches du Pô, et plus loin, vers le sud, là où l'influence des grandes rivières se fait moins sentir, le golfe s'approfondit beaucoup; mais partout on rencontre un dépôt de limons fins et de sables provenant évidemment des rivières de la Lombardie et du Vénitien. On peut donc affirmer que la mer Adriatique est en train de se combler, et qu'un jour, si les causes actuelles ne sont pas arrêtées dans leur action, elle sera entièrement convertie en terre ferme.

Le delta du Nil est le plus célèbre de tous, et son accroissement a frappé l'antiquité elle-même. Avant Hérodote, les prêtres de l'Égypte croyaient que cette contrée était un présent du Nil. Hérodote remarquait que tout le pays situé autour de Memphis semblait avoir été jadis un bras de mer que le fleuve aurait comblé peu à peu : « L'Égypte, dit-il, était donc autrefois, comme la mer Rouge, une longue et étroite baie, séparée de cet autre golfe par un petit isthme. Or, si le Nil venait à communiquer avec le golfe Arabique, il pourrait le combler de terre en vingt mille ans, peut-être en dix mille : il n'y aurait donc rien d'impossible à ce qu'il eût rempli un golfe encore plus grand dans l'espace de temps indéterminé qui s'est écoulé avant la période actuelle. » Aujourd'hui que le golfe est comblé, pour emprunter les expressions d'Hérodote, et que le delta empiète même sur la Méditerranée, les accroissements du continent sont moins sensibles, parce que les limons du fleuve sont

13

jetés dans un plus vaste bassin. On remarque cependant que plusieurs des bouches du Nil, mentionnées par les géographes anciens, ont été envasées, que le contour de la côte a subi un changement complet, et que plusieurs villes antiques sont aujourd'hui rejetées à l'intérieur des terres; au temps d'Homère, la distance de l'île de Pharos au continent était égale à celle qu'un vaisseau pouvait parcourir en un jour avec un vent favorable, et Strabon remarquait que cet espace s'était entièrement comblé depuis le temps d'Homère par l'accroissement du delta. Une autre cause qui empêche les atterrissements du Nil de se développer comme ceux du Pô, c'est que ce fleuve n'est point endigué, et que dans ses crues annuelles il laisse une partie importante de ses limons sur les terres qu'il inonde. Comme son lit s'exhausse progressivement, ses débordements périodiques se répandent sur des espaces de plus en plus considérables, et chaque jour l'alluvion empiète davantage sur le désert; aujourd'hui elle recouvre, jusqu'à la hauteur de deux mètres, la base de statues et de temples antiques que les eaux n'atteignaient jamais il y a trois mille ans.

Les deltas ainsi formés dans les mers intérieures sans être beaucoup troublés par les marées ou par les courants, présentent dans leur stratification une grande analogie avec les deltas lacustres, que nous avons décrits dans le chapitre précédent : ils se composent de lits alternatifs de graviers, de sables et de limons accumulés paisiblement les uns sur les autres, variant d'épaisseur suivant l'importance des crues périodiques des rivières, et souvent rendus cohérents par des ciments calcaires. Ce qui en fait le caractère

propre, c'est que toutes les espèces végétales ou animales qu'on y trouve enfouies appartiennent presque
exclusivement aux eaux douces : la raison en est
simple, c'est qu'ici c'est la terre qui empiète sur la
mer.

Les deltas océaniques, formés sous l'influence des
marées et des courants, n'ont pas la même composition que les deltas méditerranéens, et surtout ne présentent pas la même régularité calme et constante.
Les dépôts charriés par les eaux douces sont saisis
par les vagues marines, entraînés plus loin, remaniés,
rejetés sur le rivage : il se produit ainsi une alternance un peu confuse de dépôts enchevêtrés les uns
dans les autres, et renfermant un mélange de fossiles
fluviatiles et de fossiles océaniques, pour attester leur
double origine. La Hollande nous offre à nos portes
un exemple remarquable de ces deltas à caractère
mixte; car ce pays a été presque entièrement formé
par les dépôts du Rhin, de la Meuse et de l'Escaut,
et il continue à s'agrandir chaque jour par les mêmes
procédés. Pendant les calmes qui accompagnent la
marée montante, les fleuves abandonnent des sédiments terreux considérables, qui exhaussent peu à
peu leurs rivages. En les protégeant par des digues
contre les marées, les habitants assurent la conservation de ces terres nouvelles, qui sont toujours d'une
grande fertilité.

Un des plus grands atterrissements océaniques est
celui que créent le Gange et le Brahmapoutra, par la
réunion de leurs deux deltas sous la forme d'un W :
celui du Gange (sans y comprendre celui du Brahmapoutra) a une superficie double du delta du Nil, et
ne mesure pas moins de trois cents kilomètres à sa

base, entre les deux grands bras du fleuve. Pendant les inondations, le Gange acquiert un tel volume et une telle puissance, que le flux et le reflux de la mer deviennent insensibles, et que les mouvements de l'Océan sont en quelque sorte subordonnés à la force du courant d'eau douce et ne troublent que très-peu son action. Mais, le reste de l'année, l'Océan prend sa revanche, remonte jusqu'à la pointe supérieure du delta, et enlève quelquefois de riches plaines d'alluvion. La quantité de sables et de limons transportés par le fleuve est tellement considérable, que la mer ne recouvre sa limpidité qu'à cent kilomètres de la côte ; les limons s'étalent donc sur tout cet espace, et forment un talus sous-marin avec une pente assez régulière de quatre à soixante brasses. Il en résulte fréquemment des hauts-fonds qui se convertissent en îles·et s'accroissent rapidement. Un de ces îlots, créé vers 1815, avait atteint, en 1818, une longueur de plus de trois kilomètres et une largeur de neuf cents mètres, et, de plus, il était couvert d'arbustes ; on y bâtit alors quelques maisons, et, en 1820, il pouvait servir de station pour les pilotes.

L'Orénoque, le fleuve des Amazones, le Mississipi, présentent, sur une échelle non moins vaste, des phénomènes analogues, qu'il est inutile de décrire. Disons seulement que ce dernier fleuve a créé à son embouchure une étroite langue de terre qui s'est avancée de plusieurs lieues depuis la fondation de la Nouvelle-Orléans : de grands dépôts sous-marins sont aussi en voie de se former sur une vaste étendue au fond de la mer en face des côtes de la Louisiane ; car la mer y devient extrêmement basse, et n'a pas plus de dix brasses de profondeur. En Asie, le Hoang-Ho, ou fleuve Jaune, charrie dans la mer Jaune une quantité de limon qui suffirait à combler cette mer dans un intervalle de vingt-quatre mille ans.

Ces dépôts, en effet, ont un volume beaucoup plus important qu'on ne l'imagine au premier abord. Des expériences directes ont été faites pour déterminer avec un certain degré d'exactitude la quantité moyenne de matières terreuses que transportent annuellement à la mer les principales rivières. On a calculé que le Rhin, lorsqu'il est à son maximum de débordement, tient en suspension un centième de son volume en limon ; le Gange charrie seize mètres cubes de terre par seconde pendant la saison des pluies ; le fleuve Jaune, enfin, transporte, dit-on, cinquante-sept mille mètres cubes de terre en une heure, ou un million quatre cent mille mètres cubes par jour.

C'est par ce merveilleux mécanisme que les hauteurs inaccessibles s'abaissent chaque jour, pour venir se mettre au service de l'homme. Le riche delta du Nil, qui depuis tant de milliers d'années est un des greniers du monde, est ainsi descendu tout entier des hautes montagnes de l'Éthiopie. De même une grande partie de la Hollande n'est autre chose qu'un lambeau de la Suisse, déroulé comme un vaste tapis sur le sous-sol antique : sous chacuñ des *polders* rhénans, on pourrait retrouver à la fois, dans un mélange intime, le granit des Alpes et le calcaire du Jura. Les terres des grandes vallées américaines, où la végétation se développe avec tant de fougue et de puissance que l'homme ose à peine lutter contre elle, ont été également apportées des Montagnes-Rocheuses ou de la chaîne des Andes : les cimes infertiles et désertes ne cessent de s'abaisser, tandis que leurs dé-

bris, entraînés à des centaines ou même des milliers
de lieues, accroissent de jour en jour le domaine habi-
table de l'humanité. Qui oserait méconnaître ici le
doigt de la Providence?

Ce qui ajoute encore à la fertilité naturelle des deltas, ce sont tous les engrais dont les villes se débarrassent dans les fleuves, et que les fleuves charrient
à la mer. Toutes les immondices, tous les détritus
animaux et végétaux qui souillent nos rues et nos
habitations, sont jetés dans les égouts, et de là ils se
rendent dans l'Océan pour être perdus, et dans les
deltas pour en augmenter la puissance productive
au détriment de nos campagnes. Ce sujet, si peu
attrayant par lui-même, a inspiré d'éloquentes pages
à Victor Hugo. « Paris, dit-il, jette par an vingt-cinq
millions à l'eau, et ceci sans métaphore. Comment et
de quelle façon? Jour et nuit. Dans quel but? Sans
aucun but. Avec quelle pensée? Sans y penser. Pourquoi faire? Pour rien. Au moyen de quel organe? Au
moyen de son intestin. Quel est son intestin? C'est
son égout. Vingt-cinq millions, c'est le plus modéré
des chiffres approximatifs que donnent les évaluations
de la science spéciale... Il n'est aucun guano comparable en fertilité aux détritus d'une capitale; une
grande ville est le plus puissant des stercoraires...
Que fait-on de cet or fumier? On le balaie à l'abîme.
On expédie à grands frais des convois de navires, afin
de récolter au pôle austral la fiente des pétrels et des
pingouins; l'incalculable élément d'opulence qu'on a
sous la main, on l'envoie à la mer. Tout l'engrais humain et animal que le monde perd, rendu à la terre au
lieu d'être jeté à l'eau, suffirait à nourrir le monde.
Ces tas d'ordures au coin des bornes, ces tombereaux

de boue cahotés la nuit dans les rues, ces affreux tonneaux de la voirie, ces fétides écoulements de fange
souterraine que le pavé nous cache, savez-vous ce que
c'est ? C'est de la prairie en fleur, c'est de l'herbe
verte, c'est du serpolet, du thym et de la sauge; c'est
du gibier, c'est du bétail; c'est le mugissement satisfait
des bœufs, le soir; c'est du foin parfumé, c'est du pain
sur votre table, c'est du sang chaud dans vos veines ;
c'est de la santé, c'est de la joie, c'est de la vie. Ainsi
le veut cette création mystérieuse qui est la transformation sur la terre... La statistique a calculé que la
France à elle seule fait tous les ans à l'Atlantique,
par la bouche de ses rivières, un versement d'un demi-
milliard. Notez ceci : avec ces cinq cents millions, on
paierait le quart des dépenses du budget. L'habileté
de l'homme est telle, qu'il aime mieux se débarrasser
de ces cinq cents millions dans le ruisseau. Chaque
hoquet de nos cloaques nous coûte mille francs. A
cela deux résultats : la terre appauvrie et l'eau empes-
tée; la faim sortant du sillon, et la maladie sortant
du fleuve. »

C'est ainsi que les deltas s'enrichissent au détriment de nos campagnes; c'est ainsi que les mers
engloutissent, sans aucun profit pour la génération
présente, dans des terrains submergés pour une
longue période de siècles, des richesses immenses
dont les générations à venir ne jouiront peut-être
jamais.

En voyant les deltas marins s'accroître ainsi d'année
en année, les lacs se combler de jour en jour, et les
dunes empiéter graduellement sur nos rivages, les
savants se sont demandé s'il était possible d'évaluer
approximativement l'époque à laquelle ces phéno-

mènes ont commencé d'agir. Il n'est question, bien entendu, que de la période actuelle, celle qui a pris naissance avec la dernière révolution géologique où notre globe a trouvé son relief présent et sa configuration moderne; car les causes actuelles ont dû agir de la même façon à toutes les époques géologiques. Les premières tentatives faites dans le but de résoudre ce point important et curieux remontent à Deluc, qui, par l'appréciation et le calcul des effets périodiques produits par les causes encore actuellement agissantes, parvint à déterminer avec quelque précision la date où elles ont dû commencer à fonctionner au milieu des circonstances présentes. Ce sont ces mesures du temps par les phénomènes qu'il appelait *chronomètres naturels*. Les conclusions générales auxquelles ses observations et ses calculs l'ont conduit, en mesurant la marche annuelle des produits de ces phénomènes, ont été adoptées par l'illustre Cuvier, et peuvent se résumer ainsi : toutes les fois qu'il est possible d'arriver par le calcul à une période déterminée, cette période diffère peu de celle que Moïse assigne pour le commencement de l'ordre actuel des choses. Tous les chronomètres naturels, les dunes, les deltas lacustres, les deltas marins, etc., arrivent au même résultat par des voies différentes, et ne donnent pas plus de six à huit mille ans à l'action des phénomènes géologiques dans la période géologique présente. « Tout me fait conclure, dit Dolomieu, que l'ordre actuel des choses n'a pas cette ancienneté qu'ont voulu lui attribuer quelques philosophes dont le calcul embrassait des milliers de siècles. » N'est-ce pas là un résultat curieux et inattendu des recherches géologiques ?

Tous les fleuves ne produisent pas des deltas à leur embouchure, et dans certains points où la mer est profonde, la marée haute et les courants puissants, les dépôts fluviatiles sont promptement dispersés et n'acquièrent jamais d'épaisseur considérable. On pourrait même dire que c'est moins la terre qui empiète sur la mer que l'Océan qui empiète sur le continent. Cet effet se produit particulièrement dans certaines rivières dont la large embouchure se nomme *estuaire*. Les estuaires, sortes de deltas négatifs, sont de véritables lacs d'eau douce et d'eau salée d'une dimension importante. Ainsi la bouche du Rio de la Plata est un vrai golfe, large de plus de deux cents kilomètres, dans lequel se rendent l'Uruguay et le Parana. On connaît encore l'estuaire que forme la Gironde, à partir de Blaye ; ceux du Dniéper, de l'Obi, de l'Iénisséi, du Saint-Laurent, de la rivière Columbia, etc. La vaste embouchure du fleuve des Amazones peut aussi être regardée comme un estuaire. Dans la saison des pluies, le fleuve s'élance dans l'Atlantique avec une telle force, que sur une distance de sept cents kilomètres, dit-on, ses eaux ne se mélangent pas avec celles de l'Océan : on les reconnaît à leur teinte verdâtre et au courant rapide qui continue de les entraîner. Un phénomène semblable s'observe aux bouches du Danube. Non-seulement la marée règne en souveraine maîtresse dans ces vastes estuaires ouverts librement à son action, mais elle remonte encore très-loin dans l'intérieur des terres. A l'entrée du fleuve des Amazones, elle pénètre jusqu'à plus de huit cents kilomètres à l'intérieur, et elle met plusieurs jours à parcourir cette énorme distance. Dans l'Orénoque, les marées se font sentir, en avril,

13*

jusqu'à plus de trois cents kilomètres de l'embouchure
du fleuve ; en Asie, dans l'Indus et dans l'Ougly, l'un
des bras du Gange, les flots remontent à plus de cent
kilomètres, avec une vitesse de trente kilomètres à
l'heure. On comprend que dans ces estuaires les dépôts qui se forment doivent accuser, par leurs fossiles
marins, la prédominance des eaux salées, et que ces
dépôts doivent être bouleversés dans deux sens opposés par l'action contraire du fleuve et de la marée.
Sous l'empire de ces circonstances, un certain nombre
d'estuaires se sont déjà comblés en partie, et les nouveaux terrains qui se sont formés de cette manière
sont plutôt marins que lacustres.

Ces atterrissements nous paraissent importants ;
mais la mer produit, sur toute la longueur de ses
côtes, une série très-variée de dépôts beaucoup plus
importants encore. Comme ils sont submergés, nous
ne pouvons les apprécier en eux-mêmes, et nous ne
pouvons nous en former une idée que par la destruction
que le flot opère sur nos rivages. Ces destructions sont
très-considérables. La vague qui bat incessamment
les côtes ronge peu à peu les rochers, les déchire,
les emporte, les brise et les pulvérise, et il en résulte
des amas de matériaux qui s'entassent tout le long du
littoral. La marée, il est vrai, les agite et les remanie,
les courants les dispersent et les reforment, la mer
les repousse et les rejette sur les côtes sous forme de
cordon ; mais il n'en est pas moins vrai que, par cette
action incessante, il se produit des couches sous-
marines où abondent les fossiles d'eau salée. Si un
nouveau soulèvement des continents avait lieu, nous
verrions apparaître, au pied de nos falaises actuelles,
une zone plus ou moins large de terrains, formée en

État des côtes de l'Europe occidentale dans l'hypothèse
d'un soulèvement de cent brasses.

partie aux dépens des roches littorales, et en partie
par l'action des sources siliceuses ou calcaires du fond.
Si, par exemple, un soulèvement des côtes françaises
et britanniques se produisait sur une hauteur de cent
brasses, la carte de l'Europe serait singulièrement
modifiée autour de nous, et le continent s'augmente-
rait dans une proportion notable. La carte ci-jointe,
dont la courbe extrême représente dans l'état actuel
la suite des points où la profondeur atteint cent
brasses, représenterait la ligne des nouvelles côtes
de l'Europe, dans l'hypothèse de cette révolution. On
y voit d'un seul coup d'œil toute l'étendue du changement : le littoral nouveau, partant de Bordeaux,
englobait les îles Britanniques, les Hébrides, les
Orcades et les Shetland, et viendrait se rattacher à la
Norwége, en desséchant la mer du Nord et en fermant
la Baltique. Un pareil bouleversement changerait entièrement l'avenir politique de l'Europe : un second
soulèvement de cent brasses modifierait à peine la
nouvelle configuration de l'Europe; car partout, à
partir de la ligne ici indiquée, le fond de la mer s'a-
baisse brusquement pour atteindre une profondeur
d'au moins deux cents brasses.

Grâce aux détails qui précèdent, nous pouvons nous
expliquer maintenant les caractères d'une foule de
terrains anciens que nous rencontrons à la surface
du globe. Les uns ont été déposés tranquillement au
fond d'un lac, par l'apport incessant des eaux douces,
et ils ne présentent dans leur constitution que des
fossiles terrestres ou lacustres, comme plusieurs des
dépôts de la France centrale; les autres, créés comme
nos deltas méditerranéens actuels, n'offrent qu'une
trace légère des eaux marines, et portent tous les

signes d'un empiétement de la terre ferme sur la mer ;
d'autres, formés dans les océans à l'embouchure des
grands fleuves, présentent dans le mélange de leurs
lits, alternativement lacustres et marins, les traces
du combat que la mer et les eaux douces se sont livré
au moment de leur formation, comme on le remarque
dans plusieurs des dépôts tertiaires du bassin de Paris;
d'autres estuaires antiques ont vu la mer envahir les
continents dans de longs golfes étroits, et y apporter
jusqu'à une grande distance des côtes les produits qui
les caractérisent : c'est ce qu'on observe spécialement
dans le dépôt des faluns qui se prolonge depuis la
basse Loire jusqu'à Orléans à travers l'Anjou et la
Touraine, comme si ce golfe eût été, dans les périodes
géologiques anciennes, une vaste embouchure de la
Loire ; d'autres enfin, formés sur nos côtes au fond de
la mer, doivent avoir la plus frappante analogie avec
les formations jurassiques ou crétacées qui se sont
également déposées au fond de l'Océan. Ainsi l'étude
des phénomènes actuels jette la plus éclatante lumière
sur les phénomènes passés, et nous rend compte de
toutes les modifications successives qu'a subies la
croûte de notre globe avant d'atteindre sa configuration présente.

XVII

LES TOURBIÈRES ET LES HOUILLÈRES

Emplacement et mode de formation des tourbières. — Végétaux
des tourbières. — Fossiles des tourbières. — Influence de
l'homme sur la production de la tourbe. — Transport de radeaux d'arbres par les fleuves et les courants océaniques. —
Influence du Gulf-Stream sur les dépôts de combustible. —
Minéralisation de ces dépôts. — La végétation enfouie dans les
houillères.

Dans la série des dépôts lacustres ou marins, il
s'en trouve quelques-uns qui présentent une importance particulière, surtout à notre époque industrielle,
à cause du combustible fossile dont ils sont les dépo-
sitaires : nous voulons parler des tourbières et des
houillères.

Les tourbières sont encore actuellement en voie de
formation : on les rencontre sur toute la surface des
continents, dans certains lieux bas, déprimés et marécageux, où les végétaux peuvent s'accumuler, se
décomposer, sans se corrompre, et constituer par
une sorte de fermentation le combustible léger que
nous nommons *tourbe*. Tous les lieux ne sont pas

propres indifféremment à cette production : il ne faut
ni eaux courantes qui entraînent les détritus au lieu
de les accumuler, ni lacs profonds où les végétaux
s'enfouissent à l'abri de l'air ; il faut de préférence
une eau dormante et stagnante, d'une épaisseur peu
considérable, afin que les plantes puissent continuer
à végéter à la surface avant de s'enfouir, et renouveler
pendant une longue période ces alternatives de végétation, d'enfouissement et de décomposition.

La production de la tourbe est particulièrement
déterminée par l'accumulation des végétaux cellu-
laires constamment submergés et qui se multiplient
avec une grande rapidité. Les plantes nombreuses
susceptibles de croître dans de telles stations concou-
rent toutes à la formation de la tourbe ; mais une'certaine espèce de mousse nommée sphaigne (*sphagnum
palustre*) constitue la majeure partie de celles qu'on
trouve dans les marais du nord de l'Europe. Cette
plante a la propriété de produire de nouvelles tiges à
la partie supérieure, tandis que ses extrémités inférieures se pourrissent. Des roseaux, des joncs, des
conferves, et diverses autres plantes aquatiques se
joignent à la sphaigne, et présentent encore, malgré
leur décomposition, un tel état de conservation extérieure, qu'on peut facilement reconnaître les différentes espèces auxquelles elles appartiennent. C'est
là ce qui constitue la masse générale, la pâte principale du dépôt, la matière qui enveloppe toutes les
autres plantes aquatiques, et qui concourt sans
aucun doute à leur décomposition. A ce premier
fonds il convient d'ajouter un grand nombre de végétaux terrestres amenés par les ruisseaux, et même
une portion importante de grands arbres.

Les grands arbres, en effet, sont extrêmement abondants dans les tourbières. Ce sont en général des arbres résineux, des chênes, des frênes, des bouleaux, des ormes ; mais ce sont les premiers qui prédominent quand le sous-sol est sableux, et les chênes, quand il est argileux. Les essences résineuses sont les mieux conservées : elles ont gardé toute la solidité du tissu ligneux, et sont seulement noircies ; les autres essences, plus décomposées, sont en quelque sorte réduites en terreau friable. On trouve un si grand nombre de troncs encore debout, avec les racines fixées dans le sol, qu'on ne saurait douter que ces arbres sont encore dans la place où ils ont vécu : les fruits de chaque espèce, les glands, les cônes, les noisettes, les faînes, etc., gisent à côté des arbres auxquels ils ont appartenu, ce qui semble démontrer qu'il n'y a pas eu transport des végétaux par les courants. Dans d'autres circonstances, les arbres paraissent avoir été brisés sur place, et sont couchés à côté de leurs racines. Toutes ces matières se décomposent lentement sous l'influence d'une température humide et peu élevée, et constituent la tourbe. D'après Davy, la tourbe sèche contient de soixante à quatre-vingt-dix parties de matière combustible, et le résidu se compose de terres chargées d'oxyde de fer, et de même nature que le sous-sol, argile, marne ou gravier, qui la supporte.

Les tourbières renferment une grande quantité de dépouilles d'animaux et même de débris de l'industrie humaine. Il arrive fréquemment que le bétail, en paissant dans les prairies, s'enfonce et s'embourbe dans les marais, où ses ossements trouveront leur place entre les couches de combustible qui sont en

voie de formation actuelle. Les chairs elles-mêmes
se conservent d'une manière étonnante au milieu de
ces dépôts, où elles rencontrent des matières antisep-
tiques très-puissantes, l'acide carbonique et l'acide
gallique qui se dégagent du bois pourri, le tannin, et
enfin le carbone lui-même, dont on connaît les propriétés désinfectantes et antiputrides. D'après quelques
auteurs, on aurait ainsi trouvé dans les marais tour-
beux de l'Angleterre plusieurs corps humains, dont les
ongles, les cheveux et la peau avaient à peine subi
quelques traces d'altération : leurs sandales antiques
et leurs vêtements de peaux indiquaient assez que
ces corps étaient là depuis plusieurs siècles. On rencontre aussi fréquemment dans les tourbières des
débris de vaisseaux, des rames, des pirogues, des
canots creusés dans un seul tronc de chêne, comme
ceux des sauvages, avec des pointes de flèches et des
instruments en pierre, témoignages irrécusables d'une
race et d'une civilisation primitives. On découvrit
aussi en Picardie, dans une des plus basses couches
de tourbe de la vallée de la Somme, un bateau
chargé de briques, circonstance qui prouve qu'à une
époque reculée ces tourbières formaient des lacs na-
vigables.

Nous avons dit plus haut que la tourbe ne prenait
naissance que dans des marécages peu profonds : on
en rencontre cependant des couches puissantes, séparées par des lits d'argile ou même de terre végétale,
comme si, après une première formation de tourbe,
une seconde végétation s'était développée librement
au-dessus de la première, et avait fait place à son tour,
après s'être enfouie, à une nouvelle succession de
faits semblables. On ne peut s'expliquer ces accidents

qu'en admettant une suite d'affaissements progressifs qui auraient entraîné à un niveau inférieur les grands arbres dont le sol était couvert, et les auraient plongés dans le milieu le plus favorable à leur carbonisation et à leur conversion en tourbe. De tels effets peuvent encore se produire de nos jours; car il arrive souvent que les tourbières sont recouvertes de terre végétale, et portent une multitude de plantes diverses qui aiment l'humidité, et dont les racines sont plongées dans l'eau.

L'homme a contribué lui-même, en un certain nombre de circonstances, à la formation de la tourbe. Les forêts étaient autrefois les lieux de refuge les plus naturels des populations poursuivies par les envahisseurs et par les barbares, et on y signale, presque dans chaque canton, des retraites fortifiées qui, en France, ont conservé le nom caractéristique de *châtre* (*castrum*, camp), et de *châtelet* ou *châtellier* (*castellum*, château, fort). Ce système de défense indiquait la tactique de l'attaque : pour enlever aux malheureux fuyards les forteresses naturelles où ils cachaient leurs moissons, leurs troupeaux et leurs modestes trésors, les assaillants ne trouvèrent rien de mieux que de couper les forêts. C'est ainsi que Sévère et plusieurs autres empereurs donnèrent les ordres les plus précis pour abattre tous les bois dans les provinces conquises au nord de la Germanie et en Gaule, et c'est à l'exécution de ces ordres que Deluc attribue les marais et les tourbières qui occupent maintenant l'emplacement des anciennes forêts désignées sous les noms d'Hercynie, de Semana et des Ardennes. Plusieurs des forêts de la Grande-Bretagne, qui sont aujourd'hui à l'état de tourbières, ont aussi été abat-

tues à différentes époques, par les ordres du parle-
ment anglais, comme étant le refuge des loups et des
proscrits. Le même système amena Édouard Ier et
Henri II à couper et à brûler le bois du pays de
Galles et de l'Irlande. Dans cette dernière contrée, la
destruction a été si importante, que la tourbe occupe,
dit-on, la dixième partie de l'île.

Les tourbières sont très-abondamment répandues
à la surface des continents, sur tous les terrains,
même sur les roches de cristallisation ; on les rencontre à toutes les altitudes, jusqu'au sommet des
Alpes, et partout elles remplissent des dépressions
de terrain. En France, le Limousin, l'Auvergne, les
Vosges, les Ardennes, et surtout la Picardie, en renferment des dépôts considérables que l'on exploite
avec avantage comme combustible, particulièrement
dans la vallée de la Somme, entre Abbeville et Amiens.
D'autres parties basses de l'Europe, comme la Hollande, le Hanovre, la Westphalie, la Prusse, la Silé-
sie, ont des espaces immenses couverts de terrains
marécageux où la tourbe se dépose constamment. On a
remarqué que ce combustible ne se forme pas dans
les pays chauds, où mille causes de destruction travaillent à faire disparaître tous les détritus qui pour-
riraient à la surface du sol, au grand détriment de
l'hygiène publique ; il abonde, au contraire, dans les
pays froids et humides, où les causes de destruction
sont beaucoup moins actives, et où d'ailleurs le combustible est une nécessité du climat : là il se produit
avec tant de facilité, que cinquante ans suffisent quelquefois pour l'établissement d'une tourbière.

C'est surtout depuis les Romains que les tourbières
paraissent s'être multipliées en Europe. Ces terribles

ravageurs ont abattu une telle quantité de forêts, que la désolation et la solitude règnent aujourd'hui dans de vastes espaces où se déployait, il y a dix-huit cents ans, la plus riche et la plus vigoureuse végétation, et si l'on veut juger de l'état de l'Europe avant qu'elle tombât au pouvoir de Rome, il faut étudier surtout la Russie, la Suède et la Norwége. Partout ailleurs la hache des conquérants a coupé les bois, et, comme pour en donner une démonstration palpable, les tourbières nous montrent, dans leurs couches les plus profondes, des voies antiques, des pièces de monnaie, des armes et des instruments appartenant à la période romaine : le passage des ravageurs a laissé son empreinte.

L'Europe actuelle, civilisée, policée, et partagée tout entière entre une foule de propriétaires, ne saurait nous donner l'idée de ce que peut être une nature vierge, où la végétation exubérante ne connaît point encore la main de l'homme, et où le surcroît excessif de produits végétaux de toutes sortes contribue à former des amas immenses de combustible mis en réserve pour l'avenir. C'est en Amérique qu'il faut se transporter pour avoir un tableau complet de cette nature fougueuse et violente, qui ressemble si peu à la nature calme, châtiée, alignée et ratissée de nos régions. De vastes forêts, dont la superficie dépasse six fois celle de la France, s'étendent au nord et au sud de l'équateur : ce sont des fourrés impénétrables, peuplés d'arbres gigantesques, remplis d'un fouillis inextricable d'arbustes, enchevêtrés de mille lianes, au milieu desquels l'homme ne peut s'aventurer que la hache à la main. Dans cette débauche de végétation, des centaines d'arbres tombent de vieillesse ou sont

déracinés par les eaux, et les torrents qui traversent
ces solitudes les entraînent dans les grands fleuves
du continent américain. On voit flotter sur les rivières des troncs immenses, et ces obstacles à demi
cachés créent souvent de grands dangers à la navigation.

La quantité des bois ainsi transportés par les rivières américaines acquiert de telles proportions,
qu'elle devient un véritable accident géologique. On
le remarque surtout dans le Mississipi. Quand le
fleuve s'étale, et par conséquent perd de sa vitesse, les
troubles et les limons s'accumulent et forment des
hauts-fonds : les arbres charriés par le courant s'arrêtent sur ces barrages, se chargent de limon, deviennent plus lourds et s'enfoncent sous l'eau. De
grandes îles sont ainsi réunies au rivage, l'espace
qui les en séparait ayant été comblé par une multitude de troncs fortement cimentés par le limon et
devenus une masse solide. Il en résulte des ponts
naturels qui embrassent toute la largeur du courant :
on désigne ces accumulations d'arbres flottants par
le nom de *rafts*. Un des plus grands rafts que l'on
connaisse est celui d'un des bras du Mississipi, l'At-
chafalaya, qui entraîne une immense quantité des
bois amenés du nord chaque année. Les arbres qui
s'étaient accumulés sur un point depuis trente-huit
ans formaient, en 1816, un îlot continu qui mesurait
seize kilomètres de long sur deux cent vingt mètres
de large et trois mètres de profondeur. Cette masse
flottante s'élevait et s'abaissait avec la crue du fleuve,
dit M. Lyell, ce qui ne l'empêchait pas d'être couverte
d'une riche et vigoureuse végétation : en 1835, plusieurs de ces arbres avaient atteint une hauteur de

vingt mètres, et il fallut que l'État de la Louisiane prît des mesures sérieuses pour détruire ce raft, travail difficile et qui dura quatre années entières. La rivière Rouge, affluent du Mississipi, est aussi obstruée par une multitude de rafts, composés, soit de cèdres, soit de pins. Dans le Washita, tributaire de la rivière Rouge, on cite un raft de soixante-quinze kilomètres de long, couvert d'une haute forêt : le courant était si complétement dissimulé en 1804 par la masse qui le couvrait, qu'on pouvait le traverser en plusieurs points sans se douter de son existence.

Indépendamment de la quantité considérable de bois flottant arrêté par les rafts, une multitude de troncs sont entraînés jusqu'à la mer, et forment des dépôts prodigieux dans le golfe du Mexique à l'extrémité du delta du Mississipi. En face des embouchures du fleuve, d'immenses radeaux, emmenés chaque année par les crues périodiques du printemps, s'entrelacent à la manière d'un filet : ils ont plusieurs mètres d'épaisseur, et s'étendent sur des centaines de lieues carrées. Un limon fin les recouvre ensuite d'une couche plus ou moins puissante, et l'année suivante une nouvelle couche d'arbres vient se superposer à la première, jusqu'à ce que le radeau, trop chargé, s'enfonce au fond du golfe. Là il reste calme pendant une série de plusieurs années ; il se recouvre de sables, de graviers, de blocs plus ou moins volumineux entraînés par le fleuve, et tous ces détritus, sous l'action des ciments calcaires ou siliceux qui sont toujours en dissolution dans les eaux, ne tardent pas à prendre de la consistance. Bientôt un second radeau, suivant les phases du premier, s'engloutit à son tour au-dessus du précédent, et recommence une

nouvelle série de phénomènes semblables. Avec ces
troncs s'engloutissent une foule d'animaux terrestres,
fluviatiles et marins, dont les restes indiqueront un
jour au géologue, si jamais ces gisements de combustible minéral sont exploités, que le dépôt s'est
effectué dans un estuaire ou à l'embouchure d'un
grand fleuve. On y trouvera des animaux de climats
bien divers, le Mississipi parcourant dans son cours
vingt degrés de latitude du nord au sud : le loup et
le renard, habitants des contrées septentrionales, s'y
rencontreront pêle-mêle avec la tortue et l'alligator,
qui aiment des régions plus chaudes. Enfin, dans le
cours de longs siècles, les arbres se carboniseront
sans doute par une lente décomposition, et produi-
ront un combustible compacte semblable à la houille,
accumulé en lits plus ou moins épais au milieu d'une
alternance de couches minérales, argileuses ou
quartzeuses.

Les radeaux de bois flottant ne sont pas tous engloutis dans les estuaires des fleuves, et une grande
partie d'entre eux sont entraînés au loin par les vastes
courants de l'Océan.

On sait que le grand courant équatorial qui part
de la côte occidentale d'Afrique vient se briser sur
les rivages du Brésil, et que là, à cause de la proéminence du cap Saint-Roch au sud de l'équateur, il
se bifurque en deux courants fort inégaux, l'un qui
monte vers le nord, l'autre qui descend jusqu'à la
pointe de l'Amérique méridionale pour doubler le
cap Horn. Le premier traverse la mer des Antilles,
contourne le golfe du Mexique, en sort par le canal
de la Floride, et là, prenant le nom de *Gulf-Stream*
(courant du golfe), remonte tout le long des États-

Unis jusqu'à Terre-Neuve, traverse de nouveau l'Atlantique du sud-ouest au nord-est, et, venant effleurer la pointe septentrionale des îles Britanniques, poursuit sa marche le long des côtes de Norwége et s'avance jusqu'au Spitzberg. A sa sortie du canal de la Floride, le gulf-stream a une largeur de cinquante-cinq kilomètres, une profondeur de six cent soixante-dix mètres, et une vitesse de sept à huit kilomètres par heure; la température de ses eaux dans ces parages est de 30 degrés. Ces chiffres disent assez quelle est la puissance d'entraînement de cet immense *fleuve pélagique.* « Il est un fleuve au sein de l'Océan, dit le lieutenant Maury. Dans les plus grandes sécheresses, jamais il ne tarit; dans les plus grandes crues, jamais il ne déborde. Ses rives et son lit sont des couches d'eaux froides entre lesquelles coulent à flots pressés des eaux tièdes et bleues. C'est le gulf-stream! Nulle part dans le monde il n'existe un courant aussi majestueux. Il est plus rapide que l'Amazone, plus impétueux que le Mississipi, et la masse de ces deux fleuves ne représente pas la millième partie du volume d'eau qu'il déplace. »

Une foule d'autres courants traversent ainsi les mers dans tous les sens, portant les eaux chaudes de l'équateur aux pôles, ramenant les eaux froides des pôles vers l'équateur, et tempérant par ce mélange les climats extrêmes.

Mais ce n'est pas là la seule fonction des grands courants pélagiques; ils jouent aussi un rôle géologique, en dispersant sur tout le fond des océans les mille débris apportés par les fleuves, et en travaillant, par une action lente, mais incessante, à rétablir l'équilibre des niveaux. Ainsi, à la hauteur de Terre-

14

Neuve, le gulf-stream rencontre les courants froids
qui descendent du pôle arctique par la baie de Baffin
et la mer du Groënland, et c'est au conflit des eaux
polaires avec les eaux équatoriales que l'on attribue la
formation du banc de Terre-Neuve : les unes et les
autres ayant déposé sans relâche, dans cette partie de
la mer, les débris qu'elles charrient, ce banc de terre
et de sable, qui mesure mille kilomètres de long sur
trois cents de large, s'est formé ainsi peu à peu avec
le concours des siècles.

Les courants de la mer entraînent aussi dans leurs
eaux toutes les épaves qu'ils rencontrent à la surface
de l'Océan. Les bois flottés que descend le Mississipi,
par exemple, sont charriés de cette façon par le gulf-
stream. « Les plantes intertropicales, dit M. Constant
Prévost, arrivent souvent intactes jusque sur les
côtes d'Islande et du Spitzberg, après qu'une grande
partie s'est arrêtée sans doute dans le trajet, probablement dans les mêmes anses, sur les mêmes fonds,
et dans tous les lieux enfin où un remous, un calme
vient déterminer cette distribution, qui, comme l'on
voit par ce seul exemple, se fait sur un espace compris entre l'équateur et le 80e degré de latitude;
espace immense, six fois plus considérable que celui
qui est occupé par toute l'Europe, et trente fois plus
grand que la France. Ces transports, quoique régu-
liers, ne sont cependant pas continuels; ils se font
par intermittences à la suite des grandes inondations;
et, dans l'intervalle, les mêmes eaux ne portent dans
les mêmes lieux que du sable, que de la vase, et
peut-être alternativement l'un et l'autre, selon la
hauteur et la rapidité des fleuves affluents. »

Ces transports de bois sont extrêmement considérables. Les forêts de l'Islande ayant été dévastées, c'est la mer qui amène aux Islandais le bois que la terre leur refuse. C'est un des phénomènes les plus étonnants dans la nature, dit Malte-Brun, que cette immense quantité de gros troncs de pins, sapins, et autres arbres qui viennent se jeter sur les côtes septentrionales de l'île, surtout sur le cap Nord et sur le cap Langaness. Ce bois arrive sur ces deux points en telle abondance, que les habitants en négligent la plus grande partie. Le Labrador et le Groënland reçoivent aussi des provisions de combustible par la même voie, et l'île de Jean-Mayen en est tellement inondée, que les masses de bois amenées par les vagues égalent souvent en volume l'étendue entière de l'île. Tous ces bois sont privés de leur écorce; mais ils sont dans un assez bon état de conservation pour fournir d'excellents matériaux de construction. Ce sont en général des pins, des mélèzes, des cèdres, des sapins, des bois de Fernambouc et de Campêche.

La majeure partie de ces arbres (c'est sur ce point que nous voulons particulièrement insister) est arrêtée en route et engloutie au fond de la mer dans des anses ou des criques, la pesanteur spécifique du bois augmentant à mesure qu'il s'imprègne d'eau. Il se forme ainsi des dépôts alternatifs de matière combustible et de matière terreuse, dont le volume doit être immense, si nous en jugeons par l'immense quantité de bois charriée par les fleuves et par les courants. Aussitôt enfouis, ces arbres entrent dans une période lente de décomposition, où disparaissent toutes les parties altérables du végétal : le carbone seul reste intact, et passe, soit à l'état de tourbe, soit

à celui de lignite ou de houille. Si des fissures donnent jour dans le voisinage à l'action du feu central,
il arrivera sans aucun doute que les plantes se carboniseront à l'abri de l'air sous les épaisses couches de
terre qui les enveloppent; et si un jour quelque soulèvement se produit dans ces régions, le combustible
enfoui sous les eaux pendant des siècles viendra se
mettre au service de l'humanité.

En faisant l'exposé qui précède, nous avons expliqué la manière dont les dépôts de houille ont dû se
former pendant les anciennes périodes géologiques.
Alors comme aujourd'hui, les causes restant les
mêmes, les torrents, les fleuves et les courants ont
dû entraîner dans des bassins restreints, lacs, estuaires, golfes, anses marines à l'abri de l'action des
vagues, des produits variés de la végétation luxuriante
des premiers âges de notre globe, et les enfouir sous
des couches de sables et d'argiles qui se sont converties en grès ou en schistes. C'est ce qui nous explique comment les couches de houille se présentent
en lits généralement peu épais, ne forment point de
dépôts généraux à la surface du globe, et ne se montrent jamais qu'en bassins isolés. C'est dans ces bassins que s'est opérée la lente carbonisation des matières végétales. On y rencontre tous les spécimens
de la végétation des tropiques, et les courants les
ont portés jusque sous les glaces du pôle; car (et
c'est une observation d'un grand intérêt géologique
et qui confirme pleinement le système développé
dans ce chapitre), quand on a pu explorer la nature
des terrains des régions avoisinant le pôle nord,
on a trouvé qu'un grand nombre appartiennent aux
terrains houillers : tel est le cas de l'île Melville,

de l'île du Prince-Patrick, etc. N'est-ce pas là une nouvelle preuve que les causes actuelles sont en action depuis un nombre incalculable de siècles?

Une descente dans les houillères représente un voyage dans les régions inconnues de l'ancien monde. « Les peintures de feuillages les plus exquises qui recouvrent les lambris des palais de l'Italie, dit Buckland, ne peuvent entrer en comparaison avec la belle profusion des formes végétales éteintes qui tapissent les galeries de certaines mines de houille; c'est un dais d'une magnifique tapisserie, qu'enrichissent des festons d'un gracieux feuillage, jetés sans règle et avec une sorte de profusion sauvage sur tous les points de sa surface. Ce qui en rehausse encore l'effet, c'est le contraste de la couleur de ces végétaux avec la teinte pâle du fond, que forme la roche à laquelle ils sont fixés. Le spectateur se sent transporté comme par enchantement dans les forêts d'un autre monde; il y est entouré d'arbres de formes et de caractères maintenant inconnus à la surface du globe, et qui s'offrent à son admiration dans toute la beauté et la vigueur de leur vie primitive. Leurs troncs écailleux, leurs branches inclinées, avec toutes les délicatesses de leur feuillage, s'étalent devant lui, à peine altérés par les âges qu'ils ont traversés pour arriver jusqu'à nous; ils sont là comme des témoins fidèles des systèmes de végétation qui ont eu leur commencement et leur fin à des époques dont, sortant de leur linceul de pierre, ils viennent, en quelque sorte, nous raconter la véridique histoire. »

XVIII

LES TRAVAILLEURS DE LA MER

Fonction géologique de certains organismes dans le sein de la
mer. — Les polypiers. — Importance des récifs madréporiques.
— Formes spéciales aux îles de coraux. — Théorie sur la forme
annulaire des îles madréporiques. — Fonction géologique des
infusoires. — Application des faits actuels aux phénomènes anciens.

Nous avons attribué la majeure partie des terrains
sédimentaires qui constituent le fond des anciennes
mers et la surface actuelle de nos continents, à des
dépôts de sources siliceuses et calcaires dont l'action
se serait prolongée pendant des siècles. Cette action
ne rendrait pas compte de tous les phénomènes, et,
outre le jeu tout mécanique du dépôt, d'autres causes,
des causes physiologiques et vivantes, ont contribué
à la précipitation de la silice et du carbonate de chaux
tenus en suspension dans les eaux. Nous voulons
parler de ces ouvriers de la mer, les polypiers, les
infusoires et les mollusques, dont la principale fonc-

tion consiste à extraire de la mer les minéraux qu'elle
recèle en dissolution, pour leur restituer une forme
solide, et coopérer à la modification du relief du globe
par l'abandon de leurs innombrables dépouilles au
fond des océans.

Les plus actifs et les plus nombreux de ces travailleurs sont les polypiers, parmi lesquels il faut citer
plus particulièrement les *astrées*, les *porites*, les
madrépores, les *millépores*, les *caryophyllées*, les *ocu-
lines* et les *méandrines*, genres établis par Lamarck.
Ces animalcules, d'une organisation tout élémen-
taire, ont la propriété de se construire des cellules
pierreuses par une exsudation de sucs calcaires empruntés à la mer, cellules dans lesquelles ils vivent
à demeure fixe. La partie pierreuse du zoophyte peut
être comparée à un squelette ; car elle est toujours
enveloppée d'une substance animale molle et exten-
sible, que l'animal a la faculté de contracter et de
rentrer dans les cavités de son habitation minérale.
Les polypiers ne vivent point isolément ; ils se groupent, au contraire, en colonies extrêmement nombreuses, et quand une génération est éteinte, les
parties les plus durables de son habitation servent de
fondations à un autre édifice absolument semblable
que les enfants continuent à ériger. Il en résulte des
groupements singuliers, des formes arborescentes,
produits par l'accumulation successive des cellules
calcaires. Les petits êtres auxquels on doit ces travaux ne peuvent vivre en général, d'après les observations des naturalistes Quoy et Gaimard, qu'à une
profondeur de dix à douze mètres, où ils commencent
par s'établir sur des rochers pour jeter les premières
bases de la cité ouvrière ; suivant quelques autres

observateurs, les espèces les plus délicates, celles dont les constructions plus fragiles redoutent le mouvement des vagues, peuvent descendre jusqu'à une profondeur de quarante à cinquante mètres sous les eaux. Une fois les fondements assis, les cellules se multiplient, se superposent, se développent en rameaux pierreux, et finissent par atteindre la surface de la mer.

Cet accroissement des polypiers se fait d'une manière très-inégale. Les uns semblent s'accroître très-lentement, et exiger plusieurs milliers d'années pour leur complet épanouissement. Ainsi les habitants des Bermudes montrent certaines colonies de zoophytes actuellement en voie de développement dans leur mer, et qui, suivant la tradition locale, seraient là depuis plusieurs siècles et pourraient rivaliser, sous le rapport de l'âge, avec les plus vieux arbres de l'Europe. Le savant Ehrenberg a vu aussi des coraux extraits de la mer Rouge, auxquels il ne craint pas d'attribuer une antiquité extrêmement reculée, à tel point, dit-il, que Pharaon put les voir en s'engageant dans les profondeurs de la mer sur les traces des Israélites. D'autres polypiers, au contraire, marchent avec plus de rapidité, et dans une île de l'océan Pacifique méridional, on trouva une ancre submergée depuis cinquante ans, à sept brasses de profondeur, déjà tout incrustée de coraux. C'est à ce développement rapide de certaines espèces qu'on attribue l'obstruction de plusieurs passes dans l'océan Pacifique, et le comblement de plusieurs ports dans le golfe Arabique.

Les polypiers pierreux vivent exclusivement dans les mers chaudes intertropicales. On en trouve en immense quantité dans l'océan Pacifique, dans la mer Rouge, dans le golfe Persique, dans la mer des Indes, entre la côte du Malabar et l'île de Madagascar. Il s'en rencontre aussi aux Bermudes, à 32 degrés de latitude nord, et c'est là leur station la plus septentrionale; mais cette exception apparente tient à ce que, dans ce point, l'Atlantique emprunte au gulf-stream une température supérieure à celle de sa latitude.

Dans tous les points que nous venons de nommer, les récifs madréporiques acquièrent un développement et des proportions qui étonnent l'imagination. On signale un de ces récifs, situé sur la côte orientale de la Nouvelle-Hollande, comme atteignant une longueur de seize cents kilomètres, et ne présentant aucune solution de continuité sur une étendue de cinq cent soixante kilomètres. La plupart de ces récifs, aussitôt qu'ils arrivent à la surface de la mer, ne tardent pas à se couvrir de végétation. Le calcaire du polypier se brise sous l'action des vents et des flots, se désagrége et se convertit en un limon blanc et mou, tout à fait analogue à la craie : ce limon calcaire forme une première couche végétale, qu'enrichissent bientôt les limons terreux charriés par les courants; les graines, transportées par les vents et par la mer, s'installent sur ce sol nouveau, y prennent racine, et y laissent leurs dépouilles où croîtront de plus grands arbres. C'est ainsi que se sont formées la plupart des îles de l'océan Pacifique sur des fondations artificielles construites de toutes pièces par les madrépores. Dans ces parages, quelques-uns des groupes d'îles de coraux ont de dix-huit cents à deux mille kilomètres de longueur, sur cinq à six cents

kilomètres de large : tels sont, entre autres, l'archipel
Dangereux et l'archipel Radack. Les îles qui constituent ces groupes ne forment, il est vrai, que des
points peu étendus et souvent très-clair-semés ; mais
leur développement total n'atteint pas moins de plusieurs milliers de lieues carrées de superficie. En
outre, une multitude de récifs semblables sont en voie
de formation, et s'accroissent en bancs sous-marins
dont la masse s'élève de plus en plus chaque année,
jusqu'à ce qu'elle atteigne enfin la surface et crée un
nouveau centre de végétation. On voit par ces chiffres
comment une cause toute microscopique peut entraîner des modifications importantes dans le relief
du globe.

Les bancs madréporiques affectent une forme spéciale sur laquelle il est bon d'appeler un moment l'attention de nos lecteurs. Le plus souvent ce sont des
bandes assez étroites, circulaires ou ovales, entou-
rant complétement, à la manière d'un anneau rocheux, une lagune d'eau marine peu profonde, où
abondent des mollusques ou des zoophytes. Beechey,
dans son voyage à la mer Pacifique, a visité trente-
deux îles de corail, et sur ce nombre vingt-neuf
avaient des lagunes dans leur centre : le diamètre de
la plus grande était de cinquante kilomètres. Il est
évident qu'un jour la lagune sera comblée par les travaux incessants des ouvriers de la mer, et alors l'île
aura la figure d'un disque. Ces récifs annulaires dépassent à peine le niveau de la mer, et en dehors de
leur enceinte il a été souvent impossible d'atteindre
la profondeur du fond.

Sur d'autres points, une particularité très-curieuse
vient s'ajouter à ce caractère déjà très-original. La

bande annulaire dont nous venons de parler est parfois défendue par un autre récif également annulaire
qui forme au-devant d'elle, souvent à des distances
d'un à deux kilomètres, et quelquefois de huit à dix,
des remparts plus ou moins élevés qui ont jusqu'à
cinq cents mètres de large, au pied extérieur desquels
se trouvent fréquemment des mers sans fond. Tantôt
ces seconds récifs n'entourent qu'une seul île; tantôt
ils en embrassent plusieurs éparses au milieu de la
lagune circonscrite; quelquefois le cercle est fermé,
et souvent il est partagé par plusieurs coupures qui
permettent de pénétrer dans la lagune extérieure. Ces
récifs, à demi cachés sous les eaux, présentent les
plus graves dangers à la navigation, et ce n'est qu'a-
vec les plus grandes précautions que les navires peuvent passer derrière ces remparts et s'y mettre à l'abri
des tempêtes.

Rien n'est enchanteur comme l'aspect des îles à
coraux de l'océan Pacifique. Qu'on se représente une
bande de terre large de quelques centaines de mètres,
toute couverte de cocotiers très-élevés qui balancent
gracieusement leur cime sous l'azur du ciel, et se reflètent dans les eaux calmes et pures du lac intérieur;
cette bande circulaire est bordée d'un sable blanc
extrêmement fin, produit de la désagrégation des
polypiers, et entourée d'un anneau de brisants qui
la sépare de la haute mer. L'Océan vient briser avec
fureur ses vagues contre ces remparts invincibles qui
défient sa colère : s'il en arrache quelques parcelles
et les réduit en poudre, des milliers d'architectes microscopiques se mettent aussitôt à l'œuvre, travaillent
jour et nuit, et composent, avec le calcaire dissous
dans les eaux, ces myriades d'habitations pierreuses

qui étendent chaque jour le domaine terrestre de
l'homme aux dépens des abîmes de la mer. Deux
puissances rivales sont ainsi en présence : l'une, la
plus grande force de la nature, qui brise, qui dis-
perse, qui détruit; l'autre, un animalcule mou et
gélatineux, presque invisible, qui recueille, qui construit, qui travaille silencieusement à bâtir un nouveau continent; et, en fin de compte, c'est cette dernière qui est victorieuse. N'y a-t-il pas là un exemple
admirable de cet équilibre des forces que la Providence a partout établi dans la création ?

On se demandera sans doute comment on explique
la forme singulière des îles madréporiques. La plu-

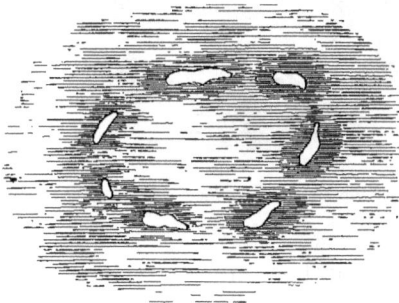

Groupe d'îles provenant des bords ébréchés d'un cratère.

part ne sont vraisemblablement que des cônes volcaniques sous-marins, sur le contour circulaire desquels les polypiers ont bâti leurs demeures : dans ce
cas, la lagune intérieure représente le cratère du volcan. Cette lagune n'est pas toujours séparée complétement de la mer, et dans plusieurs cas elle commu-

nique avec l'Océan par une passe profonde, ce qui rappelle exactement les cratères ébréchés par la sortie d'un courant de lave. Plusieurs circonstances rendent cette hypothèse très-vraisemblable. Les volcans en activité sont très-fréquents dans la région de l'océan Pacifique qui abonde en récifs de coraux, et ce qui apporte un poids nouveau à cette idée, c'est que dans plusieurs lagunes intérieures on a constaté la présence de rochers de lave semblables à ces cônes d'éruption, nommés les Kameni, qui ont apparu dans la baie cratériforme de Santorin.

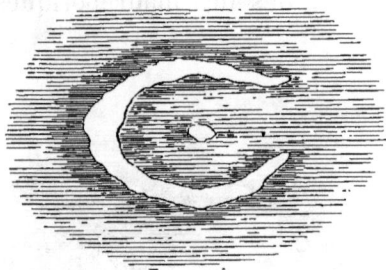

Ile d'origine volcanique avec le sommet du cône au milieu du cratère.

Mais cette hypothèse ne rend pas compte de tous les faits, et n'explique point, par exemple, cette seconde ceinture de récifs coralliens qui enveloppe l'anneau circulaire ou ovale de l'île. De plus, si la lagune intérieure représente le cratère d'un volcan, on a peine à comprendre des cratères d'une dimension aussi prodigieuse. Frappé de ces difficultés, M. Darwin, après avoir examiné un grand nombre de formations madréporiques en différentes parties du globe, a proposé une autre explication, et il attribue la forme des récifs de coraux à des affaissements. Voici en peu de mots quelle est son hypothèse.

M. Darwin suppose qu'une montagne s'élevait dans l'origine au-dessus de la surface de la mer, là où maintenant se trouve une île à lagune. Sur tout le pourtour submergé de cette montagne, des polypiers bâtissaient leurs habitations calcaires à une profondeur médiocre. Pendant qu'ils travaillaient, le lit de la mer s'abaissait graduellement, peu à peu, de sorte que la base de leur édifice s'enfonçait à mesure qu'ils en élevaient le sommet. Cette portion de terrain ne perdait donc rien de sa hauteur, le mouvement d'affaissement étant supposé assez lent ; mais ce que la terre ferme perdait était perdu irrévocablement. Enfin, l'affaissement étant terminé, le pourtour de la montagne primitive, exhaussé successivement par le travail des madrépores, est seul demeuré hors de terre sous une forme circulaire, et la terre ferme de l'intérieur est devenue une lagune fermée. Tel est, suivant M. Darwin, le mode de création des îles annulaires de coraux et des récifs formant enceinte. La même théorie s'applique aux récifs madréporiques qui se dressent comme une barrière tout le long d'un continent sur une longueur considérable ; et, pour les expliquer, il suffit d'admettre que la zone extérieure du continent s'est affaissée graduellement sur une certaine largeur.

Quoi qu'il en soit de ces deux hypothèses, la formation actuelle des récifs madréporiques sur une étendue qui atteint, comme nous l'avons dit plus haut, plusieurs milliers de lieues carrées, est pour nous très-instructive. Elle nous explique, en effet, comment on rencontre si souvent sur nos continents,

à deux cents, à trois cents mètres d'élévation au-
dessus du niveau des mers, une multitude prodigieuse de polypiers exactement semblables, tantôt
en place, tantôt arrachés de leur base primitive,
brisés et dispersés. Tous ces récifs se sont sans aucun
doute formés de la même façon, tantôt sur le contour
de cônes volcaniques submergés, tantôt au pourtour
d'une montagne isolée au-dessus des mers ou sur le
rivage d'un continent en voie d'affaissement graduel.
Puis, après la formation des coraux, un soulèvement
les a portés au niveau où nous les voyons aujourd'hui
au milieu de nos continents.

Les polypiers ne sont pas les seuls travailleurs qui
soient ainsi occupés à extraire de la mer les minéraux
qu'elle renferme à l'état de dissolution, pour en com-
poser des roches pierreuses; une multitude d'autres
ouvriers remplissent incessamment la même fonction, et si leurs œuvres sont moins apparentes, elles
ne sont peut-être pas moins importantes. Des myriades de mollusques empruntent à la mer le carbonate de chaux qu'elle recèle, pour en former le test
calcaire de leurs coquilles, et quand ces animaux
sont morts, leurs dépouilles minérales tombent au
fond de l'Océan et s'y accumulent, avec le temps,
en bancs plus ou moins épais. Parmi ces ouvriers
infatigables, on cite particulièrement les *forami-
nifères,* coquilles microscopiques ainsi nommées à
cause de leurs nombreux petits trous, lesquelles
pullulent par milliards et sèment partout leurs débris. Les infusoires eux-mêmes jouent un rôle dans
cette minéralisation de la mer, et leurs carapaces invisibles, étudiées à l'aide de microscopes d'un fort gros-
sissement, nous apparaissent formées entièrement

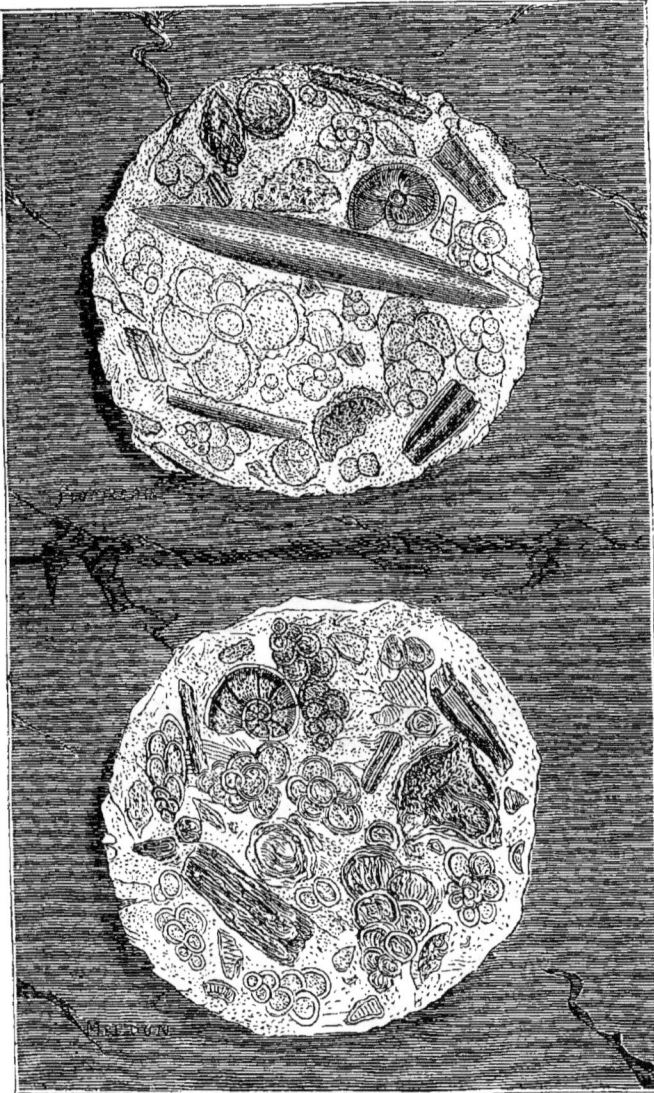

Fossiles microscopiques de la craie.
Craie de Meudon. — Craie de Gravesend.

de silice : leurs dépouilles, infiniment petites, s'accumulent en couches puissantes, et ce sont elles qui
composent la vase dont nos ports sont encombrés.

Tous ces débris, entassés les uns par-dessus les autres, mêlés d'ossements d'animaux de toutes sortes,
séparés par des lits de terre ou de limon, forment des
dépôts sous-marins en voie de consolidation. Partout où la sonde descend, même dans les mers les
plus profondes, elle rencontre les vestiges de cette
activité incessante qui travaille silencieusement à
l'accroissement de la terre ferme. La drague a fréquemment rapporté des parties de ces amas de
débris récents fortement agrégés entre eux, et fort
analogues aux calcaires coquilliers grossiers de nos
continents.

C'est ainsi que se sont comblés, par une accumulation successive de débris d'origine organique, les
fonds de mer qui constituent aujourd'hui la majeure
partie de nos continents. Les travailleurs de la mer
ont fonctionné pendant de longs siècles, et les édifices
construits par ces infimes ouvriers dépassent en importance et en grandeur tout ce que l'homme a fait
de plus imposant. Si l'on examine avec attention les
sédiments crétacés, par exemple, l'œil reconnaît sans
peine, dans la masse de ce terrain, une multitude de
coquilles entières ou brisées. Le microscope, étendant le champ de notre investigation, nous y montre
une multitude prodigieuse de tests de coquilles ou de
carapaces d'infusoires, à tel point que la pâte de la
roche en paraît presque entièrement constituée, et
que l'action des sources calcaires semble tout à fait
secondaire dans la formation de ce dépôt. Ce qu'il
y a de plus curieux, c'est que les êtres microsco-

piques ont été les ouvriers les plus puissants de cette
grandiose transformation. On les rencontre partout
en masses énormes. Le minerai de fer limoneux des
tourbières n'est qu'un agrégat composé de millions
de carapaces d'infusoires invisibles à l'œil nu ; M. Eh-
'renberg y a reconnu les filaments minces et articulés,
en partie siliceux et en partie ferrugineux, d'une
espèce qu'il a décrite sous le nom de *Gaillonnella
ferruginea*. Le même savant, en étudiant les matières
siliceuses très-fines qu'on nomme *tripolis*, les marnes
et les calcaires d'origine lacustre, la craie, les limons
fins de toutes les formations, a reconnu des myriades
de ces êtres tellement petits, qu'il faut plus de deux
millions de ces corpuscules pour faire un millimètre
cube. Malgré leur inconcevable ténuité, ces infiniment petits constituent à eux seuls, dans les plaines
basses de l'Allemagne occidentale, des masses étendues de vingt mètres d'épaisseur, et ils sont répandus
à foison dans tous les terrains anciens et modernes.
On peut mesurer par là toute l'importance géologique des invisibles travailleurs de la mer. N'est-ce
pas le lieu de s'écrier avec le poëte anglais : *La poussière que nous foulons aux pieds fut jadis vivante !*

The dust we tread upon was once alive !

XIX

LES GLACIERS

Description des glaciers. — Leur mode de formation. — Leur
étendue en Europe. — Rôle hydraulique des glaciers. — Les
tables de glacier. — Les moraines. — Usure et polissage des
roches. — Marche des glaciers. — Extension des anciens glaciers. — La période glaciaire. — Les blocs erratiques. — Transport des blocs par les glaces.

Notre examen des causes géologiques actuelles
serait incomplet, si, après avoir étudié l'action des
agents météoriques et des eaux courantes, soit pour
détruire, soit pour reconstituer, nous n'étudiions
maintenant la fonction géologique de ces agents puissants de destruction et de transport qu'on nomme
des glaciers. Depuis une trentaine d'années, plusieurs
savants éminents ont fouillé avec soin les mystères
de cette question, et en ont tiré une théorie très-
remarquable pour l'explication d'un grand nombre
de faits. Nous allons résumer ici leurs travaux en y
ajoutant le résultat de nos observations personnelles.

Rien n'est grandiose comme le spectacle d'un glacier. Quand on visite les hautes montagnes des Alpes, on aperçoit de loin, éclairées par les feux éblouissants d'un splendide soleil, d'immenses masses de neiges et de glaces éternelles. De près, l'aspect de ces phénomènes prend un caractère plus imposant encore. Les hautes vallées alpestres sont entièrement remplies, entre les bases des montagnes qui les encadrent, d'une véritable mer de glace, semblable à un torrent furieux tout à coup saisi par la gelée, ou plutôt à une mer en courroux subitement condensée par le froid. Toutes ces images ne rendent que d'une manière bien imparfaite l'affreuse réalité. La surface du glacier se hérisse d'immenses aiguilles d'un vert éclatant, groupées dans un désordre pittoresque, et s'élevant de vingt à trente mètres de hauteur ; des crevasses irrégulières, tantôt larges, ordinairement étroites, courent dans tous les sens et vont se perdre dans l'abîme, souvent à plusieurs centaines de mètres de profondeur, avec des teintes d'un bleu admirable ou d'un vert-émeraude magnifique, en engouffrant des ruisseaux superficiels qui vont se joindre à un ruisseau dont le canal est creusé sous le glacier ; deux traînées de blocs énormes, détachés par les actions météorologiques des rochers qui surplombent, s'alignent sur les flancs de la mer de glace, comme de petits esquifs ballottés sur les flots en furie. Cette masse, loin de rester inerte et silencieuse comme le royaume de l'hiver et l'empire de la désolation éternelle, semble, au contraire, agitée par des mouvements intestins et comme par une sorte de fermentation mystérieuse. Des bruits continus s'y font entendre, et, de temps en temps, d'horribles craque-

Glaciers.

ments en ébranlent les fondations; semblables aux pulsations d'un organe gigantesque. L'eau bruit incessamment en cascades dans les fissures des glaçons ; les crevasses s'ouvrent ou se dilatent avec le fracas du tonnerre; les hautes aiguilles se brisent et s'écroulent sur les aiguilles voisines, qu'elles entraînent dans leur chute; des blocs de rochers se précipitent des hauteurs, et rebondissent sur ces pentes glacées avec des bruits confus qui éveillent les échos de la montagne. Mille signes de vie sortent de ces abîmes de la mort.

Les glaciers jouent un rôle admirable dans l'économie de la nature. La neige qui tombe sur les hautes montagnes resterait éternellement à l'état solide au milieu d'une température toujours inférieure au zéro de l'échelle thermométrique, et priverait à jamais les plaines du bienfait de ses eaux, si la Providence n'y avait pourvu par l'établissement des glaciers. L'eau qui provient de la fonte superficielle pendant les jours d'été s'infiltre dans les mille interstices de la masse neigeuse, se congèle de nouveau pendant la nuit, et tranforme la neige en *névé*, sorte de corps intermédiaire entre la neige et la glace, masse grenue qui se compose de cristaux arrondis et agglutinés entre eux par la pression qu'ils supportent. Peu à peu le *névé* se transforme lui-même en une glace d'abord peu compacte, mais qui gagne de plus en plus en consistance et en épaisseur, à mesure que de nouvelles eaux viennent s'y infiltrer et s'y congeler, et que la masse entière chemine sur la pente des hauts vallons. Telle est l'origine et le mode de formation des glaciers. Les glaciers ne forment donc point un corps compacte et homogène, comme la glace de nos rivières ; c'est, au contraire, une masse *feu-trée*, composée d'une infinité de fragments de glace dure, séparés par un réseau multiple d'interstices et de fissures. De là résulte cette *plasticité* des glaciers, qui leur permet de se mouler sur tous les plis du terrain, et de se déformer dans leur marche au gré des accidents de la gorge dans laquelle ils sont enfermés.

Les glaciers fondent au soleil par toutes leurs parties extérieures, et surtout par leur base, qui descend toujours bien au-dessous de la limite des neiges éternelles, et cette fusion donne naissance à la plupart des grands fleuves. On peut donc considérer les glaciers, avec l'évaporation, comme les deux organes de la circulation incessante des eaux à la surface de notre globe. Dans nos plaines et dans nos vallées, la chaleur solaire, vaporisant l'eau des rivières et des mers, la renvoie à l'état de vapeur dans l'atmosphère. Cette action continue, invisible et silencieuse, représente un travail cent mille fois supérieur à celui dont toute l'espèce humaine serait capable. Les vapeurs de l'atmosphère sont ensuite déversées à l'état de neige sur le sommet des montagnes, pour s'y convertir de nouveau en glace dans ces immenses réservoirs, puis en sources vivifiantes et intarissables, et se transporter encore une fois vers la mer, par ce système complet de veines et d'artères que nous appelons vallées. Dans leur marche elles remplissent les fonctions géologiques que nous avons décrites précédemment : elles désagrégent les roches, entraînent les blocs, les pulvérisent, et reconstituent plus bas de nouveaux terrains d'une remarquable fertilité. Depuis l'origine des choses, les eaux ont accompli des millions de fois ce cercle merveilleux, ce trajet incessant, cette circulation ininterrompue. Insensé celui qui ne voit pas dans ce mécanisme hydraulique si simple et si savant la main de cet ingénieur suprême que nous nommons la Providence !

Toutes les montagnes élevées ne sont pas également propres au développement des glaciers, et il faut pour cela des conditions orographiques particulières. La principale, c'est l'existence à l'origine d'une haute vallée, à plus de deux mille six cents mètres d'altitude, d'un profond ravin dans lequel la neige puisse s'accumuler, se fondre à demi et se feutrer. Une montagne isolée et unie ne saurait donner naissance à un glacier ; car, à une température de huit à dix degrés au-dessous de zéro, la neige devient sèche, poudreuse et mobile, et se laisse facilement balayer et disperser par le vent, si elle ne rencontre pas une cavité qui la recueille et l'emmagasine.

C'est pour cela que les montagnes des Alpes, découpées et déchiquetées en tous sens, sont si favorables à la production de ce phénomène. On compte en Suisse plus de six cents glaciers, tous d'un volume et d'un développement considérables. Le glacier de l'Aar, par exemple, présente, sur une longueur de huit kilomètres, une superficie de neuf à dix kilomètres carrés, avec une épaisseur *maxima* de quatre cent soixante mètres, et une épaisseur moyenne de deux cent cinquante mètres. On a calculé que la capacité du glacier d'Aletsch, qui mesure vingt-quatre kilomètres de longueur, est de vingt-quatre kilomètres cubes. La mer de glace de Chamonix n'a pas moins de douze kilomètres de développement. La surface glacée de toute la Suisse n'est pas inférieure à cinq cent cinquante-deux kilomètres carrés. On

n'en sera pas surpris quand on saura qu'il tombe
dans les Alpes environ dix-huit mètres de neige par
an, équivalant à une couche de deux mètres trente
centimètres de glace compacte. Ces chiffres disent
assez le rôle fondamental que jouent les glaciers alpestres dans l'alimentation des principaux fleuves de
l'Europe, et la quantité prodigieuse d'eau qu'ils em-
magasinent pendant l'hiver pour les besoins de l'été.

Outre la Savoie et la Suisse, d'autres régions dans
les deux hémisphères retiennent d'immenses masses
d'eaux solidifiées. On peut citer particulièrement les
sierras d'Espagne, les montagnes de la Norwége, de
l'Islande et du Spitzberg, le Caucase, la chaîne de
l'Himalaya et les Andes de l'Amérique centrale. Quoiqu'on n'ait point encore signalé de glaciers dans l'A-
mérique septentrionale, on peut dire néanmoins que
c'est un phénomène général. Hors de l'Europe, les
glaciers atteignent des proportions colossales, surtout dans l'Himalaya. Ceux de Baltoro et de Mooztag
ont cinquante-huit kilomètres de long, et celui de
Biafo, cent trois. Les glaces qui entourent les deux
pôles ne sont elles-mêmes que d'immenses glaciers
et en ont toutes les allures. Le glacier de Humboldt,
situé dans le détroit de Smith, au nord de la baie de
Baffin, est le plus grand du monde entier; car il mesure cent onze kilomètres de long.

Le rôle hydraulique que nous avons décrit plus
haut n'est pas le seul qui soit assigné aux glaciers,
et ces grandes masses ont reçu une autre mission
très-importante au point de vue géologique : c'est
celle de transporter à la partie inférieure des vallées
qu'elles remplissent les blocs énormes arrachés au
sommet des montagnes. On peut assister facilement

à ce curieux spectacle en passant quelques heures sur le dos d'un glacier, et en examinant les diverses positions des blocs qui le recouvrent sur les deux côtés au pied des escarpements d'où ils tombent. Les blocs d'une couleur blanche ou grisâtre, loin d'absorber la chaleur, protégent la glace sous-jacente contre la radiation du soleil, et pendant que tout fond autour d'eux, ils restent suspendus sur une sorte de piédestal de glace. C'est ce qu'on appelle *tables de glacier*. Le soleil ronge peu à peu ces pieds, et les tables, s'inclinant de plus en plus vers le midi, glissent sur la glace et tombent en un point plus bas, pour recommencer les mêmes évolutions, et arriver ainsi, par une suite de chutes du même genre, à la base du glacier, où elles sont saisies par les eaux courantes. Les blocs noirâtres ou les cailloux de couleur sombre ne suivent pas la même marche. Grâce à leur couleur, ils absorbent la chaleur solaire, s'échauffent, font fondre la glace sous eux, et s'enfoncent peu à peu dans l'excavation ainsi creusée : ces excavations, qu'on nomme *puits* ou *moulins*, augmentent de plus en plus en profondeur par l'action de l'eau échauffée qu'ils recueillent, et le bloc arrive ainsi sous le glacier après en avoir traversé toute l'épaisseur.

Ce n'est là, toutefois, qu'une cause très-secondaire du transport des blocs, et le mouvement propre au glacier lui-même en est l'agent le plus énergique et le plus puissant. En effet, ces fleuves glacés ne restent pas immobiles dans leur lit : ils s'avancent, au contraire, par un mouvement bien marqué, et ils tendent à se développer à leur base et à envahir de plus en plus les vallées inférieures, sans doute par suite d'un refroidissement lent et continu de notre

hémisphère. Cette idée étrange, indiquée pour la première fois par Saussure et tombée dans l'oubli, puis
suggérée à M. de Charpentier par un guide valai-
san, fut d'abord accueillie par des sourires ironi-
ques ; mais aujourd'hui elle est démontrée par des
faits irrécusables, et la marche des glaciers a été
mesurée de la manière la plus attentive par les naturalistes suisses et français. Un intrépide explorateur
des Alpes, Hugi de Soleure, avait fait construire, dans
l'été de 1827, sur le flanc du glacier inférieur de l'Aar,
une petite cabane en pierres, et il l'avait adossée à
une sorte de promontoire, en ayant soin d'en vérifier
de temps en temps la situation. En 1830, il trouva sa
cabane cent mètres plus bas, et, en 1836, elle était
déjà descendue de sept cent quinze mètres. En 1840,
MM. Agassiz et Desor cherchèrent la même cabane,
et la retrouvèrent à quatorze cent vingt-huit mètres
du point de départ. Les mêmes explorateurs, pour
vérifier le même fait d'une autre manière, plantèrent
sur le glacier de l'Aar des séries de pieux bien ali-
gnés, dont il était facile de vérifier la marche, en la
rapportant à des points de repère immobiles. La ligne
de pieux, longue de treize cent cinquante mètres,
décrivait au bout d'un an une courbe de plus en plus
convexe : les points du milieu étaient descendus de
soixante-dix mètres environ, tandis que les rives latérales, entravées dans leur marche par leur énorme
frottement contre les rochers du bord, s'étaient dé-
placées à peine de quelques mètres. Des expériences
semblables ont été répétées sur d'autres glaciers, et
ce curieux phénomène a été enfin mis hors de doute.

Ce mouvement de progression des glaciers donne
lieu à divers phénomènes intéressants. Le plus ca-

ractéristique est celui des *moraines*. Les blocs de rochers qui se précipitent des hauteurs voisines sont emportés par la glace dans son mouvement de descente. De nouvelles roches tombent au même point, se placent derrière les premières et marchent à leur suite. Il se forme ainsi deux traînées latérales de débris qui s'avancent parallèlement jusqu'à la base du glacier. Là les deux *moraines latérales* se réunissent en une seule, et forment une énorme accumulation de rochers qu'on nomme la *moraine terminale*. Ces rochers, il est bon de le noter ici, ont conservé tous leurs angles.

La marche des glaciers laisse d'autres traces physiques non moins curieuses. Ces masses colossales exercent, en effet, des frottements considérables sur les rochers qui les supportent ou qui les encaissent, et y impriment des marques manifestes de leur irrésistible action. La couche de galets et de sable qui sépare ordinairement la glace du terrain sous-jacent agit comme le sable d'émeri sous le polissoir, nivelle les aspérités des roches les plus dures, les arrondit et les polit ; en même temps les fragments de pierre charriés par ce laminoir mobile gravent des stries et des sillons dans les rochers. De là ces galets striés et ces roches *moutonnées* qu'on observe dans le voisinage de tous les glaciers.

L'étude approfondie de toutes les lois des grands phénomènes glaciaires et la constatation des faits qui en sont la conséquence, inspirèrent des vues nouvelles, fondèrent des théories remarquables, et jetèrent une vive lumière sur une des dernières phases de l'histoire du globe. Les géologues, ayant désormais les yeux ouverts, reconnurent sans peine des

faits dont l'interprétation leur avait échappé jusque-
là, et signalèrent en un grand nombre de lieux des
traces manifestes d'anciens glaciers, dont les glaciers
actuels ne sont plus que de faibles restes. Il est bien
certain aujourd'hui que l'Europe, après la longue période d'un climat brûlant, fut soumise à un refroidissement soudain, et se revêtit d'un manteau de neige
et de glace. La cause de cet abaissement de température est encore pour nous un problème ; mais les
effets en sont parfaitement appréciables, et aucune
vérité n'est mieux démontrée en géologie.

La *période glaciaire* a laissé, en un grand nombre
de points, en Suisse, en Savoie, dans le Jura, les
Vosges et les Pyrénées, et dans tout le nord de l'Europe, des vestiges irrécusables de son existence,
c'est-à-dire des moraines parfaitement alignées, des
blocs énormes à angles tranchants, transportés bien
loin de leur lieu d'origine, des roches polies et striées,
et des éminences arrondies et *moutonnées* complète-
ment semblables aux traces des glaciers actuels. L'a-
nalogie porte avec elle un tel caractère d'évidence,
qu'il est impossible de nier la similitude des causes.
La Suisse entière est couverte des débris gigantesques
de la période glaciaire. Le glacier du Rhin occupait
toute la vallée supérieure du fleuve, le vaste bassin
du lac de Constance et les parties limitrophes de
l'Allemagne ; celui de la Linth s'arrêtait à l'extrémité
inférieure du lac de Zurich, et cette ville est bâtie
sur sa moraine terminale ; celui de la Reuss a couvert
le lac des Quatre-Cantons de blocs arrachés aux cimes
du Saint-Gothard ; celui du Tessin, au revers méridional des Alpes, remplissait le bassin du lac Majeur,
et s'étalait entre Lugano et Varese, où il semait les

blocs de ses moraines ; celui du Rhône, qui envahissait le Valais et le lac Léman, a usé les rochers de la
Gemmi : près de Genève, il se réunissait au glacier
de l'Arve, qui descendait de Chamonix, et au glacier
de l'Isère, qui débouchait par les lacs d'Annecy et de
Bourget ; et tous les trois se prolongeaient comme un
énorme manteau de glace, d'une part, dans la plaine
comprise entre les Alpes et le Jura jusqu'aux environs d'Aarau, et, d'autre part, dans la Bresse jusqu'à
Lyon, où ils apportaient sur la colline calcaire de
Fourvières des blocs granitiques détachés des hautes
Alpes. La Suisse tout entière était donc couverte
comme d'un unique glacier, qui même débordait sur
les contrées voisines.

La période glaciaire n'a pas été limitée à l'Europe,
et ce qui s'est passé dans notre hémisphère s'est
produit d'une manière encore plus grandiose en Amérique. Ce phénomène a donc été général.

La théorie glaciaire explique sans difficulté le transport des *blocs erratiques*. On sait que ces blocs sont
toujours situés à de grandes distances de leur gisement géologique, à des hauteurs considérables au-
dessus de la mer, et qu'on les rencontre souvent dans
des positions incroyables d'équilibre sur le pen-
chant des montagnes. On supposait autrefois que ces
blocs, qui atteignent parfois un volume de dix-sept
cents mètres cubes, comme celui de Pravolta, dans
les Alpes, avaient été charriés par les courants dilu-
viens ; mais cette explication laissait subsister une
foule de problèmes insolubles. Quelle prodigieuse
vitesse d'impulsion ne fallait-il pas attribuer aux eaux
du déluge pour entraîner de telles masses, et surtout
pour les faire remonter sur les pentes des montagnes

à plus de mille mètres d'altitude ! Et, en admettant
même que ce transport fût possible, comment se
faisait-il que ces blocs ne fussent pas émoussés et
arrondis par le frottement, comme il semblait naturel, et présentassent encore tous leurs angles sail-
lants? Le mouvement de progression continue des
glaciers rend compte sans peine de ce phénomène
extraordinaire : les débris qui se détachaient des
montagnes tombaient à la surface des glaciers, étaient
transportés au loin pendant des années sur le dos des
glaces, sans frottement, sans choc, sans usure, et

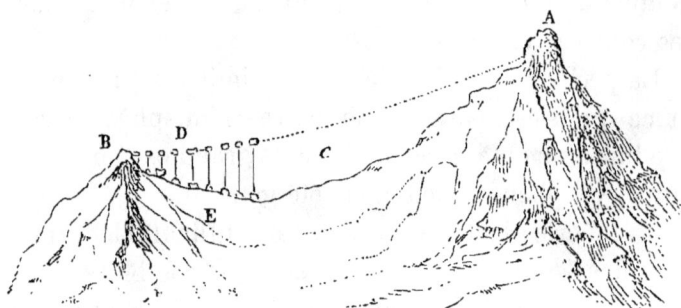

Transport des blocs erratiques par les glaciers.

quand les glaces se fondirent par l'élévation de la
température du globe, ils furent déposés tranquillle-
ment sur les points où on les trouve aujourd'hui.
Cette hypothèse si simple et si nette, accueillie d'a-
bord avec raillerie, est devenue une des théories les
mieux assises de la géologie.

Un immense glacier occupait autrefois toute la
partie septentrionale de l'Europe, et couvrait l'Islande, l'Écosse et l'Irlande avec les îles qui en dépendent, une grande partie de l'Angleterre, toute la

péninsule scandinave, la Suède et la Norwége, puis
une partie de la Russie occidentale à partir du Niémen
au nord, en décrivant une courbe qui passe près des
sources du Dniéper et du Volga et se dirige jusqu'au
bord de l'océan Glacial. Cette région est bordée sur
tout son périmètre par une longue bande de deux
à cinq degrés de largeur, sur laquelle on reconnaît
l'existence de blocs erratiques venus du nord ; elle
comprend la région moyenne de la Russie d'Europe,
la Pologne, une partie de la Prusse et du Danemark,
et vient se perdre en Hollande à la hauteur du Zui-
derzée ; elle entame la partie sud de l'Angleterre, et
l'on en trouve un lambeau en France, sur la lisière
du Cotentin.

Pour expliquer la présence des blocs erratiques sur
toute cette longue bande, plusieurs géologues, au lieu
d'appeler à leur aide le déluge universel, avaient signalé les glaces flottantes comme un moyen de transport tout naturel. Cette explication n'est point admise
aujourd'hui pour la région qui nous occupe ; mais il
est bien certain que les glaces peuvent charrier, sans
usure et sans frottement, des blocs énormes de rochers. On a vu souvent le Niémen, au·moment de sa
débâcle, entraîner des glaçons flottants où étaient
empâtés de gros fragments de granit, qui allaient
échouer à une assez grande distance de leur point de
départ sur les bords ou dans le lit du fleuve. Ce phénomène prend une grande extension dans la mer,
sous les latitudes septentrionales. Dans ces régions,
au Spitzberg, par exemple, d'immenses champs de
glace couverts de limons et de débris de roches se
mettent à flotter au commencement de l'été, en descendant vers des latitudes plus méridionales où ils se

fondent. Scoresby, compta, vers le 70e degré de latitude nord, plus de cinq cents de ces montagnes flottantes, débris arrachés aux glaciers du pôle, qui s'é-
levaient de cinquante à soixante mètres au-dessus de
la surface de la mer, et dont la circonférence attei-
gnait quelquefois quinze cents mètres. Plusieurs
d'entre elles étaient chargées de toutes sortes de débris rocheux, dont le poids fut évalué de cinquante à
cent mille tonnes. On peut se faire une idée du volume
colossal de ces masses de glace, en se rappelant que
la partie cachée sous l'eau est huit fois plus considérable que la partie émergée. Quand la glace vient à
se fondre, les blocs qui y sont empâtés tombent au
fond de la mer. C'est ainsi que des vallées sous-marines, des plateaux et des montagnes se trouvent par-
semés de graviers, de sables, de limons et de blocs
épars, d'une nature géologique souvent bien différente
de celle des roches environnantes, et qui y ont été
transportés à travers d'épouvantables abîmes. Des
banquises détachées du pôle arctique ont quelquefois
voyagé jusqu'aux Açores, et le pôle sud en envoie jusqu'au cap de Bonne-Espérance : le phénomène du
transport des glaces comprend donc une grande partie
du globe, et si jamais quelques montagnes sous-marines sont mises au jour, il ne faudra point s'étonner
d'y trouver des blocs erratiques amenés des régions
polaires.

———

XX

ESQUISSE DE L'HISTOIRE GÉOLOGIQUE DE LA FRANCE

Hypothèse de Laplace sur l'origine du système solaire — Terrains d'origine ignée. — Période de transition. — Période carbonifère. — Les bassins de houille. — Évolution successive des espèces animales et végétales. — Période secondaire. — Les zones de rivages anciens. — Les enceintes naturelles de Paris. — Période tertiaire. — Période glaciaire. — Les six jours de la Genèse.

Nous avons étudié successivement toutes les grandes causes géologiques actuelles; nous avons montré comment elles travaillent d'une manière infatigable à modifier le relief du globe, et comment leurs effets sont comparables aux phénomènes anciens. Cette comparaison nous amène naturellement à conclure que les mêmes causes ont toujours agi de la même manière, depuis l'origine des choses, et qu'elles ne font que poursuivre aujourd'hui une œuvre commencée depuis bien des siècles. Avant de clore ce volume, il est intéressant de montrer ces causes en action dans le passé reculé de l'histoire du globe, et de tracer en

quelques pages une esquisse rapide des principales
révolutions géologiques de notre pays dans leurs traits
généraux.

Dans la grandiose hypothèse de Laplace, notre système planétaire n'aurait été d'abord qu'une nébuleuse
dont les limites se seraient étendues bien au delà des
orbites actuelles de nos planètes, et qui se serait successivement condensée à travers les âges. Le noyau
solaire qui s'y forme n'est qu'une masse gazeuse
animée d'un mouvement de rotation qu'elle partage
avec une immense atmosphère. Par le refroidissement
général du système, cette atmosphère abandonne successivement, dans le plan de son équateur, des zones
lenticulaires d'où naissent les planètes. Quelquefois
ces zones conservent la forme circulaire, comme les
anneaux de Saturne nous en montrent des exemples.
Le plus souvent elles se séparent en plusieurs parties.
Les fragments peuvent rester désunis, comme nous
le voyons dans le monde des petites planètes situées
entre Mars et Jupiter ; ils peuvent aussi, et c'est le
cas le plus fréquent, se réunir en une seule agglomération. Les planètes ainsi formées sont à l'origine des
masses gazeuses qui continuent à tourner autour du
soleil ; elles tournent aussi sur elles-mêmes, parce
que, dans l'anneau original, les molécules les plus
éloignées du centre solaire avaient une plus grande
vitesse que les autres. Par cette rotation, chacune
d'elles prend la forme d'un sphéroïde aplati aux pôles,
et bientôt, dans chacun de ces petits mondes, recommence le phénomène expliqué tout à l'heure : l'atmosphère planétaire abandonne des anneaux d'où naissent les satellites. Les noyaux des planètes, ceux des
satellites, se solidifient par leur surface ; les atmo-

sphères se resserrent contre leurs noyaux, et l'immense étendue que remplissait d'abord la nébuleuse n'est plus occupée que par quelques globes célestes qui se meuvent régulièrement autour de leur centre commun. Telle est la théorie imaginée par l'auteur de *la Mécanique céleste* pour expliquer notre système du monde.

Selon Laplace, notre globe s'est donc détaché de la nébuleuse solaire de cette façon. Au moment de sa rupture avec l'atmosphère solaire, il était à l'état incandescent, et toutes les matières solides qui composent aujourd'hui la terre, les métaux, les chlorures métalliques, alcalins et terreux, le soufre, les sulfures, et même les rochers à base de silice, d'alumine et de chaux, existaient sous forme de vapeurs dans cette atmosphère. Toutes ces matières étaient sans doute rangées dans leur ordre de densité, les plus lourdes étant plus près du noyau central. A mesure que le globe se refroidissait en traversant les espaces planétaires, dont la température glaciale ne peut pas être évaluée à moins de cent degrés au-dessous de zéro, les minéraux les plus pesants se précipitèrent, et formèrent une couche pâteuse à la surface du globe. La masse liquide intérieure, obéissant à un mouvement de flux et de reflux, déchira en maints endroits cette frêle enveloppe, dont les fragments flottèrent à la surface, tout comme on voit les roches fondues flotter au-dessus d'un bain métallique en fusion. Ces fragments finirent par se souder, et le globe fut ainsi enveloppé sur tout son pourtour sphérique d'une voûte solide, trop souvent disloquée et brisée.

L'espace occupé aujourd'hui par la France fut en-

veloppé, comme tout le reste du globe, par une
croûte minérale, et si l'on pouvait creuser assez profondément à travers les couches sédimentaires, on
trouverait au-dessous une base de terrains cristallisés d'origine ignée, complétement dépourvus de débris organiques, la vie n'ayant pas encore apparu à
la surface du globe. L'histoire de ces premiers âges
nous échappe entièrement, et il s'est accompli bien
des révolutions géologiques, bien des soulèvements
et des affaissements, dont les effets nous demeureront
à jamais cachés. Tout ce que nous pouvons dire,
c'est qu'à la suite de ces bouleversements, plusieurs
points de notre territoire furent assez soulevés pour
ne jamais être couverts par les mers qui se déposèrent ensuite. La Bretagne et la Vendée furent de ce
nombre, et c'est ce qui explique la saillie énorme que
nos côtes font à l'ouest; un autre massif cristallisé
s'éleva aussi dans la France centrale, s'étendant du
nord au sud, d'Avallon (Yonne) au Vigan (Gard),
de l'est à l'ouest, de Lyon à Confolens (Charente), et
déterminant ce relief d'où descendirent plus tard la
Seine et la Loire; enfin un troisième noyau primitif
forma la protubérance des Vosges centrales, du col
de Bussang au col de Schirmeck. Les terrains qui
constituent ces trois régions sont des granits, des
gneiss et des micaschistes, roches qui sont des sili-
catès à base d'alumine, de potasse et de soude.

Le refroidissement continuant toujours, toutes les
vapeurs aqueuses répandues dans l'atmosphère se
condensèrent peu à peu, et tombèrent sur la surface
du globe, où elles s'accumulèrent dans les cavités de
l'écorce terrestre pour former les mers. Ces premières eaux étaient encore brûlantes et ne tardèrent

pas à attaquer les éléments, d'ailleurs facilement dé-
composables, du granit, particulièrement le feldspath et le mica. Il en résulta des argiles, qui, grâce
à la température encore élevée de la croûte, éprouvèrent un commencement de fusion, et prirent en se
refroidissant la structure feuilletée ou *schisteuse* qui
les caractérise. La condensation des vapeurs aqueuses
purifia l'atmosphère, et les rayons du soleil, perçant
enfin l'épais rideau de nuages qui les avait arrêtés
jusque-là, apportèrent à la terre la lumière et la vie.
Alors apparurent des animaux et des végétaux d'une
organisation toute rudimentaire, dont les dépouilles
s'enfouirent dans les terrains en voie de formation.
Ces terrains étaient des schistes, des sables quartzeux, des grès et des calcaires, et comme ces minéraux ne sont pour la plupart que des roches primitives modifiées, on les nomma *terrains de transition*.
Pendant l'époque de transition, la mer couvrait toute
la France, à l'exception de la Bretagne, du massif
central et des Vosges, qui s'élevaient comme trois
îles au-dessus des flots. Aussi est-ce autour de ces
îles que se rencontrent les terrains transitaires: dans
le département de la Manche, dans le Finistère,
d'Angers à Ploërmel, dans les Ardennes. La partie
émergée s'est donc accrue, mais dans une faible
proportion.

A cette époque, la végétation prit un développement extraordinaire, grâce à l'acide carbonique qui
remplissait l'atmosphère, et à la chaleur humide qui
régnait également sur toute la surface de la terre.
Aussi les végétaux purent-ils acquérir des dimensions colossales. Leurs débris, entraînés dans des
dépressions sous-marines, s'y accumulèrent en cou-

ches puissantes pour les besoins des âges futurs. En France, beaucoup de dépôts houillers nous sont sans doute inconnus, parce qu'ils sont masqués par toutes les matières postérieurement formées, et sous lesquelles on va souvent chercher à grands frais le combustible fossile. Aussi ne se montrent-ils à découvert que sur la lisière des terrains antérieurs émergés, et c'est ce qui explique le peu de place qu'ils occupent à la surface de la terre. En France, tous les dépôts connus ne forment guère que la deux centième partie de la superficie de notre territoire : pour la plupart ils sont concentrés autour du plateau central qui renferme le Morvan, le Bourbonnais, l'Auvergne et le Limousin, ou disséminés à sa surface ; on en trouve aussi aux environs d'Angers et dans le voisinage des Vosges, et dans une foule d'autres points en relation étroite avec les terrains plus anciens.

On s'est demandé comment se sont remplis les bassins dans lesquels nous trouvons aujourd'hui la houille. Quelques géologues ont pensé que la plupart de ces dépôts s'étaient formés à la manière de nos tourbières actuelles, dans les dépressions marécageuses d'un sol découvert, où les ruisseaux apportaient sans doute les débris de la végétation environnante. Il est plus naturel de supposer que tous les matériaux du charbon fossile ont été transportés en radeaux flottants à la surface des mers ou des grands fleuves, tout comme nous voyons aujourd'hui d'énormes accumulations d'arbres charriées par le Mississipi et par les courants marins. On a objecté, il est vrai, qu'il faudrait aux radeaux une épaisseur prodigieuse pour produire les couches de combustible telles que nous les connaissons. On a démontré, par de savants calculs basés sur le poids spécifique des bois et sur leur résidu en carbone, que les dépôts charbonneux ne peuvent être que le cinquième du volume primitif des matériaux qui leur ont donné naissance, et, en tenant compte des vides nombreux des radeaux, que le trentième du volume de ces mêmes radeaux. De ces chiffres il résulte que des couches de houille de trente mètres d'épaisseur, comme il en existe, auraient nécessité des radeaux de huit cent cinquante mètres de puissance, ce qui dépasse évidemment les limites de la vraisemblance : de tels radeaux, a-t-on dit avec raison, ne pourraient ni flotter dans nos rivières, ni même dans la plus grande partie de nos mers. A cela nous répondrons qu'il n'est point nécessaire de supposer un radeau unique, et que ces matériaux immenses peuvent avoir été charriés pendant toute une saison par une longue suite de radeaux qui se seraient échoués au même point.

Dans ce système, il faut sans doute un temps considérable pour expliquer la formation de telles masses de carbone, mais il en faut beaucoup moins que dans l'hypothèse qui attribue les houillères à des tourbières primitives. Suivant le calcul de M. de Beaumont sur la quantité de carbone que produisent annuellement nos forêts actuelles, il ne pourrait guère se former sur l'étendue des dépôts charbonneux connus qu'une couche de seize millimètres de combustible en un siècle : pour une couche de houille de trente-deux mètres d'épaisseur formée à la façon des tourbières, il ne faudrait donc pas moins de deux mille siècles. Sans doute, la végétation était alors plus

vigoureuse qu'aujourd'hui, et la fixation du carbone
par les plantes s'opérait plus rapidement ; mais il
faut avouer que cette période de temps effraie l'imagination, et le transport des matériaux de la houille
par les radeaux flottants paraît beaucoup plus vraisemblable.

Quoi qu'il en soit de ces deux hypothèses, une
chose est certaine : c'est que la prodigieuse végétation de l'époque houillère dut purifier l'atmosphère,
la dépouiller de son excès d'acide carbonique, et la
rendre plus respirable pour les animaux terrestres.
Aussi est-ce à partir de la fin de cette époque qu'on
voit apparaître des êtres d'une organisation plus
élevée, qui seront suivis eux-mêmes d'organismes
plus compliqués et plus rapprochés des nôtres. C'est
une doctrine aujourd'hui assez généralement reçue,
qu'à partir des couches les plus profondes du globe
jusqu'aux plus récentes il se présente, dans la succession des divers étages, relativement aux formes
de la vie végétale et animale, un développement
graduel d'organisation, une progression du simple
au composé, et comme une série ascendante de
systèmes vivants de plus en plus compliqués ou
parfaits, de manière que dans les strates les plus inférieurs prédominent les animaux dont les fonctions
sont le moins élevées, mollusques, zoophytes, articulés, etc., et les végétaux de la structure la plus
simple, des acotylédones d'une taille démesurée,
des plantes marines, lacustres ou fluviatiles ; puis
apparaissent, dans les formations secondaires, des
poissons, d'innombrables reptiles aux proportions
gigantesques, marins ou amphibies, rampant dans
des savanes ou dans des marécages, au milieu d'une

végétation intertropicale, composée surtout de poly-
cotylédones, cycadées, conifères, etc. Enfin, les terrains tertiaires sont caractérisés par des oiseaux et
par un nombre considérable de mammifères terrestres, et ces débris organiques offrent en général
les plus grands rapports de conformation avec les
genres actuels. L'homme, enfin, clôt la série de toutes
ces créations successives.

L'époque secondaire s'ouvre après l'époque de
transition. Sans nous arrêter aux premiers dépôts de
cette période, nous aborderons immédiatement la
formation jurassique. Les forces plutoniques sont
masquées par l'épaisseur de la croûte terrestre, et
c'est désormais aux forces sédimentaires qu'appar-
tiendra le soin de modifier le relief du globe. Les
sources calcaires versent abondamment du carbonate
de chaux en dissolution, que mettent en œuvre une
foule d'ouvriers marins, testacés, zoophytes, infusoires. La mer jurassique occupait en France un
espace considérable qui s'étendait de Metz à Boulogne
et à Bayeux, de Besançon aux Sables-d'Olonne, et
contournait tout le massif cristallisé central, pour se
répandre jusqu'à la ligne des Pyrénées et jusqu'à la
Méditerranée actuelle. Trois grandes îles, comme
aux époques précédentes, surgissaient au-dessus de
l'Océan. Par l'influence des diverses causes géologiques en action, la mer reçut un premier dépôt, et
comme en même temps il se produisait un mouvement d'exhaussement du sol, les rivages s'émergèrent
et dessinèrent une étroite bande tout autour du bassin
où ils s'étaient déposés. On peut suivre cette bande,
par exemple, de Luxembourg à Thionville, à Metz,
à Château-Salins, à Nancy, à Mirecourt, et dans le

voisinage de Bourbonne-les-Bains, où elle s'appuie à l'est sur les terrains plus anciens des Vosges; on la suit aussi de Semur à Avallon, à Decise, à la Châtre et à Montmorillon, où elle est limitée au midi par le massif cristallisé.

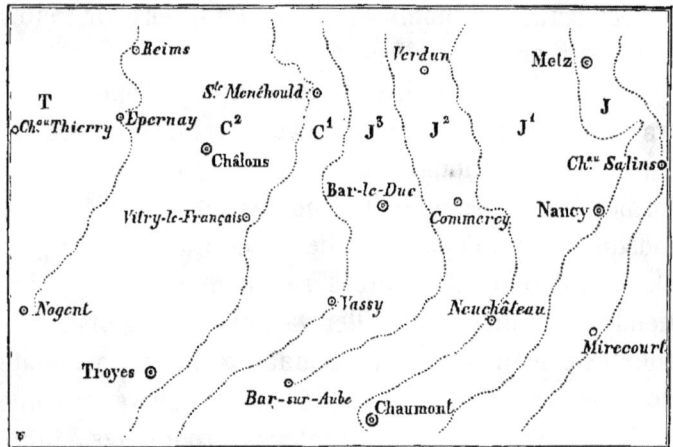

Limites des rivages successivement abandonnés par la mer.

J	Étages inférieurs du terrain jurassique.	J3	Étage oolithique supérieur.
J1	Étage oolithique inférieur.	C1	Terrain crétacé inférieur.
J2	Étage oolithique moyen.	C2	Terrain crétacé supérieur.
		T	Terrains tertiaires.

La formation jurassique comprend cinq étages divers : les grès infra-liasiques, le calcaire à gryphées arquées, et les trois étages du système oolithique. A mesure que ces divers dépôts s'effectuaient au fond de la mer, le mouvement d'ascension du sol par l'effet des forces souterraines se poursuivait, et de nouvelles zones de rivages venaient s'ajouter parallèlement aux anciennes. Ces bandes sont plus ou moins étroites, et il est facile de les suivre, alignées concentriquement les unes dans les autres, depuis

Mirecourt jusqu'à Vassy, par exemple, tout comme autant de rivages abandonnés successivement par la mer. La même succession de terrains peut se suivre avec assez d'exactitude sur tout le pourtour du bassin, et nous ne saurions mieux comparer cette série de couches emboîtées les unes dans les autres qu'à ces séries de poids en cuivre, creux et circulaires, qu'on empile les uns dans les autres : les tranches extérieures des poids représentent parfaitement les

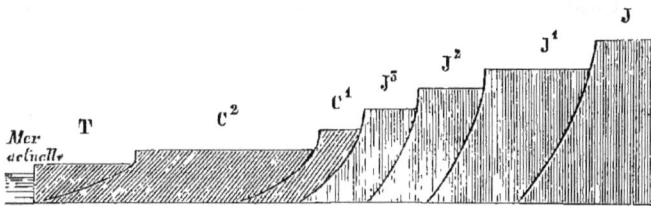

Bourrelets des rivages successivement abandonnés par la mer.

J	Étages inférieurs du terrain jurassique.	J³ Étage oolithique supérieur.
		C¹ Terrain crétacé inférieur.
J¹	Étage oolithique inférieur.	C² Terrain crétacé supérieur.
J²	Étage oolithique moyen.	T Terrains tertiaires.

zones parallèles des rivages anciens, avec cette seule différence que sur le terrain les tranches vont en diminuant peu à peu de hauteur de la circonférence au centre, et s'étagent comme les gradins d'un amphithéâtre.

Le soulèvement qui s'effectua pendant le dépôt de l'étage inférieur oolithique amena au jour une bande de terrains qui s'étendit des Sables-d'Olonne à Confolens, en réunissant les terrains primitifs de la Bretagne au massif cristallisé de la France centrale. Cette bande formait comme un isthme étroit, entre Ruffec et Poitiers, et les dépôts subséquents de la

mer jurassique vinrent s'adosser au nord et au midi
de cette ligne, de Saint-Savin à Montcontour d'une
part, et d'autre part de la Rochelle à Nontron. Une
autre barrière du même genre s'éleva de Langres à
Mâcon, et relia les Vosges au massif central. Une île
continue se dressait donc de Brest à Strasbourg;
mais les rivages décrivaient une ligne courbe qui, dans
la région septentrionale, passait par Caen, Sablé,
Poitiers, Saint-Amand, Nevers, Châtillon-sur-Seine,
Chaumont, Montmédy et Mézières, et, dans la région
méridionale, par la Rochelle, Niort, Nontron, Figeac,
Mende, Bourg, Poligny et Vesoul. Cet exhaussement
du sol sépare la mer jurassique en deux bassins,
l'un que nous appellerons le bassin parisien, et
l'autre le bassin méditerranéen. Cette séparation fut
déterminée principalement par le soulèvement de la
Côte d'Or.

Après la période jurassique s'ouvrit la période crétacée, dont les dépôts comblèrent sur une épaisseur
considérable les deux bassins marins dont nous venons de parler. Le soulèvement lent qui continuait
à s'opérer émergea une double ligne de rivages, toujours concentriques aux précédents, l'une formée par
l'étage crétacé inférieur, l'autre par l'étage supérieur. On peut suivre cette double bande en largeur,
de Vassy à Vitry-le-Français (étage inférieur), et
de Vitry à Épernay (étage supérieur), dans le bassin parisien; et en longueur dans le même bassin,
de Rethel à Sainte-Menehould, à Vitry, à Troyes et
à Joigny, sur la lisière des deux étages. A l'intérieur
de ces rivages concentriques, il resta un bassin assez
étendu dans lequel se déposèrent les terrains tertiaires.

Nous venons de voir une succession d'étages descendre des hauteurs des Vosges vers Paris, et dessinant une série de courbes concentriques, comme les gradins d'un amphithéâtre. Ces lignes de bourrelets séparés par des escarpements sont très-importantes au point de vue stratégique, et la capitale de la France se trouve ainsi défendue sur une très-grande étendue par un véritable système d'enceintes naturelles. Le premier bourrelet, formé par une côte très-rapide, commence un peu à l'est de Metz, et descend de là jusqu'à une assez grande distance vers le sud : il est déterminé par la tranche des couches calcaires appelées *lias*. Le second bourrelet répond à l'étage inférieur du système oolithique, et ces couches reparaissent au jour sur la lisière de la Normandie. Le troisième bourrelet, situé à l'est de Verdun, répond à l'étage moyen du même groupe; le quatrième, à l'ouest de Verdun, répond à l'étage supérieur. On conçoit que, le long de toutes ces bandes parallèles, la différence des terrains argileux et des terrains calcaires se témoigne d'une manière sensible dans les conditions diverses de l'agriculture, qui se trouve par conséquent soumise aussi, dans certaines limites, à cette même disposition en bandes parallèles. Le cinquième bourrelet, un peu en avant de Sainte-Menehould, est constitué par les déchirements du grès vert, et c'est dans cette longue bande que s'infiltrent les eaux artésiennes. Le sixième, très-voisin presque partout du précédent, correspond à la craie qui forme au delà un large gradin presque entièrement plat dans les grandes plaines de la Champagne. Enfin le septième bourrelet, déterminé par la saillie des couches calcaires tertiaires, com-

mence ces riantes campagnes qui environnent Paris,
en opposant un vif contraste au dépôt de craie qui
les entoure.

Il est bon de remarquer, avec M. Élie de Beaumont,
qu'à partir du point où les bourrelets s'interrompent
en s'enfonçant au-dessous du terrain tertiaire qui
s'étend uniformément de Paris à Bruxelles, la politique a dû suppléer à la nature par des lignes de forteresses, qui sont comme la prolongation artificielle
des remparts naturels du sol. L'importance de ces
remparts naturels pour la défense du territoire est
secrètement écrite dans l'histoire militaire de la
France; car c'est précisément sur eux que se sont
données les batailles les plus décisives, surtout à ces
brèches qui s'y trouvent creusées par le passage des
rivières. Cette vérité devient évidente en suivant les
opérations de l'invasion de 1814. C'est sur le bourrelet le plus inférieur, formé par les extrémités du
dépôt tertiaire, que se trouvent les champs de ba-
taille de Montereau, Nogent, Sézanne, Vauchamp,
Montmirail, Champaubert, Épernay et Laon. Sur la
deuxième crête, formée par les limites de la craie, se
trouvent Troyes, Brienne, Vitry, Sainte-Menehould,
et aussi Valmy. La troisième crête, formée par les
couches de grès vert, présente les fameux défilés de
l'Argonne. Les autres bourrelets ont offert les mêmes
incidents militaires. On voit par là toute l'importance
stratégique des zones de rivages successivement
abandonnés par la mer.

Le soulèvement des Pyrénées mit fin à la période
crétacée et ouvrit la période tertiaire. Les deux bassins de l'époque précédente avaient été assez notablement diminués par l'exhaussement de leurs ri-

vages : ils achevèrent de se combler sous l'influence de toutes les causes géologiques, et se remplirent de grès, de sables, de calcaires, de limons. Quelques-uns de ces dépôts sont marins; d'autres sont purement lacustres; d'autres ont été formés dans un estuaire et présentent le mélange des fossiles fluviatiles et terrestres avec les fossiles marins. La France approchait de plus en plus de son relief actuel. Les Alpes occidentales, puis les Alpes principales se soulevaient, et les deux bassins français, à demi comblés de toute sorte de matériaux, sortaient enfin des flots pour constituer ces deux grandes plaines qui s'étendent d'une part du Berri à la Flandre, et d'autre part de l'Océan à la Méditerranée. Cette commotion ne se fit pas sans entraîner un bouleversement prodigieux dans le voisinage des Alpes. Les eaux, violemment refoulées, inondèrent le continent d'une multitude de débris roulés : c'est ce qu'on nomme le *diluvium*.

L'homme existait-il en Europe au moment de cette catastrophe? Un bon nombre de géologues l'affirment, et prétendent avoir trouvé des ossements humains dans les cavernes, enfouis avec des débris fossiles d'espèces animales aujourd'hui disparues. D'autres savants n'ont point encore admis cette opinion, qui ne leur semble pas suffisamment démontrée par les faits. La question étant encore indécise, nous nous abstiendrons de la trancher.

Le dernier bouleversement géologique qui ait affecté la France eut lieu au moment de la période glaciaire. Nous avons dit que l'Europe fut alors toute couverte d'un manteau de neiges et de glaces. Dans l'état actuel de nos connaissances, on ne sait à quelle cause

attribuer un refroidissement si intense, car la submersion des continents fut trop courte pour abaisser
à ce point la chaude température de l'ère précédente;
mais le fait n'en est pas moins certain. Le refroidissement subit des parties septentrionales et centrales
de l'Europe anéantit la vie organique dans ces contrées. Tous les cours d'eau, les lacs et les mers se
trouvèrent gelés; toutes les sources tarirent; tous les
fleuves cessèrent de couler; la neige envahit les vallées et les plateaux, et un silence de mort succéda au
mouvement d'une création nombreuse et agissante.
Un grand nombre d'animaux moururent de froid; les
éléphants et les rhinocéros succombèrent par milliers, et, en disparaissant pour toujours de nos climats, ils enfouirent leurs ossements au milieu de
leurs pâturages, transformés en champs de neiges et
de glaces; les plantes tropicales qui s'épanouissaient
dans nos plaines périrent aussi, et ne reparurent plus
dans nos latitudes refroidies. Le soleil, en se levant
sur ces steppes glacés, n'y trouva plus un être vivant,
et n'éclaira de ses pâles rayons qu'un immense glacier, devenu le tombeau de la plus splendide création.

Par quelles causes la période glaciaire prit-elle
fin, et comment la température de l'Europe centrale
s'est-elle relevée? C'est le *fœhn*, affirme-t-on, qui,
en naissant, a délivré la Suisse de son climat boréal.
Le fœhn est le courant d'air chaud qui s'élève sur les
sables brûlants du Sahara, épouvante les caravanes
en Afrique sous le nom de *simoun*, traverse la Méditerranée, énerve les populations italiennes qui mau-
dissent le *scirocco,* et, franchissant les Alpes, arrive
en Suisse comme un bienfaiteur au commencement
de chaque printemps : il amène avec lui une chaleur

de 25 à 30 degrés, échauffe l'air, et fond les neiges
avec une rapidité prodigieuse, quoiqu'elles soient
entassées en masses énormes. Or le fœhn est né au
moment où le Sahara, sortant des flots de l'Océan
équatorial, est venu exposer aux rayons solaires des
tropiques ses immenses plaines de sables si facilement échauffées. Ce vent chaud fondit sous sa tiède
haleine la couche de neiges et de glaces qui couvrait
la Suisse, et relégua les glaciers dans les hautes vallées qu'ils occupent aujourd'hui, comme un faible
souvenir de l'époque précédente.

Les révolutions géologiques que nous venons de
raconter ont exigé pour leur accomplissement des
milliers d'années. C'est là la base de la théorie que
nous avons développée dans tout le cours de ce volume, et nous avons montré que, pour expliquer la
formation de ce monde, il n'est point nécessaire de
recourir à des forces gigantesques et extraordinaires,
et que les forces actuellement en action suffisent,
pourvu qu'on leur accorde le temps nécessaire.

Mais, nous dira-t-on, comment concilier cette théorie avec le récit de la Bible, qui assigne six *jours* seulement pour la création et l'organisation du monde?
Notre réponse sera bien simple. Tous les interprètes
des livres sacrés sont aujourd'hui d'accord avec les
géologues pour attribuer à ce mot *jour,* non la signi-
fication ordinaire d'une période de vingt-quatre heures
déterminée par la rotation de la terre sur son axe,
mais le sens d'une période indéfinie. Ce point admis,
les uns ont voulu trouver dans l'historien sacré les
principaux linéaments de l'histoire géologique du
globe, et ils ont fait remarquer que la création successive de la lumière, de l'espace ou firmament et

de toutes les masses qui y sont disséminées, des astres, des végétaux, des animaux, et enfin de l'homme, répondait exactement à ce que nous lisons dans les couches de la terre. D'autres savants, au contraire, ont soutenu que tous les faits géologiques ne sont point contenus dans la Genèse, et sont antérieurs aux six jours de Moïse. Nous nous rangeons à cette dernière opinion, qui met le récit de la Bible en dehors de toute discussion géologique sur l'origine primitive de notre planète et sur l'histoire des formations stratifiées qui en composent l'enveloppe. Il nous paraît d'ailleurs plus respectueux pour le livre sacré de ne point chercher à le plier à des théories bien récentes, et qui, sans aucun doute, n'ont pas encore dit leur dernier mot. Une seule chose est certaine et apparaît clairement dans le plan de cet univers : c'est que tout a été disposé d'une manière admirable par la Providence, et que la terre, à travers les révolutions qui en ont modifié la surface pendant de longs siècles, était façonnée par la main même de Dieu pour être le séjour de l'homme, chef-d'œuvre et roi de la création.

FIN

GLOSSAIRE

DES TERMES SCIENTIFIQUES

EMPLOYÉS DANS CET OUVRAGE

—◦—

AFFLEURER. Se dit d'une couche souterraine qui atteint la surface et se montre au jour.

ALBATRE. Roche calcaire provenant des dépôts de stalactites et de stalagmites qui remplissent les carrières des pays calcaires.

ALLUVION. Matériaux de transport charriés par les eaux et déposés sur un sol qui n'a pas été constamment submergé.

ALTITUDE. Élévation d'un lieu au-dessus du niveau moyen de la mer.

AMORPHE. Qui n'a pas de forme régulière.

ANTHRACITE. Espèce de charbon minéral d'un éclat métalloïde très−vif, qui se rapproche de la houille et sert aux mêmes usages.

ATTERRISSEMENTS. Dépôts meubles, composés de sables, de limons et de cailloux roulés, formés par les fleuves à leur embouchure, ou par la mer sur certaines plages.

BARRE. Amas de roches meubles qui obstruent l'embouchure d'un fleuve et barrent le cours d'eau d'une rive à l'autre.

BASALTE. Roche d'origine volcanique, composée de pyroxène et de feldspath.

BASSIN. Vaste dépression de sol dans laquelle s'est déposée une série de couches sédimentaires.

BRÈCHE. Roche formée de fragments anguleux liés par un ciment siliceux, calcaire ou argileux. Lorsque la brèche est formée d'une masse de débris d'ossements, on l'appelle brèche osseuse.

CALCAIRE. Roche composée principalement de carbonate de chaux.

CIRQUE. Disposition cratériforme d'un terrain. Le cirque est généralement un cratère de soulèvement.

COLMATAGE. Amélioration et exhaussement d'un terrain bas par le dépôt des troubles que charrient les cours d'eau.

CONGLOMÉRAT. Roche formée de fragments arrondis, cimentés par une autre substance minérale.

COSMOGONIE. Théorie de l'origine et de la formation de l'univers.

CRAIE. Calcaire qui forme la partie supérieure des terrains secondaires.

CRATÈRE. Cavité circulaire, en forme de coupe, qui se trouve au sommet d'un volcan, et par laquelle s'échappent les matières volcaniques.

CRÉTACÉ. Qui appartient à la craie ou qui est formé de craie.

CRISTAL. Forme régulière d'un minéral.

CRISTALLINE (TEXTURE). Texture résultant d'un assemblage confus de cristaux.

CRISTALLISÉ. Se dit d'un minéral qui affecte des formes géométriques. Se dit aussi des terrains d'origine ignée.

CUMBRIEN (TERRAIN). Le plus ancien des terrains sédimentaires connus, ainsi nommé du Cumberland (Angleterre), où il présente un certain développement.

Delta. Terrain d'alluvion formé par un fleuve à son embouchure. Ce nom fut appliqué originairement aux alluvions déposées à l'embouchure du Nil, d'après la ressemblance de ces terrains avec la lettre Δ de l'alphabet grec.

Dénudation. Entraînement d'une partie des matériaux solides qui couvrent la surface de la terre, par l'action des eaux courantes, et mise à nu des roches inférieures.

Détritus. Débris de roches usées par le frottement, ou désagrégées par les agents météoriques.

Dévonien (Terrain). Terrain de la série métamorphique, ainsi nommé parce qu'il est abondant dans le Devonshire (Angleterre).

Dike. Masse de roches d'origine ignée, injectée dans la fissure d'un autre terrain.

Diluvium. Terrain de transport, attribué au déluge universel ou à d'immenses inondations.

Dolomie. Calcaire cristallin dont la magnésie forme une des parties constituantes. Ainsi nommée de Dolomieu, célèbre géologue français.

Erratique. Ce nom s'applique à des blocs plus ou moins volumineux transportés loin de leur gisement primitif, soit par les eaux, soit par les glaces.

Éruptives (Roches). Roches sorties par éruption du sein de la terre.

Estuaire. On désigne sous ce nom les vastes embouchures de certains fleuves, sortes de golfes où la marée vient se mêler aux eaux douces du fleuve.

Étuves. Fissures ouvertes dans les terrains volcaniques, d'où s'échappent des jets de vapeur dont la température surpasse souvent celle du point d'ébullition de l'eau.

Faille. Interruption de la continuité d'une série de couches sur le même plan, par suite d'une fracture du sol, suivie

16*

d'un glissement ou d'un redressement d'une portion du terrain.

FALUNIÈRES. Nom donné en Touraine à un dépôt d'origine marine, composé de débris de coquilles et de coquilles entières.

FAUNE. Les diverses sortes d'animaux particuliers à une contrée constituent ce qu'on appelle sa *faune*.

FELDSPATH. Silicates alumineux doubles. Ces matières sont en quelque sorte dans les terrains de cristallisation ce qu'est le calcaire dans les terrains de sédiment : elles en forment la masse principale.

FILON. Fissure ouverte dans une roche, et remplie par injection d'une matière étrangère, généralement métallifère.

FLORE. Les diverses sortes de végétaux particuliers à une contrée constituent ce qu'on appelle sa *flore*.

FORMATION. Nom donné à un groupe de terrain qu'on rapporte à une origine ou à une époque commune.

FOSSILE. Corps organisé, animal ou végétal, enfoui dans le sein de la terre, et généralement converti en une substance minérale.

FUMEROLLE. Orifice volcanique qui laisse échapper des vapeurs généralement sulfureuses.

GALETS. Graviers plus ou moins volumineux charriés par les eaux et usés par leur frottement avec des roches dures. On en trouve sur le bord de la mer, dans les cours d'eau à pentes rapides, et dans l'intérieur des terrains sédimentaires.

GÉOLOGIE. Science qui a pour objet la connaissance de la structure de la terre et la théorie de ses divers modes de formation.

GLACIAIRE (PÉRIODE). Période pendant laquelle une grande partie de l'Europe était couverte d'immenses glaciers.

GRANIT. Roche d'origine ignée, composée de quartz, de feldspath et de mica.

GRANITIQUE. Composé de granit.

GRÈS. Roche formée d'une agglomération de grains de sable, soit calcaires, soit siliceux, soit de toute autre matière minérale.

GRÈS VERT. Étage inférieur de la formation crétacée.

GYPSE. Cette roche est un sulfate de chaux. Le gypse soumis à une forte chaleur donne du plâtre.

HYDROSCOPE. Qui découvre les sources.

HYDROSCOPIE. Art de découvrir les sources.

IGNÉ. Formé par voie de fusion.

INFUSOIRES. Petits animaux microscopiques qu'on trouve dans un grand nombre d'infusions, dans les eaux stagnantes, etc.

JURASSIQUES (TERRAINS). Terrains de la série secondaire, particulièrement développés dans le Jura.

LACUSTRE. Qui appartient à un lac d'eau douce.

LAPILLI. Fragments de laves ponceuses ou scoriacées gros comme des dragées.

LAVE. Roche rejetée à l'état de fusion par un volcan.

LITHOPHAGES (COQUILLES). Coquilles qui perforent les roches pour s'y loger.

MADRÉPORES. Nom appliqué d'une manière générale à tous les coraux qui présentent des cavités superficielles en forme d'étoiles.

MAREMME. On appelle ainsi en Italie le littoral marécageux d'une partie de la Toscane. Ce mot signifie *littoral*.

MARNE. Mélange d'argile et de carbonate de chaux, ordinairement facile à désagréger.

MÉTAMORPHIQUES (Roches). Roches sédimentaires altérées par leur contact avec des roches ignées.

MÉTAMORPHISME. Altération des roches sédimentaires par les roches ignées.

MICA. Silicate alumineux double, fluorifère, à surface très-brillante.

MICASCHISTE. Roche de structure feuilletée, composée de quartz et de mica.

MIOCÈNE. Étage moyen des terrains tertiaires.

MOFETTE. Exhalaison des vapeurs irrespirables qui s'échappent des fissures volcaniques.

MOLASSE. Terrain appartenant au second étage tertiaire.

MORAINES. Débris de roches transportées dans les vallées sur le dos des glaciers.

NEPTUNIENNES (ROCHES). Roches formées par voie de dépôt aqueux.

OOLITHE. Calcaire composé de petits grains sphériques semblables à des œufs de poisson liés par un ciment.

OPALE. Roche composée de silice pure. C'est de l'opale que déposent les sources siliceuses jaillissantes de l'Islande, en formant des incrustations sur tous les corps environnants.

PALÉONTOLOGIE. Partie de la géologie qui traite des débris fossiles, végétaux ou animaux.

PÉNÉEN (TERRAIN). Terrain supérieur aux dépôts dévoniens. Il est ainsi nommé du grec *pénès*, pauvre, parce qu'il renferme très-peu de débris organiques.

PÉPÉRIN. Espèce particulière de roche volcanique, formée de sables volcaniques et de scories liés par un ciment naturel.

PLASTIQUE (ARGILE). Qui se prête facilement à la fabrication de la poterie et au modelage.

PLUTONIQUE. Qui est produit par le feu central et les autres causes souterraines.

POLYPIERS. Classe nombreuse d'animaux invertébrés, appartenant à la grande division des rayonnés.

PONCE. Sorte de lave spongieuse et légère. Les cavités des ponces sont produites par les gaz ou les vapeurs qui s'introduisent dans la lave vitreuse.

PORPHYRE. Roche d'origine ignée, dans laquelle des cristaux de feldspath ou d'autres minéraux sont disséminés dans une pâte de nature différente.

POUDINGUE. Roche formée de fragments arrondis, cimentés par une autre substance minérale.

POUZZOLANE. Cendres volcaniques ou fragments de laves dont on se sert pour faire du ciment. On en expédie de Pouzzoles d'immenses quantités sur tous les points de la Méditerranée ; de là leur nom.

PRÉCIPITATION. Acte par lequel une substance tenue en dissolution dans un liquide s'en sépare et forme au fond un dépôt solide.

PRÉCIPITÉ. Formé par voie de précipitation.

PYROXÈNE. Roche composée de silice, de chaux et de magnésie, d'oxydes de fer et de manganèse.

QUARTZ. Minéral simple, composé de silice pure, comme le cristal de roche.

QUARTZEUX. Composé de quartz.

SACCHAROÏDE. Qui a subi une cristallisation confuse, comme celle du sucre.

SCHISTES. Roches qui peuvent se diviser, par le clivage, en une multitude de lames ou de feuillets parallèles entre eux. Les ardoises sont des schistes.

Schisteux. De structure feuilletée.

Scoriacé. Qui tient de la nature des scories.

Scories. Matières boursouflées et toutes criblées de trous rejetées par les volcans.

Secondaires (Terrains). Expression par laquelle on entend toute la série des dépôts sédimentaires supérieurs aux terrains métamorphiques ou de transition, en y comprenant le terrain crétacé, qui en forme l'étage le plus élevé.

Sédiment. Substance tenue en dissolution ou en suspension dans un liquide, puis déposée au fond des eaux.

Sédimentaire. Formé par voie de sédiment.

Serpentine. Roche de cristallisation, composée de silicate de magnésie. Les teintes variées de la serpentine se trouvent souvent réunies par taches ou par espèces de veines, ce qui donne à la matière quelque ressemblance avec une peau de serpent. De là son nom.

Silex. Minéral simple composé de silice.

Silicifié. Converti en silex.

Silurien (Terrain). Terrain dont le nom est tiré de celui des peuples qui habitaient les parties de l'Angleterre et du pays de Galles, où il a d'abord été étudié.

Solfatare. Bouche volcanique d'où s'échappent des gaz divers et des vapeurs sulfureuses, aqueuses et acides.

Stalactites. Aiguilles fistuleuses déposées peu à peu à la paroi supérieure d'une grotte par l'eau chargée de carbonate de chaux qui suinte et tombe goutte à goutte de la voûte.

Stalagmites. Croûte composée de couches ou de mamelons calcaires, déposée sur le sol d'une grotte par l'eau chargée de carbonate de chaux qui tombe de la voûte.

Strate. Couche de terrain déposée par voie de sédiment, comme les lits de sable et de gravier qui se déposent dans le lit d'un fleuve. Les couches successives d'un même terrain sont généralement parallèles.

Stratification. Disposition des roches et strates.

Subapennin (Terrain). Étage supérieur des terrains tertiaires, ainsi nommé parce qu'il forme principalement les collines assises au pied des Apennins, depuis Turin jusqu'à l'extrémité de l'Italie.

SUBLIMATION. Condensation de produits volatiles.

TERTIAIRES (TERRAINS). Série de terrains placés dans l'échelle géologique au-dessus du terrain crétacé supérieur, et au-dessous des terrains de l'époque actuelle.

THALWEG. C'est le milieu du courant d'un fleuve ou d'une rivière. C'est aussi la ligne qui suit les points les plus bas d'une vallée sèche.

TRACHYTE. Variété de lave composée essentiellement de feldspath, avec des cristaux de même roche disséminés dans la pâte.

TRANSITION (TERRAINS DE). Nom qu'on donnait autrefois aux terrains sédimentaires cristallisés, parce qu'on les supposait intermédiaires entre les terrains primitifs et les terrains secondaires, et formant le passage des uns aux autres. On les appelle aujourd'hui *métamorphiques*, parce qu'ils ont été altérés par l'action de la chaleur postérieurement à leur dépôt.

TRAPP. Roche d'origine volcanique, composée de feldspath, de pyroxène et d'amphibole. Les roches *trappéennes* ont été ainsi nommées du mot *trappa*, qui signifie escalier, parce qu'elles se présentent en masses tabulaires qui s'élèvent les unes au-dessus des autres, comme des gradins.

TRAVERTIN. Calcaire concrétionné, déposé par des sources qui tiennent du carbonate de chaux en dissolution. Les anciens appelaient cette pierre *lapis Tiburtinus*, en raison de la grande quantité qu'en fournissait l'Anio, à Tibur, près de Rome. De là son nom.

TRIAS. Terrain formé de trois étages principaux : le grès bigarré, le calcaire conchylien et les marnes irisées.

TRIPOLI. Matière pulvérulente qui sert à polir les métaux. On l'a importée de Tripoli pour la première fois.

TUF. Roche déposée par les eaux chargées de carbonate de

chaux. Le tuf solide se nomme *travertin*. Il y a aussi des tufs non calcaires, formés par l'agrégation des matières vol-caniques.

Vosgien (Grès). Grès rouge, ainsi nommé parce qu'il est commun dans les Vosges.

Zoophytes. Animaux d'ordre inférieur, vivant dans des cellules pierreuses qui ressemblent à des plantes. De là leur nom tiré du grec, et qui signifie *animal-plante*.

TABLE

TABLE   379

TABLE   381

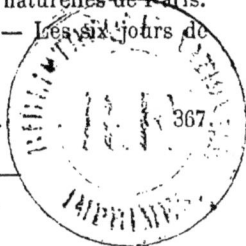

4774. — Tours, impr. MAME.

www.ingramcontent.com/pod-product-compliance
Lightning Source LLC
Chambersburg PA
CBHW061111220326
41599CB00024B/3997